# 地球物理测井学

## 第五卷 声波测井【上册】

王 兵 卢俊强 李雨生 等编著

石油工业出版社

## 内容提要

本书系统介绍了声波测井物理基础、声波速度测井、声波全波列测井、固井质量评价测井、超声成像测井、远探测声波测井和其他声波测井方法。

本书可供从事测井操作、处理解释人员以及高等院校相关专业师生阅读和参考。

图书在版编目（CIP）数据

地球物理测井学. 第五卷. 声波测井. 上册 / 王兵等编著. -- 北京：石油工业出版社，2025.1
ISBN 978-7-5183-6864-8

Ⅰ. P631.8

中国国家版本馆 CIP 数据核字第 2024GD5121 号

责任编辑：张　贺　常泽军　吴英敏　陈　荅
责任校对：罗彩霞
装帧设计：李　欣　周　彦

出版发行：石油工业出版社
　　　　（北京安定门外安华里 2 区 1 号　100011）
　　网　　址：www.petropub.com
　　编辑部：（010）64523546　图书营销中心：（010）64523633
经　　销：全国新华书店
印　　刷：北京中石油彩色印刷有限责任公司

2025 年 1 月第 1 版　2025 年 1 月第 1 次印刷
787×1092 毫米　开本：1/16　印张：15
字数：380 千字

定价：120.00 元

（如出现印装质量问题，我社图书营销中心负责调换）
版权所有，翻印必究

# 《地球物理测井学》

# 编 委 会

**主　编：** 李　宁

**副主编：** 焦方正　何江川　江同文　卢　涛　李国欣　窦立荣
　　　　　雷　平　金明权　吴柏志

**委　员：**（按姓氏笔画排序）

王　兵　王才志　王克文　王泽丹　王贵文　王雪松
石玉江　田中元　刘向君　江如意　汤　彬　苏学斌
李　军　李安宗　李俊军　杨立强　肖立志　肖承文
宋　永　张　锋　陈　宝　陈　锋　武宏亮　范宜仁
尚　捷　周　军　庞奇伟　胡启月　胡英杰　袁　超
高　杰　郭海敏　赫志兵　谭茂金

# 《声波测井（上册）》

# 编 写 组

组　长：王　兵

副组长：卢俊强　李雨生

成　员：（按姓氏笔画排序）

　　　　车小花　刘　鹏　苏远大　李　萌　陈　浩　唐　军

　　　　崔志文

# 序

经过中国测井界学人的共同努力，总计14卷26个分册的《地球物理测井学》终于问世了！这不仅是对推动测井学科进步做出的重大贡献，更是对测井先哲未竟事业和治学精神的赓续与弘扬。

地球物理测井是石油工业十大学科之一，被誉为洞察地下油气藏的"眼睛"。地球物理测井诞生于1927年。1939年，翁文波院士在中国大陆首次成功测井，开创了我国的测井事业，成为中国测井第一人。但长期以来，由于地球物理测井一直被称为"测井技术"，应有的学术地位没有得到充分体现，因而大大影响了测井学科的高质量发展。令人尊敬的测井前辈谭廷栋先生是喊出"测井学"的第一人。谭先生一生投身测井，60岁后更是为测井学正名而大声疾呼。这里之所以用"正名"而不用"倡导"或其他，是因为谭先生从来就认为测井是一门"学"，而不只是一门"技术"。他多次提到，"Reservoir Geophysics"（矿场地球物理学）一词中有"学"，在20世纪50年代翻译时出了问题，才变成了现在这个"技术"的叫法。谭先生还多次由衷感激地提到中国石油勘探开发研究院秦同洛教授，说他在国家科委确定石油工业十大学科的会议上能仗义执言："如果集声电核于一身的测井都不是学，石油上还有哪个敢说自己是学？"测井入选石油工业十大学科后，谭先生更是逢人便说、遇会便讲此中原委，且声情并茂、手舞足蹈，令与会者为之动容。于是，在他的亲自带领下，经过测井界同仁一起努力，1998年第一部《测井学》终于问世了，这是测井发展史上的一个重要里程碑。从1939年到1998年，历经60年姗姗来迟的这部《测井学》了却了谭先生最大的一桩心愿。两年后，他安详地阖上了双眼……当时参加先生追悼会的超过了300人，除了在京院所和有关司局的领导外，各大油田测井公司的主要负责同志差不多都到了。大家共同追思这位杰出的地球物理测井学家。我代表谭先生培养的所有硕士、博士毕业生题挽联一副："测井学先哲英灵永存，悼我师晚辈再写春秋。"

作为翁文波院士和谭廷栋先生的学生，我不仅忠实地继承了导师的遗志，尽全力推动测井学的发展，而且还努力从中国测井行业战略发展的高度出发，大力倡导"学科大发展，方有大作为"的理念。我认为，只有从国家、人民群众和专业人士这三个层面的需求出发撰写出版三类图书，即大百科全书、科普图书和专业著作，才能全方位确立、展现并提升测井学科的学术地位。于是，我从 2015 年起，用 6 年时间牵头遴选编撰测井条目，使地球物理测井第一次以一个完整学科定位写入《中国大百科全书》；从 2020 年起，我用 3 年时间组织编写出版了大型科普丛书《走进石油（第二版）》之测井分册《洞察地下油气藏：石油地球物理测井》，同时走进中国科技馆大讲堂，以《万米特深地球物理测井：一项极具挑战的"反向探月"工程》为题，向全国观众普及测井知识；从 2021 年起，我领衔担任主编，带领全国测井界知名专家学者精心编著这部《地球物理测井学》，旨在进一步提升测井学科的影响力。

令人骄傲和兴奋的是，在中国石油、中国石化、中国海油、延长石油、相关高校和科研院所各路专家学者的通力合作下，《地球物理测井学》如期面世了！这套书系统阐述了 90 多年来测井学科发展的理论技术成果，系统总结了各类测井方法在油气勘探开发实践中的应用效果。正如中国石油勘探开发研究院窦立荣院长所说："此次李宁院士领衔主编的《地球物理测井学》不仅保留和传承了 1998 年版《测井学》专著的经典内容，更重要的是立足当前非常规油气和深地深海等复杂油气藏测井理论技术挑战，融入了 30 年来我国测井领域取得的最新理论技术成果和海外推广应用的成功案例，必将为推动我国测井学科发展、技术进步和行业壮大产生重大而深远的影响。"

这套书的第一大特点是论述系统全面、内容丰富详实，涵盖了从测井解释、测井软件、测井装备、电法测井、声波测井、核测井、核磁共振测井、工程测井、油气井射孔、生产测井、测井岩石物理、测井地质应用、测井人工智能到测井简史等测井学科的各个分支。正因如此，我国测井界百余位知名教授、长江学者和现场技术专家都参与其中。著作内容的系统、全面还体现在首次将测井简史作为测井学不可或缺的一部分，分两册单独成卷。我国自主研制的渗透率测井仪原型机于 2024 年 3 月 3 日在华北油田任 91 井测试成功，即将在深地塔科 1 井实施世界首次万米特深井渗透率测井作业，一举实现从 0 到 1 的重大技术突破，为百年地球物理测井史再添辉煌一笔。

这套书的第二大特点是突出学术性，尤其强调对学科基础理论的阐述，特别是首次引入了中国学者导出的理论公式和提出的方法原理，不但丰富发展了测井基本理论，而且有助于推动建立中国在国际地球物理学界的地位和声望。例如，一直以来石油院校教材中测井饱和度计算的经典内容是美国学者阿奇提出的经验公式，以及翻译照搬苏联教材中的分层各向均匀体积模型，而在这套书中介绍的饱和度一般形式（通解方程），则是由中国学者针对复杂岩性给出的非均质各向异性模型导出，并详细证明了以往教材中的那些公式都是一般形式在给定条件下的特例（均为通解方程的特解）；又如，过去测井数据处理的主要方法和工业软件都是国外引进的，而现在《测井软件》一卷的核心内容则是中国学者提出的广义测井曲线理论和中国科研团队研发的目前装机量最大、年处理井数最多的大型国产测井工业处理软件CIFLog。

这套书的第三大特点是首次把每一测井分支领域的理论方法、技术系列和现场应用以卷为单位有机统一起来。根据统一的顶层设计，每卷的第一分册论述该卷所涉及的测井细分领域的理论基础，用作高校教材，其读者主要是在校大学生和研究生等；第二分册论述该细分领域的技术方法，其读者主要是工程师和做毕业论文的研究生及博士后研究人员等；第三或第四分册提供该细分领域理论技术的典型应用实例，其读者主要是现场工程技术人员和现场实习的高校毕业生等。以第一卷《测井解释》为例，它的第一至第四分册分别为《测井解释：理论方法》《测井解释：储层评价》《测井解释：国内实例》《测井解释：国外实例》。作为一个分支领域的理论基础，每卷的第一分册相对独立和完备，应在较长时间内保持稳定；而它之后的各分册则应经常再版更新，及时补充最新的技术进展和最新的现场应用成果。

这套书的第四大特点是首创用微信扫描书中测井图件的二维码，就能在CIFLog测井软件中立即打开这幅测井图件并对其进行修改和二次处理。通过这一功能，学生可以看到处理相应井的方法、公式和参数，观摩学习并掌握要领；老师可以更方便地备课；现场工程技术人员可以参考所用方法，方便改写添加自己的处理公式和参数，从而大大缩短调整处理方案的时间，节省精力。同时，利用CIFLog智能助手，可以通过输入一段描述文字，快速推荐书中的相关案例图件。

总之，《地球物理测井学》定位明确，编写起点高，是目前国内地球物理测井领域最具理论性、系统性、创新性和权威性的一部著作。即便从国际测井发展史上来看，能集中如此多的行业专家学者精心编著这样大体量的学科专著也是绝无仅有的。2024年，这套书入选国家出版基金资助项目，这在中国测井界也是第一次。衷心希望广大读者能够从中获益。

最后，特别感谢中国石油天然气集团有限公司原副总经理焦方正教授、中国石油科技管理部两任总经理匡立春教授和江同文教授在这套书出版立项过程中给予的鼎力支持。特别感谢中国石油勘探开发研究院各位领导、专家给予的全力协助与配合。

中国工程院院士

2024年12月　于北京海淀

# 《地球物理测井学》分卷册目录

| 卷次 | 分册名 | 卷次 | 分册名 |
| --- | --- | --- | --- |
| 第一卷 | 测井解释：理论方法 | 第六卷 | 核测井（上册） |
| | 测井解释：储层评价 | | 核测井（下册） |
| | 测井解释：国内实例 | 第七卷 | 核磁共振测井 |
| | 测井解释：国外实例 | 第八卷 | 工程测井 |
| 第二卷 | 测井软件（上册） | 第九卷 | 油气井射孔（上册） |
| | 测井软件（中册） | | 油气井射孔（下册） |
| | 测井软件（下册） | 第十卷 | 生产测井（上册） |
| 第三卷 | 测井装备（上册） | | 生产测井（下册） |
| | 测井装备（下册） | 第十一卷 | 测井岩石物理 |
| 第四卷 | 电法测井（上册） | 第十二卷 | 测井地质应用 |
| | 电法测井（下册） | 第十三卷 | 测井人工智能 |
| 第五卷 | 声波测井（上册） | 第十四卷 | 测井简史：国内油气 |
| | 声波测井（下册） | | 测井简史：固体矿产 |

# 前 言

声波测井作为地球物理测井基本方法之一，是利用井孔中测量的井壁（井旁）介质的声学性质（速度、幅度、衰减等）进行地层评价、井眼工程状况评价的一种测井方法。声波测井于 20 世纪 50 年代初开始出现，最初用于地面地震勘探深度标定。70 年代以来，随着井中声波传播理论的不断深入研究，以及计算机等技术的迅速发展，可测量纵波、横波和斯通利波等波形信息的长源距声波全波列测井，用于评价套管井胶结质量的固井质量评价测井，以及可以对井壁地层（套管壁）进行成像的超声成像测井先后发展起来，极大提高了声波测井测量地层物理性质的能力。80 年代末，随着远探测声波测井的发展，声波测井成为连接测井方法与地面地震勘探最重要的地球物理方法。经过 70 余年的发展，声波测井已应用于井壁地层速度评价、储层孔渗参数评价、固井质量评价及井外地层反射体信息评价等多个领域。

在一代又一代测井人的努力下，国内声波测井仪器的发展已经达到了国际先进水平，在远探测声波测井等方向更是实现了国际领先。李宁院士带领测井界专家学者系统凝练和阐述 20 多年来我国测井基础理论、仪器装备、关键技术和软件研发等方面最新成果，编著《地球物理测井学》。《声波测井》是其中之一。

《声波测井》由上、下两个分册组成，上册以不同声波测井方法的主要原理、方法、基础的地质（工程）应用为主要内容，下册以声波测井正演模拟方法、资料处理方法与应用为主要内容。

本书为上册，以传统的声波测井方法的发展顺序为主线，详细论述声速测井、声波全波列测井、固井质量评价测井的原理和地质工程应用，对噪声测井、动电测井、随钻声波测井、垂直地震剖面测井也一并进行了简单的介绍。本书共七章。第一章介绍声波测井物理基础，由车小花、陈浩、崔志文编写；第二章介绍声波速度测井，由苏远大编写；第三章介绍声波全波列测井，由王兵编写；第四章介绍固井质量评价测井，由唐军编写；第五章介绍超声成像测井，由卢俊强编写；第六章介绍远探测声波测井，由李雨生、刘鹏编写；第七章介绍其他声波测井方法，由李萌编写。全书由王兵统稿，李宁院士审定。

本书参考了多个版本的声波测井著作及大量参考文献。在此对各位专家学者表示诚挚的感谢！

因笔者水平所限，书中难免存在不足，敬请读者批评指正。

# 目 录

## 第一章 声波测井物理基础 ... 1
### 第一节 声场基本概念 ... 1
### 第二节 井孔中声波传播理论 ... 2
### 第三节 岩石的声学性质 ... 18
### 思考题 ... 25

## 第二章 声波速度测井 ... 27
### 第一节 声速测井基本原理与方法 ... 27
### 第二节 声速测井解释与应用 ... 34
### 思考题 ... 40

## 第三章 声波全波列测井 ... 42
### 第一节 裸眼井中声波全波列波形及其特征 ... 42
### 第二节 声波全波列测井原理 ... 45
### 第三节 多极子阵列声波测井 ... 48
### 第四节 声波全波列测井资料应用 ... 67
### 思考题 ... 91

## 第四章 固井质量评价测井 ... 92
### 第一节 固井质量检测方法 ... 92
### 第二节 套管井中波成分及影响因素 ... 93
### 第三节 固井声幅测井主要方法及应用 ... 108
### 第四节 超声脉冲反射法测井 ... 127
### 思考题 ... 134

# 第五章　超声成像测井 ............................................. 135

## 第一节　超声成像测井基本原理及仪器 ............................. 135
## 第二节　换能器特性及成像影响因素分析 ........................... 138
## 第三节　超声成像测井应用 ....................................... 141
## 思考题 ......................................................... 144

# 第六章　远探测声波测井 ........................................... 145

## 第一节　远探测声波测井测量模式 ................................. 145
## 第二节　远探测声波测井处理方法 ................................. 149
## 第三节　远探测声波测井基本应用 ................................. 172
## 思考题 ......................................................... 176

# 第七章　其他声波测井方法 ......................................... 177

## 第一节　井中微地震监测 ......................................... 177
## 第二节　垂直地震剖面 ........................................... 190
## 第三节　随钻声波测井 ........................................... 201
## 第四节　噪声测井 ............................................... 210
## 第五节　动电测井 ............................................... 216
## 思考题 ......................................................... 224

# 参考文献 ......................................................... 225

# 第一章　声波测井物理基础

声波测井涉及声波信号的产生、传播、接收和声波信息处理等科学问题，属于声学范畴。声波测井所涉及的在充液井孔中的声传播是典型的制导波的传播问题。对于均匀地层包围的充液裸眼井中的声传播，可以视为无限大均匀固体介质包围的充液井孔中的声传播，而在套管井中的声传播则更加复杂，相当于在充液裸眼井井孔中至少增加了套管和水泥环两层介质，因而充液套管井是一个更加复杂的声波导。

## 第一节　声场基本概念

声波测井中声场的基本理论涉及了物理声学中的一部分概念，本节对涉及的基本概念进行介绍。

### 一、体波

体波是指在无限大介质中传播的弹性波，分为纵波和横波。纵波是指质点的振动方向与波的传播方向一致（纵振动）的弹性波，它通过介质中体积元的膨胀和收缩变化（即拉伸和挤压）传播，纵波可以在固体和流体介质中传播。横波是指质点的振动方向与波的传播方向垂直（横振动）的弹性波，横波又称作剪切波，一般只能在固体介质中传播。

### 二、制导波

当弹性波被限制在有限大空间的介质中传播时，此有限大空间介质称为波导。在波导中传播的波称为制导波，简称导波。通常所说的表面波（瑞利波）、伪瑞利波、板波、细杆中传播的波以及与声波测井密切相关的充液井孔中传播的模式波等均是制导波。制导波的传播规律与体波的传播规律有显著的不同。

### 三、衰减

一般来说，声波在介质中传播时，声波信号的幅度将随着传播距离的增加而减弱，即声传播过程存在声波衰减。造成声波衰减的原因可以分为两种。一种原因是声波在传播过程中波阵面面积不断扩大、声波能量分布在越来越大的面积上，造成传播路径上声波幅度越来越小。例如，对于声源位于球心的球面波，球面波在传播过程中声波的能量分布在越来越大的球面上，从而造成球面波的幅度越来越小。这种由于波阵面的几何扩展而造成的声波幅度的减小，习惯上称为声波的几何衰减。造成声波衰减的另外一种原因是，声波在介质中传播时，会因介质中摩擦、黏滞、热传导等产生由一种能量转化成另外一种能量的物理现象，这种原因造成的声波幅度减小，称为声波的物理衰减。声波的物理衰减随着频率的增加而单调增加。

### 四、频散

在空气、水、钢等许多均匀介质中传播的体波的传播速度，一般看成是一个与频率无关的常数。但是，在地下岩石中传播的体波以及充液井孔中传播的模式波的传播速度，一般与频率有关，把声波的传播速度与频率有关的特性称为声波的频散，具有频散性质的波称为频散波。严格来说，频散是广泛存在的。

### 五、介质中声传播的各向异性

在空气、水、钢等许多均匀介质中不同方向传播的体波的波速可以近似看成一个常数，此时介质中的声传播速度、声衰减等与波的传播方向无关，这种介质对于弹性波传播来说是均匀各向同性的。但是，在地下岩石中传播的弹性波的传播速度往往与波的传播方向有关，把弹性介质的这种特性称为声传播的各向异性。严格来说，介质中弹性波传播的各向异性是广泛存在的。在本章中，除非特别说明，所说弹性介质均指均匀各向同性介质。

声波在不同岩性的岩石中传播时的传播速度、物理衰减、频散等声学特性称为岩石的声学性质。

# 第二节　井孔中声波传播理论

充液井孔中的声传播规律是相当复杂的。为了便于理解充液井孔中的声传播特征，认识充液井孔中存在多模式波现象和频散现象，需要首先介绍一下充满流体的管中的声传播和固体薄板中的声传播。

### 一、刚性壁矩形声波导管

在管中可以得到沿管轴方向传播的一维平面波，但是在管中这种平面波是如何获得的呢？众所周知，一个点声源在无界空间中会产生波阵面逐渐发散的球面波。当将传播的声波约束在管子中，管子的形状、尺寸、管壁材料、声源的振动模式和频率等，都会对管中声波的传播产生影响。在这样复杂的因素下，声波传播的方式怎么反而变得更简单呢？要回答这一问题就必须对管子的波导性质进行研究。为了简单起见，下面介绍的声波导理论是以在声学研究中常遇到的一种声管（截面是矩形的管子）为研究对象，并且假定它的管壁是刚性的。

1. 势函数及其解

刚性壁管内流体中的声压不仅要满足波动方程，还要满足边界条件。

设有如图 1-2-1 所示的内部充满流体的刚性壁矩形管和相应的坐标系，其宽度为 $l_y$，高为 $l_x$，管长沿 $z$ 轴方向。设管口取在 $z=0$ 处，另一端延伸到无限远。在这样的管中一般来说声压在 $x, y, z$ 方向是不均匀的，因而声波方程应采用三维坐标系来描述。设流体的声速和密度分别为 $c_0$ 和 $\rho_0$，管内流体中声压所满足的三维波动方程为：

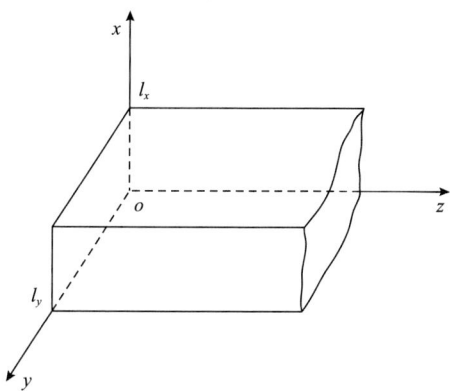

图 1-2-1　刚性壁矩形声波导示意图

$$\frac{\partial^2 p}{\partial x^2}+\frac{\partial^2 p}{\partial y^2}+\frac{\partial^2 p}{\partial z^2}=\frac{1}{c_0^2}\frac{\partial^2 p}{\partial t^2} \qquad (1-2-1)$$

假设波场具有谐波解：

$$p = p_A(x, y, z)\mathrm{e}^{\mathrm{j}\omega t} \qquad (1-2-2)$$

代入式（1-2-1）可得：

$$\frac{\partial^2 p_A}{\partial x^2}+\frac{\partial^2 p_A}{\partial y^2}+\frac{\partial^2 p_A}{\partial z^2}+k^2 p_A = 0 \qquad (1-2-3)$$

其中：

$$k = \frac{\omega}{c_0}$$

对式（1-2-3）再做分离变量，设：

$$p_A(x, y, z) = X(x)Y(y)Z(z) \qquad (1-2-4)$$

于是得到三个独立的常微分方程：

$$\begin{cases} \dfrac{\partial^2 X(x)}{\partial x^2} + k_x^2 X(x) = 0 \\ \dfrac{\partial^2 Y(y)}{\partial y^2} + k_y^2 Y(y) = 0 \\ \dfrac{\partial^2 Z(z)}{\partial z^2} + k_z^2 Z(z) = 0 \end{cases} \qquad (1-2-5)$$

其中：

$$k^2 = k_x^2 + k_y^2 + k_z^2 \qquad (1-2-6)$$

式中：$k_x$、$k_y$、$k_z$ 为三个待定常数，为波沿着三个坐标轴方向上传播的波数。

考虑到声管的横向（$x$ 和 $y$ 方向）是有界的，在这两个方向上存在驻波，因而式（1-2-5）中的第一个与第二个方程求解为如下形式：

$$\begin{cases} X(x) = A_x \cos k_x x + B_x \sin k_x x \\ Y(y) = A_y \cos k_y y + B_y \sin k_y y \end{cases} \quad (1\text{-}2\text{-}7a)$$

对式（1-2-5）中的第三个方程，考虑到声管的轴向（$z$ 方向）管子无限长而没有反射波，因而取行波解为

$$Z(z) = A_z e^{-jk_z z} \quad (1\text{-}2\text{-}7b)$$

根据声压和质点振动速度的关系，从式（1-2-7a）与式（1-2-7b）可得 $x$ 和 $y$ 方向上的质点振动速度分别为

$$\begin{cases} v_x = \dfrac{-1}{j\rho_0 \omega} \dfrac{\partial p}{\partial x} = \dfrac{jk_x}{\rho_0 \omega} Y(y) Z(z) [-A_x \sin k_x x + B_x \cos k_x x] e^{j\omega t} \\ v_y = \dfrac{jk_y}{\rho_0 \omega} X(x) Z(z) [-A_y \sin k_y y + B_y \cos k_y y] e^{j\omega t} \end{cases} \quad (1\text{-}2\text{-}8)$$

刚性管壁边界条件为：$v_x|_{x=0,l_x} = 0$，$v_y|_{y=0,l_y} = 0$。将式（1-2-8）代入边界条件，可得：

$$\begin{cases} B_x = 0, \quad k_x l_x = n_x \pi \quad (n_x = 0, 1, 2, \cdots) \\ B_y = 0, \quad k_y l_y = n_y \pi \quad (n_y = 0, 1, 2, \cdots) \end{cases} \quad (1\text{-}2\text{-}9)$$

于是式（1-2-2）解的形式可取作：

$$p_{n_x, n_y} = A_{n_x, n_y} \cos k_x x \cos k_y y \, e^{j(\omega t - k_z z)} \quad (1\text{-}2\text{-}10)$$

式（1-2-10）中，$p_{n_x, n_y}$ 为与每一组（$n_x$, $n_y$）数值对应式（1-2-1）的一个特解，表示在声波导管中可能存在的沿 $z$ 方向传播的一种声波模式。这种声波模式的角频率为 $\omega$，传播速度为 $c_z = \dfrac{\omega}{k_z}$，振幅由 $A_{n_x, n_y} \cos k_x x \cos k_y y$ 决定。根据式（1-2-6）与式（1-2-9）可以得出：

$$k_z = \left[ k^2 - (k_x^2 + k_y^2) \right]^{\frac{1}{2}} = \left( \dfrac{\omega^2}{c_0^2} - \beta_{n_x, n_y}^2 \right)^{\frac{1}{2}} \quad (1\text{-}2\text{-}11)$$

其中：

$$\beta_{n_x, n_y}^2 = \left[ \left( \dfrac{n_x}{l_x} \right)^2 + \left( \dfrac{n_y}{l_y} \right)^2 \right] \pi^2 \quad (1\text{-}2\text{-}12)$$

可见，仅当 $k_z$ 为实数时，在 $z$ 方向才表现出波的传播特性。从式（1-2-11）可知，$k_z$ 并不是在任何条件下都为实数。因此，欲在 $z$ 方向传播声波，就必须满足如下条件：

$$\frac{\omega^2}{c_0^2} > \beta_{n_x,n_y}^2 = \left[\left(\frac{n_x}{l_x}\right)^2 + \left(\frac{n_y}{l_y}\right)^2\right]\pi^2 \qquad (1\text{-}2\text{-}13)$$

如果 $\frac{\omega^2}{c_0^2} < \beta_{n_x,n_y}^2$，那么式（1-2-11）可化简为 $k_z = -j\alpha_{n_x,n_y}$，其中 $\alpha_{n_x,n_y} = \left(\beta_{n_x,n_y}^2 - \frac{\omega^2}{c_0^2}\right)^{\frac{1}{2}}$ 为正的实数，于是式（1-2-10）可写为

$$p_{n_x,n_y} = A_{n_x,n_y} \cos\left(\frac{n_x\pi}{l_x}x\right)\cos\left(\frac{n_y\pi}{l_y}y\right) e^{-\alpha_{n_x,n_y}z} e^{j\omega t} \qquad (1\text{-}2\text{-}14)$$

式中：$\alpha_{n_x,n_y}$ 为衰减系数，当 $n_x$，$n_y$ 增大时，$\alpha_{n_x,n_y}$ 也随之增大。

式（1-2-14）显然代表的不是沿 z 方向传播的声波，而是表示在 z 方向媒质做衰减振动。

由此，可以把管中沿 z 方向传播声波的条件 $k_z > 0$ 归结为

$$f > f_{n_x,n_y} \qquad (1\text{-}2\text{-}15)$$

其中：

$$f_{n_x,n_y} = \frac{c_0}{2}\sqrt{\left(\frac{n_x}{l_x}\right)^2 + \left(\frac{n_y}{l_y}\right)^2} \qquad (1\text{-}2\text{-}16)$$

式（1-2-16）称为声波导管的简正频率。式（1-2-15）表明，只有当声源的频率高于某个简正频率时，该声源才能够在波导中激励起与这个简正频率所对应的模式波。

2. 管中平面波和截止频率

分析式（1-2-10）可知，对于不同的 $(n_x, n_y)$ 组合将得到不同的模式波，称对应于 $(n_x, n_y)$ 的波为 $(n_x, n_y)$ 次简正波，简称 $(n_x, n_y)$ 次波。例如对应于 $n_x=0$，$n_y=0$ 的波称为（0，0）次波，其声压表示为

$$p_{0,0} = A_{0,0} e^{j(\omega t - kz)} \qquad (1\text{-}2\text{-}17)$$

显然（0，0）次波就是沿 z 轴方向传播的、波阵面为平面的一维平面波。为了加以区别，称（0，0）次波为主波，把除（0，0）次波以外的模式波统称为高次波。例如，（0，1）次波就是一种高次波，其声压波函数为

$$p_{0,1} = A_{0,1}\cos\left(\frac{\pi}{l_y}y\right) e^{j\left(\omega t - \sqrt{\frac{\omega^2}{c_0^2} - \frac{\pi^2}{l_y^2}}z\right)} \qquad (1\text{-}2\text{-}18)$$

从式（1-2-18）可以看出，（0，1）次波在垂直于 z 轴的同相位平面上的振幅随 y 的位置而变化，这是非均匀波的特征。

从以上分析可以看出，只有当声源的频率 $f$ 比管中某个简正频率 $f_{n_x,n_y}$ 高时，才能在

管中激励起对应的$(n_x, n_y)$次波。可以设想，如果声源的频率低于管中除零以外的一个最低简正频率，那么管中所有的高次波都不能出现。因为$(0, 0)$次简正波频率$f_{0,0}=0$，所以只要声源的频率低于除零以外的其他所有的简正频率，这时管中只可能传播唯一的$(0, 0)$次波。为此，把除零以外的一个最低简正频率称为声波导管的截止频率，简称截止频率。也就是说，对于一个确定尺寸的、充满流体的声管，则其截止频率数值就已经确定。那么，只要声源的工作频率比截止频率低，则在这一管中就只能传播唯一的$(0, 0)$次波。

例如，有一矩形管内充满空气（波速为$c_0=343$m/s），管子的宽度$l_x=0.1$m，高度$l_y < l_x$，于是，可确定声波导管的截止频率$f_c$为

$$f_c = f_{1,0} = \frac{343}{2}\sqrt{\left(\frac{1}{0.1}\right)^2} = 1715(\text{Hz})$$

可见，当声源的频率低于1715Hz时，在该管中就只能产生唯一的沿$z$轴传播的平面波，即主波。

### 3. 高次波的传播速度

声波在管中传播时，声波频率由声源决定。简正波的传播速度为$c_z = \frac{\omega}{k_z}$，所以不同模式的简正波的声速也不同。

在无限大空间流体中声波的传播速度$c_0$是与频率无关的常数。但在管中，由于管壁的约束，声波的传播空间是受限的，其传播速度有别于在无限大空间流体中声波的传播速度。只有管中沿$z$轴传播的$(0, 0)$次平面波特殊，此时$k_z=k$，因而有$c_z=c_0$。对于高次波，传播速度的表达式变得较为复杂。

由式（1-2-11）可得高次波的波数$k_z$表达式为

$$k_z = \frac{\omega}{c_z} = \sqrt{\frac{\omega^2}{c_0^2} - \beta_{n_x,n_y}^2} = \sqrt{\frac{\omega^2}{c_0^2} - \left(\frac{n_x^2}{l_x^2} + \frac{n_y^2}{l_y^2}\right)\pi^2} = \frac{\omega}{c_0}\sqrt{1 - \left(\frac{n_x^2}{l_x^2} + \frac{n_y^2}{l_y^2}\right)\left(\frac{\pi c_0}{\omega}\right)^2} \quad (1\text{-}2\text{-}19)$$

于是，$(n_x, n_y)$次模式波的相速度为

$$c_z = c_p = \frac{\omega}{k_z} = \frac{c_0}{\sqrt{1 - \left(\frac{\pi c_0}{\omega}\right)^2 \left(\frac{n_x^2}{l_x^2} + \frac{n_y^2}{l_y^2}\right)}} > c_0 \quad (1\text{-}2\text{-}20)$$

由式（1-2-20）可以看出，相速度与模式数和频率有关。

下面推导群速度与相速度之间的关系，由相速度与群速度之间关系的定义：

$$\begin{cases} c_g = \dfrac{\partial \omega}{\partial k} \\ k = \dfrac{\omega}{c_p} \end{cases} \quad (1\text{-}2\text{-}21)$$

得：

$$c_g = \frac{\partial(kc_p)}{\partial k} = c_p + k\frac{\partial c_p}{\partial k} = c_p + k\frac{\partial c_p}{\partial f}\frac{\partial f}{\partial k} = c_p + k\frac{c_p}{2\pi}\frac{\partial c_p}{\partial f} = c_p + f\frac{\partial c_p}{\partial f} \quad (1\text{-}2\text{-}22a)$$

或

$$c_g = \frac{\partial(kc_p)}{\partial k} = c_p + k\frac{\partial c_p}{\partial k} = c_p + k\frac{\partial c_p}{\partial \lambda}\frac{\partial \lambda}{\partial k} = c_p + k\left(-\frac{2\pi}{k^2}\right)\frac{\partial c_p}{\partial \lambda} = c_p - \lambda\frac{\partial c_p}{\partial \lambda} \quad (1\text{-}2\text{-}22b)$$

综上可得：

$$c_g = c_p + f\frac{\partial c_p}{\partial f}, \quad \text{或} \, c_g = c_p - \lambda\frac{\partial c_p}{\partial \lambda} \quad (1\text{-}2\text{-}22c)$$

式中：$c_g$ 为群速度，m/s；$c_p$ 为相速度，m/s；$f$ 为频率，Hz；$\lambda$ 为波长，m。

对于刚性壁矩形波导，群速度可表示为

$$c_g = c_0\sqrt{1 - \left(\frac{\pi c_0}{\omega}\right)^2\left(\frac{n_x^2}{l_x^2} + \frac{n_y^2}{l_y^2}\right)} < c_0 \quad (1\text{-}2\text{-}23)$$

并有 $c_p c_g = c_0^2$。

4. 管中的声场

与式（1-2-10）中某一组模式数（$n_x$, $n_y$）对应的一个解，仅是式（1-2-1）的一个特解，与该特解相应的简正波只是在管中可能存在的一种波动模式。方程的一般解应是所有可能的简正波，其中包括（0，0）次主波与所有其余（$n_x$, $n_y$）次波的叠加。因此，管中总声压的解可表示为

$$p = \sum_{n_x, n_y} p_{n_x, n_y} = \sum_{n_x}^{\infty}\sum_{n_y}^{\infty} A_{n_x, n_y}\cos(k_{n_x}x)\cos(k_{n_y}y)e^{j(\omega t - k_z z)} \quad (1\text{-}2\text{-}24)$$

5. 小结

（1）刚性壁矩形波导中可以存在无限多种波动模式，每一种波动模式均对应一个简正频率 $f_{n_x, n_y}$，只有当声源的频率满足 $f > f_{n_x, n_y}$ 时，波导管中才存在（$n_x$, $n_y$）次简正波；

（2）高次波均是频散波；

（3）$f < f_c$ 时，波导管中只存在主波，波速是常数；

（4）刚性壁矩形波导中的声波传播速度可以很大；

（5）当在声管中布置脉冲声源时，脉冲波包含一定频率范围内的单频波，因此该声源在声管中就有可能激励起多种可以传播的模式波。

## 二、圆柱形声波导管

1. 柱面波

1）无限大介质中柱面波的一般表达式

设柱坐标的径向坐标为 $r$，极角为 $\theta$，轴坐标为 $z$，如图 1-2-2 所示，直角坐标与柱坐标之间有如下关系：

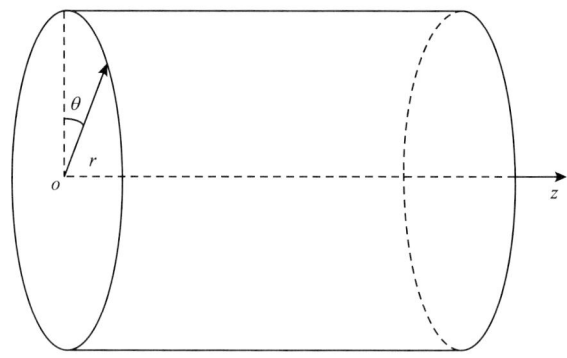

图 1-2-2 柱坐标示意图

$$\begin{cases} x = r\cos\theta \\ y = r\sin\theta \\ z = z \end{cases} \quad (1\text{-}2\text{-}25)$$

柱坐标系的拉普拉斯算符可表示为

$$\nabla^2 = \frac{1}{r}\frac{\partial}{\partial r}\left(r\frac{\partial}{\partial r}\right) + \frac{1}{r^2}\frac{\partial^2}{\partial \theta^2} + \frac{\partial^2}{\partial z^2} \quad (1\text{-}2\text{-}26)$$

设流体声速为 $c$,柱坐标下无限大流体中的波动方程为

$$\frac{1}{r}\frac{\partial}{\partial r}\left(r\frac{\partial p}{\partial r}\right) + \frac{1}{r^2}\frac{\partial^2 p}{\partial \theta^2} + \frac{\partial^2 p}{\partial z^2} = \frac{1}{c^2}\frac{\partial^2 p}{\partial t^2} \quad (1\text{-}2\text{-}27)$$

假设波场具有谐波解 $p=R(r)\Theta(\theta)Z(z)\mathrm{e}^{\mathrm{j}\omega t}$,代入式(1-2-27)可得如下三个常微分方程:

$$\begin{cases} \dfrac{\mathrm{d}^2 Z}{\mathrm{d}z^2} + k_z^2 Z = 0 \\ \dfrac{\mathrm{d}^2 \Theta}{\mathrm{d}\theta^2} + m^2 \Theta = 0 \\ \dfrac{\mathrm{d}^2 R}{\mathrm{d}r^2} + \dfrac{1}{r}\dfrac{\mathrm{d}R}{\mathrm{d}r} + \left(k_r^2 - \dfrac{m^2}{r^2}\right)R = 0 \end{cases} \quad (1\text{-}2\text{-}28)$$

其中:

$$k^2 = \frac{\omega^2}{c^2} = k_z^2 + k_r^2 \quad (1\text{-}2\text{-}29)$$

对于 $Z$ 的方程取行波解为

$$Z(z) = A_z \mathrm{e}^{-\mathrm{j}k_z z} \quad (1\text{-}2\text{-}30)$$

对于 $\Theta$ 的方程可取解为

$$\Theta(\theta) = A_\theta \cos(m\theta + \phi_m) \quad (1\text{-}2\text{-}31)$$

因为 $\Theta(m\theta)=\Theta(m\theta+2m\pi)$，式（1-2-31）中 $m$ 一定是正整数。

对于 $R$ 的方程做适当变换，令 $k_r r=x$，则式（1-2-28）第三个方程可化简为

$$\frac{d^2 R}{dx^2} + \frac{1}{x}\frac{dR}{dx} + \left(1 - \frac{m^2}{x^2}\right)R = 0 \quad (1\text{-}2\text{-}32)$$

这是一个标准的 $m$ 阶柱贝塞尔（Bessel）方程，其一般解可表示为

$$R(k_r r) = A_r J_m(k_r r) + B_r N_m(k_r r) \quad (1\text{-}2\text{-}33)$$

式中：$J_m(k_r r)$ 为总量为 $(k_r r)$ 的 $m$ 阶柱贝塞尔函数；$N_m(k_r r)$ 为总量为 $(k_r r)$ 的 $m$ 阶柱诺依曼函数。

于是，声压的表达式可写为

$$p_m = [A_m J_m(k_r r) + B_m N_m(k_r r)]\cos(m\theta - \phi_m)e^{j(\omega t - k_z z)} \quad (1\text{-}2\text{-}34)$$

当 $k_r r \to 0$ 时，$J_m(k_r r)$ 为有限值，而 $N_m(k_r r)$ 趋于无穷大，表示在轴线有声源。当 $k_r r \to \infty$ 时：

$$\begin{cases} J_m(k_r r) \to \sqrt{\dfrac{2}{\pi}}\dfrac{\cos\left(k_r r - \dfrac{\pi}{2}m - \dfrac{\pi}{4}\right)}{\sqrt{k_r r}} \\ N_m(k_r r) \to \sqrt{\dfrac{2}{\pi}}\dfrac{\sin\left(k_r r - \dfrac{\pi}{2}m - \dfrac{\pi}{4}\right)}{\sqrt{k_r r}} \end{cases} \quad (1\text{-}2\text{-}35)$$

可见，$J_m(k_r r)$ 和 $N_m(k_r r)$ 的性质类似于余弦函数和正弦函数。

根据柱贝塞尔函数、柱诺依曼函数与汉开尔（Hankel）函数之间的关系：

$$\begin{cases} H_m^{(1)}(z) = J_m(z) + jN_m(z) \\ H_m^{(2)}(z) = J_m(z) - jN_m(z) \end{cases} \quad (1\text{-}2\text{-}36)$$

式中：$H_m^{(1)}(z)$ 为 $m$ 阶第一类汉开尔函数；$H_m^{(2)}(z)$ 为 $m$ 阶第二类汉开尔函数。

可以把声压的表达式写为

$$p_m = \left[A_m H_m^{(2)}(k_r r) + B_m H_m^{(1)}(k_r r)\right]\cos(m\theta - \phi_m)e^{j(\omega t - k_z z)} \quad (1\text{-}2\text{-}37)$$

当 $z \to \infty$ 时，$H_m^{(1)}(z) \to \sqrt{\dfrac{2}{\pi}}\dfrac{e^{j\left(z - \frac{\pi}{2}m - \frac{\pi}{4}\right)}}{\sqrt{z}}$，$H_m^{(2)}(z) \to \sqrt{\dfrac{2}{\pi}}\dfrac{e^{-j\left(z - \frac{\pi}{2}m - \frac{\pi}{4}\right)}}{\sqrt{z}}$，由此可见，$H_m^{(2)}(z)$ 可用来表示扩散波，而 $H_m^{(1)}(z)$ 可用来表示汇聚波，其性质分别类似于正指数函数和负指数函数。柱面波的一个显著特点是其振幅与 $r$ 的平方根成反比。

2）特殊柱面波的表达式

（1）轴线无声源时的柱面波表达式。

按照柱诺依曼函数在零点发散的性质（表示在零点有声源），式（1-2-34）中应取 $B_m=0$，可简化声压的表达式（1-2-34），由此求得管中声压解为

$$p_m = A_m \mathrm{J}_m(k_r r)\cos(m\theta - \phi_m)\mathrm{e}^{\mathrm{j}(\omega t - k_z z)} \qquad (1\text{-}2\text{-}38)$$

（2）轴线无声源时的轴对称柱面波表达式。

当 $m=0$ 时：

$$p_0 = A_0 \mathrm{J}_0(k_r r)\mathrm{e}^{\mathrm{j}(\omega t - k_z z)} \qquad (1\text{-}2\text{-}39)$$

（3）轴对称的柱面扩散波表达式。

$$p_0 = A_0 \mathrm{H}_0^{(2)}(k_r r)\mathrm{e}^{\mathrm{j}(\omega t - k_z z)} \qquad (1\text{-}2\text{-}40)$$

当 $z \to \infty$ 时：

$$\mathrm{H}_0^{(2)}(z) \to \sqrt{\frac{2}{\pi}}\frac{\mathrm{e}^{-\mathrm{j}\left(z-\frac{\pi}{4}\right)}}{\sqrt{z}} \qquad (1\text{-}2\text{-}41\mathrm{a})$$

$r$ 较大时的表达式为

$$p_0 \approx \mathrm{e}^{\mathrm{j}\frac{\pi}{4}}\sqrt{\frac{2c}{\pi\omega r}}\mathrm{e}^{\mathrm{j}(\omega t - k_r r - k_z z)} \qquad (1\text{-}2\text{-}41\mathrm{b})$$

（4）无限长线源发出的轴对称扩散柱面波表达式。

此时所有的量与 $z$ 无关，于是：

$$p_0 = A_0 \mathrm{H}_0^{(2)}(k_r r)\mathrm{e}^{\mathrm{j}\omega t} \qquad (1\text{-}2\text{-}42)$$

当 $z \to \infty$ 时，$r$ 较大时的表达式为

$$\begin{cases} \mathrm{H}_0^{(2)}(z) \to \sqrt{\dfrac{2}{\pi}}\dfrac{\mathrm{e}^{-\mathrm{j}\left(z-\frac{\pi}{4}\right)}}{\sqrt{z}} \\ p_0 \approx \mathrm{e}^{\mathrm{j}\frac{\pi}{4}}\sqrt{\dfrac{2c}{\pi\omega r}}\mathrm{e}^{\mathrm{j}(\omega t - kr)} \end{cases} \qquad (1\text{-}2\text{-}43)$$

2. 刚性壁圆柱形声波导管

圆柱形管中的声波传播特性与矩形管中的声传播有相似性，因而就不过多讨论它传播的物理过程，而将着重推导和分析一些有意义的结果。现在研究在一个半径为 $a$ 的无限长刚性壁圆柱形管中的声传播特性。

轴线无声源时的柱面波表达式为

$$p_m = A_m \mathrm{J}_m(k_r r)\cos(m\theta - \phi_m)\mathrm{e}^{\mathrm{j}(\omega t - k_z z)} \qquad (1\text{-}2\text{-}44)$$

对应的径向质点振动速度为

$$v_{rm} = \frac{j}{\rho_0 \omega} \frac{\partial p_m}{\partial r} = A_m \frac{jk_r}{\rho_0 \omega} \left[ \frac{dJ_m(k_r r)}{d(k_r r)} \right] \cos(m\theta - \phi_m) e^{j(\omega t - k_z z)} \quad (1\text{-}2\text{-}45)$$

设管壁为刚性,即在壁面 $r=a$ 处质点振动速度的法向分量 $v_{rm}=0$,由此条件可得如下关系:

$$\left[ \frac{dJ_m(k_r r)}{d(k_r r)} \right]_{(r=a)} = 0 \quad (1\text{-}2\text{-}46)$$

按照贝塞尔函数的递推关系:

$$\begin{cases} \dfrac{dJ_m(x)}{dx} = \dfrac{1}{2}[J_{m-1}(x) - J_{m+1}(x)] \\ \dfrac{dJ_0(x)}{dx} = -J_1(x) \end{cases} \quad (1\text{-}2\text{-}47)$$

可得如下函数方程:

$$\begin{cases} J_{m-1}(k_r a) = J_{m+1}(k_r a) \quad (m>0) \\ J_1(k_r a) = 0 \quad (m=0) \end{cases} \quad (1\text{-}2\text{-}48)$$

从式(1-2-48)解得一系列根值,部分根值见表 1-2-1。结果表明,在刚性壁条件下 $k_r$ 应有一系列特定的数值,此特定值可用下标 $m$ 与 $n$ 两个正整数表示。

表 1-2-1　根值表

| $k_r a = k_{mn} a$ | $m=0$ | $m=1$ | $m=2$ |
|---|---|---|---|
| $n=0$ | 0 | 1.841 | 3.054 |
| $n=1$ | 3.832 | 5.322 | 6.705 |
| $n=2$ | 7.015 | 8.536 | 9.965 |

记 $k_r = k_{mn}$。例如,$m=0$,$n=1$,$k_{01} = \dfrac{3.832}{a}$;$m=0$,$n=2$,$k_{02} = \dfrac{7.015}{a}$ 等。于是,声压解又可写成如下形式:

$$p_{mn} = A_{mn} J_m(k_{mn} r) \cos(m\theta - \phi_m) e^{j(\omega t - k_z z)} \quad (1\text{-}2\text{-}49)$$

其中:

$$k_z = \sqrt{k^2 - k_{mn}^2} \quad (1\text{-}2\text{-}50)$$

式(1-2-49)表示圆柱形波导管中的 $(m, n)$ 次简正波,例如当 $m=0$,$n=0$ 时:

$$p_{00} = A_{00} e^{j(\omega t - kz)} \quad (1\text{-}2\text{-}51)$$

这就是沿 $z$ 轴方向传播的（0，0）次波，又称为主波，与无限大介质中的平面波有同样的表达式，其余模式波称为（$m$，$n$）次高次波，例如（0，1）次高次波可表示为

$$p_{01} = A_{01} \mathrm{J}_0 (k_{01} r) \mathrm{e}^{\mathrm{j}\left(\omega t - \sqrt{k^2 - k_{01}^2} z\right)} \qquad (1\text{-}2\text{-}52)$$

与刚性壁矩形声波导管类似，可以确定刚性壁圆柱形声波导管中模式波的简正频率。令 $k_z = 0$，即 $\dfrac{\omega^2}{c_0^2} = k_r^2$，$\dfrac{\omega}{c_0} = k_r = \dfrac{k_{mn}a}{a}$，则简正频率 $f_{mn} = \dfrac{c_0}{2\pi a}(k_{mn}a)$，截止频率 $f_\mathrm{c}$ 为

$$f_\mathrm{c} = \min\{f_{mn}\} = f_{10} = k_{10}a\dfrac{c_0}{2\pi a} = 1.84\dfrac{c_0}{2\pi a} \qquad (1\text{-}2\text{-}53)$$

如果声源做轴对称振动，则 $m = 0$，于是可以确定：

$$f_\mathrm{c} = f_{01} = k_{01}a\dfrac{c_0}{2\pi a} = 3.832\dfrac{c_0}{2\pi a} \qquad (1\text{-}2\text{-}54)$$

可见，在刚性壁圆柱形波导管中的声传播规律与在刚性壁矩形波导管中的声传播规律十分相似，此处不再详述。

### 三、固体薄板中的波（板波）

1917 年，兰姆（Horace Lamb）最早深入研究了固体薄板中的声波，后来的文献中常称这种波为板波，又称 Lamb 波、兰姆波。研究板波时所采用的介质模型及坐标系如图 1-2-3 所示，考虑在厚度为 $2b$、上下界面分别为自由表面的无限大固体板中传播的声波。界面的法线方向沿着 $x$ 轴，界面的切线方向沿着 $z$ 轴。

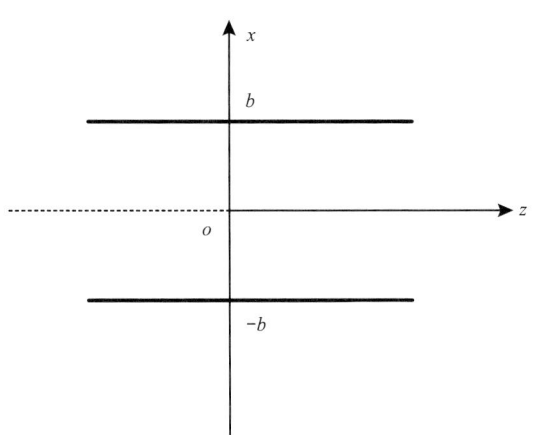

图 1-2-3 研究板波时所采用的介质模型及坐标系示意图

1. 波动方程的解

假设固体介质中应力、应变和位移等各个物理量与 $y$ 无关，且质点无 $y$ 方向位移。于是矢势函数 $\boldsymbol{\psi}$ 只有 $y$ 分量，即 $\boldsymbol{\psi} = \psi_y \boldsymbol{j} = \psi \boldsymbol{j}$。因此，质点振动位移矢量表达式为

$$\begin{aligned}
\boldsymbol{S} &= u\boldsymbol{i} + w\boldsymbol{k} = \nabla\phi + \nabla\times\boldsymbol{\psi} \\
&= \frac{\partial\phi}{\partial x}\boldsymbol{i} + \frac{\partial\phi}{\partial z}\boldsymbol{k} + \frac{\partial\psi}{\partial x}\boldsymbol{k} - \frac{\partial\psi}{\partial z}\boldsymbol{i} \\
&= \left(\frac{\partial\phi}{\partial x} - \frac{\partial\psi}{\partial z}\right)\boldsymbol{i} + \left(\frac{\partial\phi}{\partial z} + \frac{\partial\psi}{\partial x}\right)\boldsymbol{k}
\end{aligned} \quad (1\text{-}2\text{-}55)$$

式中：$\boldsymbol{S}$ 为固体板中的质点振动位移矢量；$u$ 为 $x$ 方向的质点振动位移；$w$ 为 $z$ 方向的质点振动位移；$\phi$ 为位移的标量势；$\boldsymbol{\psi}$ 为位移的矢量势；$\psi$ 为 $\boldsymbol{\psi}$ 在 $y$ 方向上的分量；$\boldsymbol{i}$、$\boldsymbol{j}$、$\boldsymbol{k}$ 分别为 $x$、$y$、$z$ 方向上的单位矢量。

在固体板中 $\phi$ 和 $\psi$ 满足波动方程，在界面上满足真空和固体的边界条件。$\phi$ 和 $\psi$ 在薄板的厚度方向（$x$ 方向）应为驻波解，而在 $z$ 方向为行波解，其一般表达式为

$$\begin{cases} \phi = (A_1\cos k_x x + A_2 \sin k_x x)\mathrm{e}^{\mathrm{j}(\omega t - k_0 z)} \\ \psi = (B_1\sin k'_x x + B_2 \cos k'_x x)\mathrm{e}^{\mathrm{j}(\omega t - k_0 z)} \end{cases} \quad (1\text{-}2\text{-}56)$$

其中：

$$k_0 = \frac{\omega}{c_{\text{Lamb}}}$$

$$k_x^2 = k_d^2 - k_0^2$$

$$k_d = \frac{\omega}{c_d}$$

$$k'^2_x = k_t^2 - k_0^2$$

$$k_t = \frac{\omega}{c_t}$$

式中：$k_0$ 为板波沿 $z$ 轴方向传播的波数，$\mathrm{m}^{-1}$；$c_{\text{Lamb}}$ 为板波传播速度，$\mathrm{m/s}$；$k_d$ 为板中纵波（P 波）波数，$\mathrm{m}^{-1}$；$c_d$ 为板中纵波（P 波）传播速度，$\mathrm{m/s}$；$k_t$ 为板中横波（S 波）波数，$\mathrm{m}^{-1}$；$c_t$ 为板中横波（S 波）传播速度，$\mathrm{m/s}$；$A_1$、$A_2$、$B_1$、$B_2$ 为待定系数，由边界条件确定。

只要求得式（1-2-56）中的 $\phi$ 和 $\psi$，则由式（1-2-55）即可求得位移矢量 $\boldsymbol{S}$ 及应力、应变的表达式等。根据经验，把位移 $\boldsymbol{S}$ 分解成相对于 $x=0$ 平面的对称分量和反对称分量会给问题的研究带来方便，相应的模式分别称为对称模式和反对称模式。因此，需要将 $\phi$ 和 $\psi$ 重新拆分组合。

与对称模式波相应的势函数为

$$\begin{cases} \phi = A_1 \cos k_x x \mathrm{e}^{\mathrm{j}(\omega t - k_0 z)} \\ \psi = B_1 \sin k'_x x \mathrm{e}^{\mathrm{j}(\omega t - k_0 z)} \end{cases} \quad (1\text{-}2\text{-}57)$$

与反对称模式波相应的势函数为

$$\begin{cases} \phi = A_2 \sin k_x x \mathrm{e}^{\mathrm{j}(\omega t - k_0 z)} \\ \psi = B_2 \cos k'_x x \mathrm{e}^{\mathrm{j}(\omega t - k_0 z)} \end{cases} \quad (1\text{-}2\text{-}58)$$

对称模式波的位移为

$$\begin{cases} u = \dfrac{\partial \phi}{\partial x} - \dfrac{\partial \psi}{\partial z} = \left(-k_x A_1 \sin k_x x + \mathrm{j} B_0 \sin k'_x x\right) \mathrm{e}^{\mathrm{j}(\omega t - k_0 z)} \\ w = \dfrac{\partial \phi}{\partial z} + \dfrac{\partial \psi}{\partial x} = \left(-\mathrm{j} k_0 A_1 \cos k_x x + k'_x B_1 \cos k'_x x\right) \mathrm{e}^{\mathrm{j}(\omega t - k_0 z)} \end{cases} \quad (1\text{-}2\text{-}59)$$

显然有：

$$\begin{cases} u(x) = -u(-x) \\ w(x) = w(-x) \end{cases} \quad (1\text{-}2\text{-}60)$$

板的表面对称模式板波质点振动位移如图 1-2-4 所示。

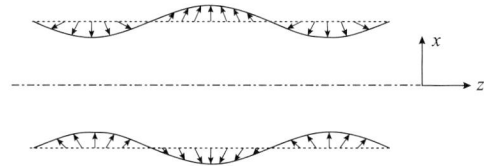

图 1-2-4　板的表面对称模式板波质点振动位移示意图

反对称模式波的位移为

$$\begin{cases} u = \dfrac{\partial \phi}{\partial x} - \dfrac{\partial \psi}{\partial z} = \left(k_x A_2 \cos k_x x + \mathrm{j} k_0 B_2 \cos k'_x x\right) \mathrm{e}^{\mathrm{j}(\omega t - k_0 z)} \\ w = \dfrac{\partial \phi}{\partial z} + \dfrac{\partial \psi}{\partial x} = \left(-\mathrm{j} k_0 A_2 \sin k_x x - k'_x B_2 \sin k'_x x\right) \mathrm{e}^{\mathrm{j}(\omega t - k_0 z)} \end{cases} \quad (1\text{-}2\text{-}61)$$

显然有：

$$\begin{cases} u(x) = u(-x) \\ w(x) = w(-x) \end{cases} \quad (1\text{-}2\text{-}62)$$

板的表面反对称模式板波质点振动位移如图 1-2-5 所示，反对称模式板波也称为弯曲波。可见，对称模式与反对称模式是根据质点振动位移的对称关系来确定的。当上下界面上的质点平行于板的位移大小相等、方向相同时，这组波称为对称族兰姆波；相反，当上下界面上的质点平行于板的位移大小相等、方向相反时，这组波称为反对称族兰姆波。

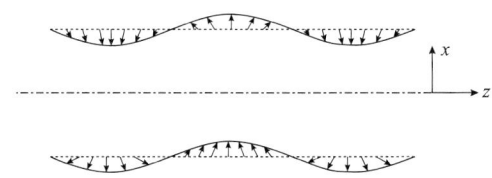

图 1-2-5　板的表面反对称模式板波质点振动位移示意图

由于板的表面是自由的，满足真空与固体界面上的边界条件，即在边界 $x=\pm b$ 处法向应力为 0，即：

$$T_{xx}|_{x=\pm b} = \left[\lambda\nabla^2\phi + 2\mu\left(\frac{\partial^2\phi}{\partial x^2} - \frac{\partial^2\psi}{\partial x\partial z}\right)\right]\bigg|_{x=\pm b} = 0 \quad (1\text{-}2\text{-}63)$$

切向应力为 0，即：

$$T_{xz}|_{x=\pm b} = \left[\mu\left(2\frac{\partial^2\phi}{\partial z\partial x} + \frac{\partial^2\psi}{\partial x^2} - \frac{\partial^2\psi}{\partial z^2}\right)\right]\bigg|_{x=\pm b} = 0 \quad (1\text{-}2\text{-}64)$$

式中：$\lambda$、$\mu$ 为拉梅常数，$N/m^2$。

根据这两个边界条件，即可确定对称模式波和反对称模式波的波速与频率、介质参数之间的关系。

2. 对称模式板波

将对称模式波的势函数表达式（1-2-57）代入边界条件式（1-2-63）中得：

$$\begin{cases} -\lambda k_d^2 A_1 \cos(k_x b) + 2\mu\left[-k_x^2 A_1 \cos(k_x b) + jB_1 k_x' k_0 \cos(k_x' b)\right] = 0 \\ -\left(\lambda k_d^2 + 2\mu k_x^2\right) A_1 \cos(k_x b) + 2B_1\mu j k_x' k_0 \cos(k_x' b) = 0 \end{cases} \quad (1\text{-}2\text{-}65)$$

由于 $\lambda k_d^2 + 2\mu k_x^2 = \lambda k_d^2 + 2\mu(k_d^2 - k_0^2) = (\lambda+2\mu)k_d^2 - 2\mu k_0^2$，$\dfrac{k_d^2}{k_t^2} = \dfrac{c_t^2}{c_d^2} = \dfrac{\mu}{\lambda+2\mu}$，有：

$$(\lambda+2\mu)k_d^2 = \mu k_t^2 = \mu(k_x^2 + k_0^2) \quad (1\text{-}2\text{-}66a)$$

即：

$$\lambda k_d^2 + 2\mu k_x^2 = \mu(k_x^2 + k_0^2) - 2\mu k_0^2 = \mu(k_x^2 - k_0^2) \quad (1\text{-}2\text{-}66b)$$

于是可得：

$$\mu(k_0^2 - k_x'^2)A_1 \cos(k_x b) + 2B_1 j\mu k_x' k_0 \cos(k_x' b) = 0 \quad (1\text{-}2\text{-}67)$$

将式（1-2-57）代入边界条件式（1-2-64）得：

$$\begin{cases} 2jk_x k_0 A_1 \sin(k_x b) - k_x'^2 B_1 \sin k_x' b + k_0^2 B_1 \sin(k_x' b) = 0 \\ 2jA_1 k_x k_0 \sin(k_x b) + (k_0^2 - k_x'^2) B_1 \sin(k_x' b) = 0 \end{cases} \quad (1\text{-}2\text{-}68)$$

由式（1-1-67）和式（1-1-68）第二个方程可得 $A_1$、$B_1$ 为非零解的条件：

$$\begin{cases} \dfrac{A_1}{B_1} = \dfrac{2j\mu k_x' k_0 \cos(k_x' b)}{-\mu(k_0^2 - k_x'^2)\cos(k_x b)} = \dfrac{(k_0^2 - k_x'^2)\sin(k_x' b)}{-2jk_x k_0 \sin(k_x b)} \\ \dfrac{\tan(k_x b)}{\tan(k_x' b)} = \dfrac{-(k_0^2 - k_x'^2)^2}{4k_0^2 k_x k_x'} \end{cases} \quad (1\text{-}2\text{-}69a)$$

其中：

$$\begin{cases} k_x = \sqrt{k_d^2 - k_0^2} \\ k_x' = \sqrt{k_t^2 - k_0^2} \end{cases} \quad (1\text{-}2\text{-}69b)$$

式（1-2-69b）即为对称模式板波的波数 $k_0$ 所应满足的特征方程，也称为对称模式板波的频散方程或频率方程，用数值解法可以求解。

3. 反对称模式板波（弯曲波）

将反对称模式波的势函数表达式（1-2-58）代入边界条件式（1-2-63）得：

$$-\lambda k_d^2 A_2 \sin k_x b + 2\mu\left[-k_x^2 A_2 \sin(k_x b) - jk_0 k_x' B_2 \sin(k_x' b)\right] = 0 \quad (1\text{-}2\text{-}70)$$

又因 $\lambda k_d^2 = 2(k_0^2 - k_x'^2)$，有：

$$\mu(k_0^2 - k_x'^2)A_2 \sin(k_x b) - 2\mu jk_0 k_x' B_2 \sin(k_x' b) = 0 \quad (1\text{-}2\text{-}71)$$

将式（1-2-58）代入边界条件式（1-1-64）得：

$$-2jk_x k_0 A_2 \cos k_x b + (k_0^2 - k_x'^2)B_2 \cos(k_x' b) = 0 \quad (1\text{-}2\text{-}72)$$

联立式（1-2-71）和式（1-2-72）求解，得：

$$\frac{B_2}{A_2} = \frac{2jk_x k_0 \cos k_x b}{(k_0^2 - k_x'^2)\cos k_x' b} = \frac{(k_0^2 - k_x'^2)\sin k_x b}{2jk_0 k_x' \sin k_x' b} \quad (1\text{-}2\text{-}73)$$

即：

$$\frac{\tan k_x b}{\tan k_x' b} = \frac{-4k_0^2 k_x k_x'}{(k_0^2 - k_x'^2)^2} \quad (1\text{-}2\text{-}74)$$

解式（1-2-74）可得反对称模式板波的波数 $k_0$，进而可求得反对称模式板波的传播速度。

4. 高阶板波

根据势函数的表达式［式（1-2-57）和式（1-2-58）］可以看出，无论对于对称模式板波还是反对称模式板波，只有当 $k_0 > 0$ 时才满足板波传播的条件。因此，由 $k_0 = 0$ 可得板波传播的临界条件。

对于对称模式板波，由式（1-2-69b）可见，当 $k_0 \to 0$ 时，$k_x = \sqrt{k_d^2 - k_0^2} \to k_d$，$k_x' = \sqrt{k_t^2 - k_0^2} \to k_t$。只要使 $\tan(k_x' b) \to \tan(k_t b) \to 0$ 和 $\tan(k_x b) \to \tan(k_d b) \to \infty$ 就能使式（1-2-69b）成立。

对称模式板波传播的临界条件为

$$\begin{cases} k_t b = n\pi & (n = 1, 2, 3, \cdots) \\ k_d b = \dfrac{(2n-1)\pi}{2} & (n = 1, 2, 3, \cdots) \end{cases} \quad (1\text{-}2\text{-}75a)$$

即：

$$\begin{cases} d = 2b = n\lambda_t & (n=1,2,3,\cdots) \quad (\text{板厚是横波波长的整数倍}) \\ d = 2b = \dfrac{(2n-1)\lambda_d}{2} \end{cases} \quad (1\text{-}2\text{-}75b)$$

式中：$\lambda_t$ 为横波波长，m；$\lambda_d$ 为纵波波长，m；$d$ 为板厚，m。

于是，可得一系列对称模式板波的简正频率：

$$\begin{cases} f_{sn} = \dfrac{nc_t}{d} & (n=1,2,3,\cdots) \\ f_{sn} = \dfrac{(2n-1)c_d}{2d} & (n=1,2,3,\cdots) \end{cases} \quad (1\text{-}2\text{-}76)$$

对于反对称模式板波做类似分析，可得反对称模式板波传播的临界条件为

$$\begin{cases} d = 2b = n\lambda_d \\ d = 2b = \dfrac{(2n-1)\lambda_t}{2} & (n=1,2,3,\cdots) \quad (\text{板厚是横波半波长的奇数倍}) \end{cases} \quad (1\text{-}2\text{-}77)$$

于是，可得一系列反对称模式板波的简正频率：

$$\begin{cases} f_{an} = \dfrac{nc_d}{d} & (n=1,2,3,\cdots) \\ f_{an} = \dfrac{(2n-1)c_t}{2d} & (n=1,2,3,\cdots) \end{cases} \quad (1\text{-}2\text{-}78)$$

可以看出，最小的一个非零简正频率为 $f_{a1} = \dfrac{c_t}{2d}$。最小的、非零的简正频率称为固体板的截止频率。当声源的频率低于此数值时，固体板中只能存在零阶模式（最低阶）的板波。

对应于一个频率范围，用数值解法求解式（1-2-69b）和式（1-2-74）可分别得到无限多个 $k_0$ 值，对应于固体板中可以存在无限多个对称模式波和无限多个反对称模式波，不同模式波具有不同的频散曲线。图 1-2-6 所示的是以频厚积为横坐标，以铝板板波的相速度为纵坐标的频散曲线，其中铝中的纵波（P 波）传播速度为 $c_d$=6370m/s，横波（S 波）传播速度为 $c_t$=3110m/s，查图可得不同模式波的相速度与频厚积之间的关系。

5. 小结

（1）固体板波导中可以存在一系列对称模式板波和一系列反对称模式板波，反对称模式也称为弯曲波模式。

（2）每一种波动模式均对应一个简正频率 $f_n$，只有当声源的频率满足 $f > f_n$ 时才存在 $n$ 阶简正波，当声源频率低于截止频率时，存在零阶对称板波和零阶反对称板波这两种零阶板波。

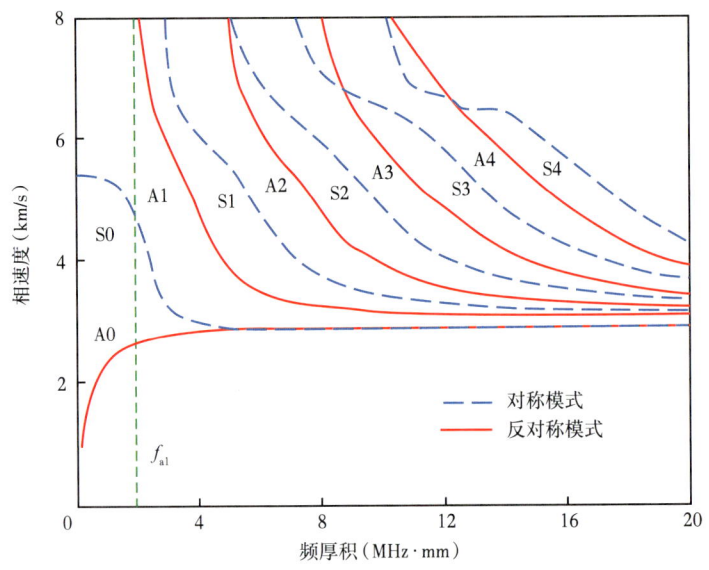

图 1-2-6 铝板中板波的相速度频散曲线

（3）各种波动模式均是频散波。

（4）固体板波导中的波传播速度数值可以很大，一般不等于固体中的纵波波速和横波波速。

（5）在固体薄板中可以存在多模式波且各种模式波是频散波等声传播特性，与波在管中的声传播特性十分相似。这反映了制导波传播的一些共性。

## 第三节　岩石的声学性质

岩石声学是利用连续介质力学的一般规律，研究声波（地震波）在岩石中的产生、传播、接收，以及声波在其传播过程中与构成岩石的物质之间的相互作用。它是声学的一个分支，是固体地球物理学和勘探地球物理学的重要组成部分，是地震学和勘探地震学以及声波测井技术的物理基础和资料解释依据，在现代勘探地震学和油储地球物理中占有重要的地位。

岩石是由矿物及其孔隙流体组成的，其声学性质主要由构成的矿物决定，又受孔隙及其流体影响较大。有学者系统阐述了影响岩石声学性质因素，这些因素可分为岩石特性、流体特性和所处环境三大类共计 28 小类。以下阐述岩石的声学性质主要影响因素。

### 一、波速与密度和矿物成分的关系

火成岩中，矿物紧密地结合在一起，孔隙空间很小，因此，岩石弹性波速主要由其矿物成分决定。弹性纵波在 $SiO_2$ 中速度度较慢，由此可以预料，含 $SiO_2$ 多的火成岩波速较低。而且火成岩中的纵波速度 $v_p$ 和岩石密度之间正相关，如图 1-3-1 所示。

Birch（1960）首先提出了火成岩密度 $\rho$（$10^3 kg/m^3$）和纵波速度 $v_p$（km/s）之间的经验关系：

$$v_p = 2.76\rho - 0.98 \qquad (1\text{-}3\text{-}1)$$

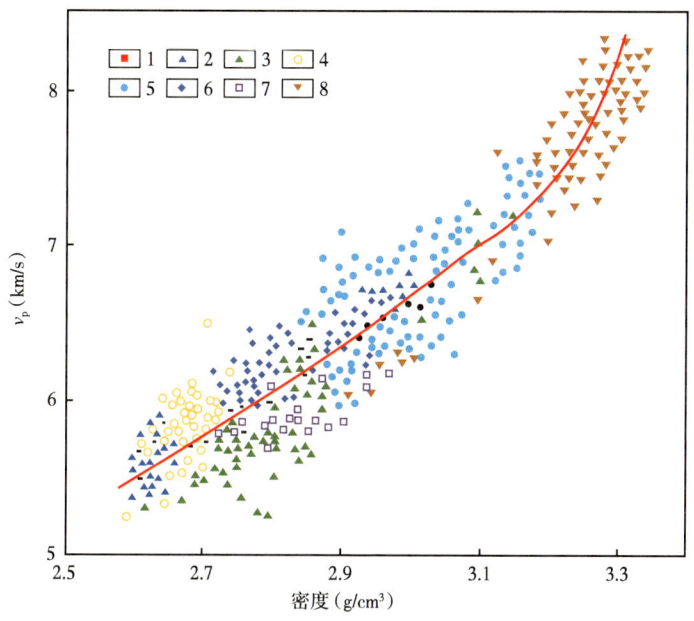

图 1-3-1　火成岩密度与纵波速度的关系

1—花岗岩；2—片麻岩；3—石榴黑云母石；4—闪石；5—麻粒岩；6—闪长岩；7—辉长岩；8—超基性岩

Gebrande（1982）给出了类似的结果。不同的是，他既给出了 $v_p$ 与岩石密度的关系，也给出了横波的结果，见表 1-3-1。

表 1-3-1　纵横波速度与岩石密度的关系

| 岩石种类 | 线性经验关系式 | |
| --- | --- | --- |
| 克拉通 | $v_p=4.36\rho_0-6.73\pm0.03$ | $v_s=1.66\rho_0-1.48\pm0.02$ |
| 火成岩 | $v_p=2.81\rho_0-2.37\pm0.18$ | $v_s=1.46\rho_0-1.08\pm0.02$ |
| 变质岩 | $v_p=4.41\rho_0-6.93\pm0.37$ | $v_s=1.70\rho_0-1.70\pm0.02$ |

沉积岩的结构比起火成岩来说，不仅包含有更多的孔隙，而且沉积岩的组成成分远比火成岩丰富、复杂。因此，沉积岩中波速与密度及矿物成分的关系远不如火成岩那样清楚。不仅如此，沉积岩的波速与火成岩相比，一是比火成岩波速低；二是同一类岩石波速的变化范围比火成岩大。图 1-3-2 给出了几类主要的火成岩、变质岩和沉积岩中的弹性波速度和波速的变化范围。

邓继新等（2011）对沉积岩中黏土矿物对岩石波速的影响做过综述。他们对含黏土矿物量为 0~50% 的 80 种砂岩样品进行了实验，目的也和上面介绍的火成岩研究一样，试图找出波速和黏土矿物含量之间的经验关系。他们将实验结果（图 1-3-3）用线性经验公式写出来：

$$v=A_0-A_1\eta-A_2C \quad (1\text{-}3\text{-}2)$$

式中：$A_0$、$A_1$ 和 $A_2$ 为常数；$\eta$ 为砂岩孔隙度；$C$ 为黏土矿物含量。

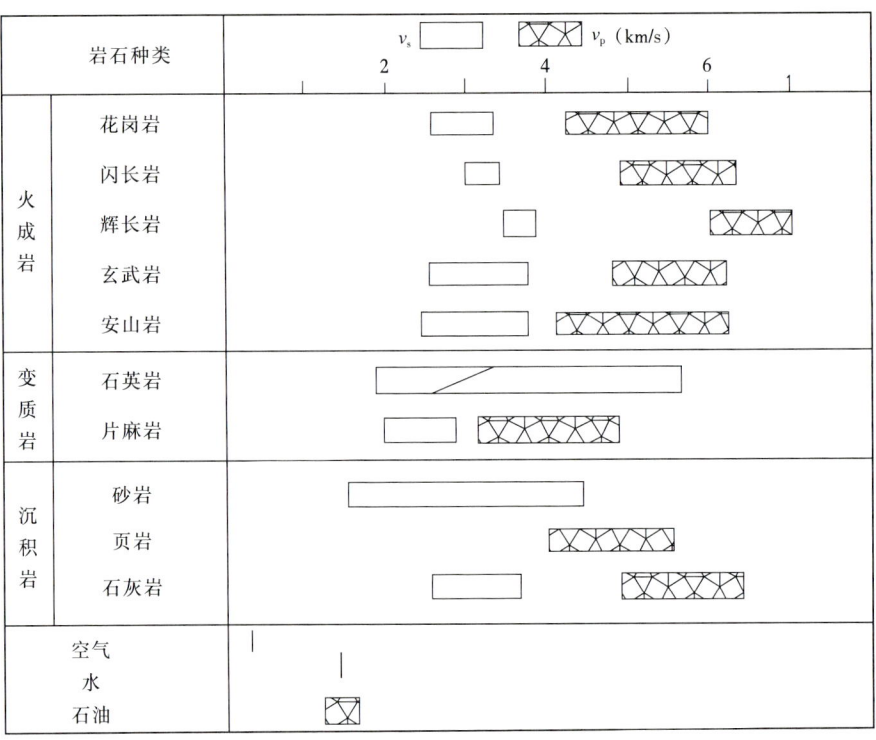

图 1-3-2　几种主要火成岩、变质岩和沉积岩中的弹性波速度及波速的变化范围

研究矿物组分与岩石波速的工作还有许多，如 Marion 等（1992）对水库库区砂岩中含黏土量的研究。有一点要格外注意，上述所有的经验关系都是在一定的压力条件下得到的，因此，利用这些关系进行外推时，应该注意压力条件的相似性。

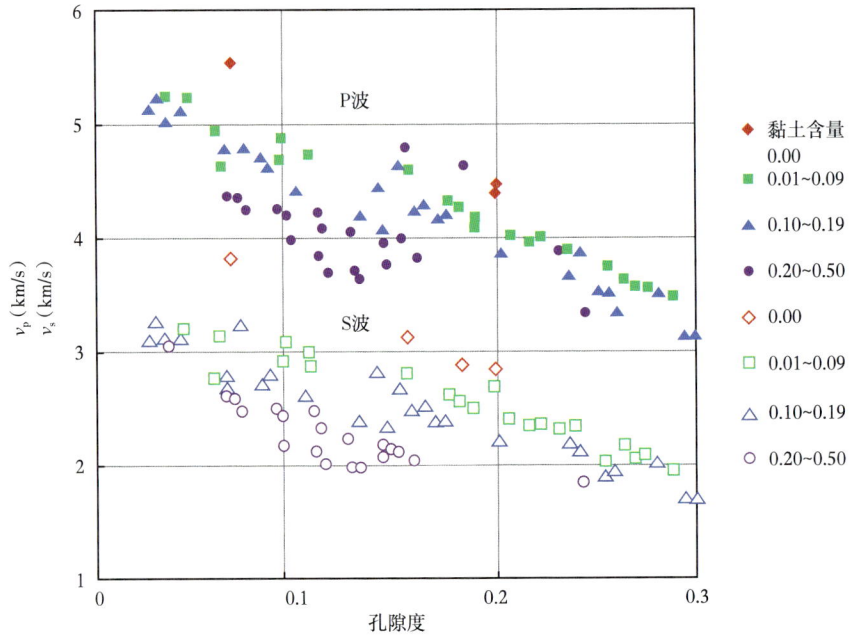

图 1-3-3　围压 40MPa、孔隙压力 100MPa 条件下，对 75 块黏土砂岩的纵波速度测量结果

## 二、波速与孔隙度的关系

沉积岩中含有许多孔隙,这里仅研究孔隙被水饱和的情况。水中波的速度远较岩石骨架中的低,所以可以预期孔隙度的增加将会导致岩石波速的降低。尽管火成岩中孔隙度较小,但这个结论对于火成岩和沉积岩都是一样成立的,只不过,这种影响在沉积岩中表现得更为明显罢了。图 1-3-4 给出了围压 14MPa 时,水饱和砂岩的纵波速度与孔隙度的关系。

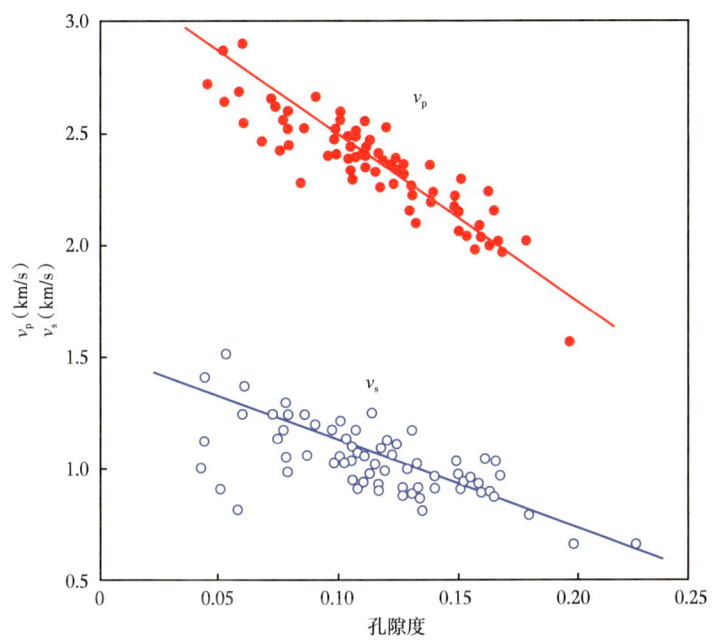

图 1-3-4　围压 14MPa 时水饱和砂岩的纵波速度与孔隙度的关系实验结果

## 三、波速与压力、温度的关系

岩石在不同的压力和温度下物理性质的变化,对于利用岩石物理性质资料来解释地球物理资料是十分重要的。由于地球内部的温度和压力随埋藏深度的增加而增大,因此,波速与压力、温度的关系也就相应变成了岩石波速随深度的变化关系。假定波速 $v$ 是深部温度 $T$ 和压力 $p$ 的函数,显然:

$$\frac{dv}{dZ} = \left(\frac{\partial v}{\partial p}\right)_T \frac{dp}{dZ} + \left(\frac{\partial v}{\partial T}\right)_p \frac{dT}{dZ} \qquad (1\text{-}3\text{-}3)$$

式中:$\left(\dfrac{\partial v}{\partial p}\right)_T$ 为绝热过程速度随压力的变化;$\left(\dfrac{\partial v}{\partial T}\right)_p$ 为等压过程速度随温度的变化;$\dfrac{dp}{dZ}$ 和 $\dfrac{dT}{dZ}$ 为压力和温度对深度的梯度。

图 1-3-5 给出了辉绿岩和花岗岩中的波速随静压力 $p$ 的变化。可以看出,波速随深度的变化不是线性的,低压下波速变化大,高压下波速变化小。

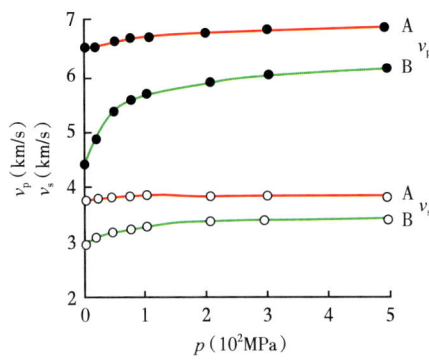 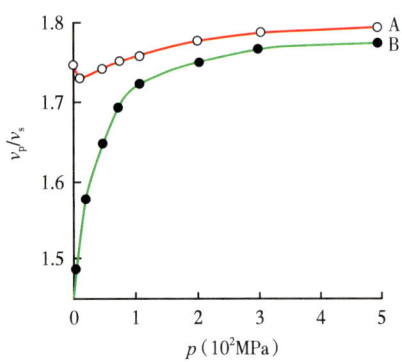

图 1-3-5 火成岩波速随压力的变化

A—花岗岩；B—辉绿岩

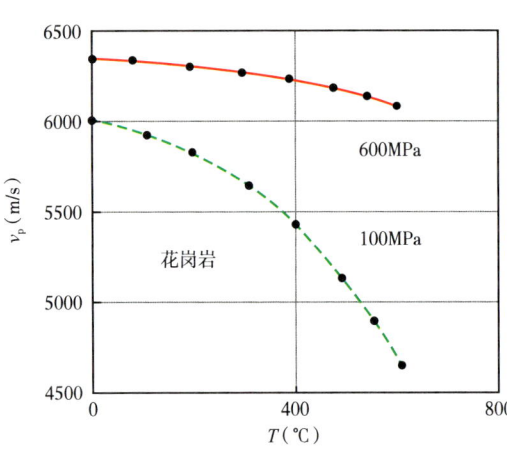

图 1-3-6 不同压力下，花岗岩中纵波速度随温度的变化

图 1-3-6 给出了花岗岩在固定压力下波速随温度的变化，与压力越大、速度越高的结果相反，温度越高，岩石中波速越小。但当走向地壳深部时，将面临两种趋势相反的变化。压力增长会导致波速增加，而温度增高则会导致波速的减小。因此，在地壳内，波速随深度的变化是这两种作用综合平衡的结果。

## 四、声速与含水饱和度的关系

岩石声速不但与岩石的含水饱和度有关，还与孔隙流体的分布形态有关。由理论计算得出的 $v_p$、$v_s$ 与含水饱和度 $S_w$ 的关系如图 1-3-7 所示。图 1-3-8 为实验测量得到的 $v_p$、$v_s$ 与含水饱和度的关系。

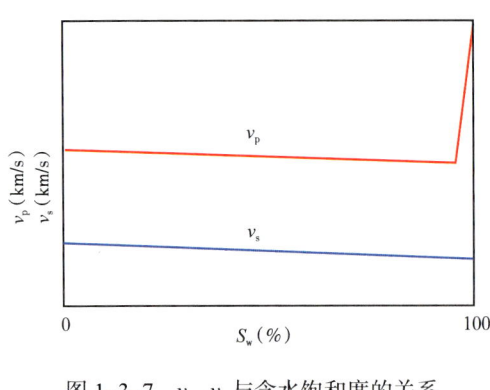 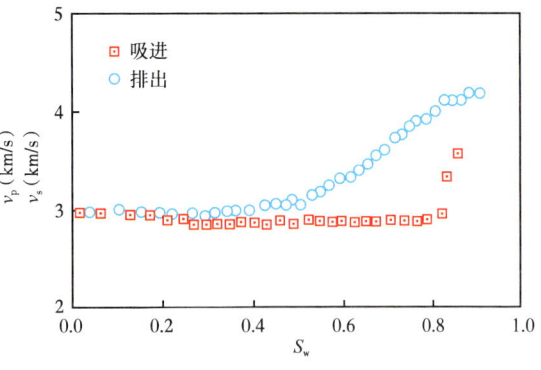

图 1-3-7 $v_p$、$v_s$ 与含水饱和度的关系（Domenico，1976）

图 1-3-8 实验测量得到的 $v_p$、$v_s$ 与含水饱和度的关系（Knight et al.，1990）

一般认为，干燥岩样在蒸馏水浸泡之初，岩石声速会下降（或急剧下降）。此后，随着含水饱和度的增加，声速大致按线性规律缓慢降低，并在 $S_w=80\%$ 左右达到极小值；当

$S_w > 80\%$ 时,随 $S_w$ 增加声速急剧增大。当岩样被蒸馏水完全饱和时,声速达到极大值。

从图 1-3-11 中还可以看到,对于同样 $S_w$ 的岩样,在干燥岩样吸水和完全饱和后逐渐脱水两个过程中,测得的声速值并不相同。也就是说,对于同一岩样、同一饱和度测量到两个不同的声速值。这主要是因为在上述两个测量过程中,水和空气在孔隙中的分布形态不同,岩石的声速与孔隙流体在孔隙中的分布形态有关。

对于孔隙度相同的储层,当其孔隙空间所含流体性质不同时,储层岩石的声速也不同。研究结果表明,孔隙度相同的砂岩,含水时的声速高于含油时的声速。而且,砂岩的孔隙度越大、砂岩骨架的声速越高,孔隙度相同的含水砂岩和含油砂岩的声速差异越明显。但是,需要说明的是,即使对孔隙度为 20%~30% 的纯砂岩,完全含水时的声速仅比完全含油时的声速大 7%~15%。若考虑到在实际情况下,含油砂岩储层的孔隙中不可能全部含油(即含油饱和度不可能为 100%)。这样,仅根据声速的差异判断砂岩储层是含油还是含水,还相当困难。对于碳酸盐岩储层,由于孔隙度的绝对值小(一般在 12% 以下),根据声速的差别区分含油层和含水层,在目前的测量条件下几乎是不可能的。

岩浆岩、变质岩及沉积岩含气时的纵波速度比完全含水时低。如果砂岩储层含气,则其纵波速度与 100% 含水砂岩相比,有明显的降低。资料表明,对孔隙度为 25%~30% 的纯砂岩,孔隙中含气时的纵波速度比孔隙中完全含水时的纵波速度约低 40%。因此,根据声速测井结果判断含气层是可能的。

### 五、衰减与矿物成分、孔隙度的关系

总的来说,声波在岩石中的衰减远比在矿物中的衰减要高。例如,方解石是构成石灰岩的主要矿物之一,而方解石(矿物)品质因子 $Q=1900$,石灰岩(岩石)品质因子 $Q=200$。二者相差了近十倍。其原因是岩石中除了矿物成分以外,还包含了大量的孔隙、结构面(包括矿物颗粒间的界面),这些孔隙、结构面的存在,对波的衰减有着重要的影响。由于火成岩和变质岩中的孔隙、结构面等远远少于沉积岩,因此,声波在沉积岩中的衰减远远高于火成岩和变质岩。图 1-3-9 是大量实验资料的定性归纳。可以看出,火成岩和变质岩的衰减,远远比沉积岩要小,而那些含有大量孔隙和结构面的,特别是未完全固结的沉积岩,波的衰减要比致密的火成岩高 5~7 个数量级。图 1-3-10 给出了 Johnston 等(1979)实测的实验数据。可以看出,不论火成岩、变质岩或者沉积岩之间结构、性质上的差异如何,随着孔隙度的增加,衰减越来越大的趋势是很明显的。

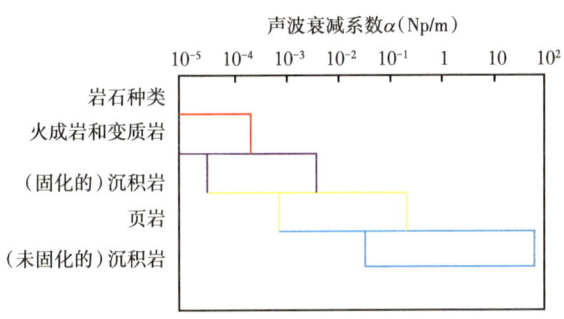

图 1-3-9 在 50~100Hz 情况下,不同岩石的声波衰减系数范围

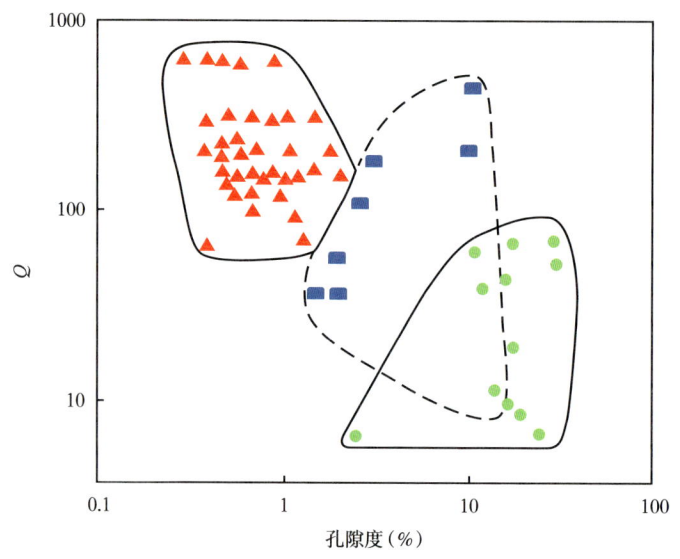

图 1-3-10 纵波衰减的 $Q$ 与孔隙度的关系

岩石中的孔隙通常充满液体和气体，所以它们的存在对于岩石中的声波衰减有重要影响。假定岩石的孔隙中充满的不是液体和气体，而是低速高衰减的黏土矿物，换句话说，假定岩石中含有黏土矿物，那么，可以预期，黏土矿物含量对于波的衰减也会产生重要的影响。图 1-3-11 是 Klimentos 等（1991）的实验结果。可以看出，对于相同孔隙度的岩石，黏土矿物含量越高，衰减越严重。另外，相同黏土矿物含量情况下，孔隙度越高，声波的衰减则也越严重。根据实验结果，Klimentos 等将孔隙度 $\phi$ 和黏土矿物含量 $C$ 对声波衰减系数 $\alpha$ 的影响归纳为经验关系：

$$\alpha=0.0315\phi+0.241C-0.132 \qquad (1\text{-}3\text{-}4)$$

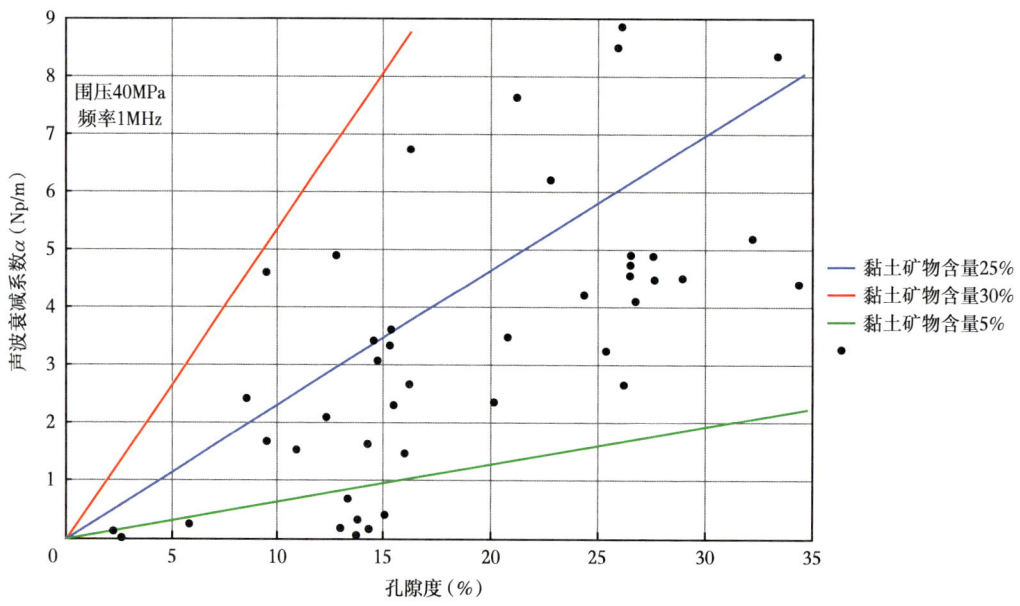

图 1-3-11 通过 32 个砂岩样品得到的声波衰减系数与孔隙度、黏土矿物含量的关系

## 六、衰减与压力的关系

在压力作用下，岩石内部孔隙的体积将会减小，岩石颗粒及黏土矿物将会被进一步压实。定性的考虑，在围压增加条件下，岩石中波速会增高，而岩石中波的衰减将会减小。实验资料证实了这种观点。图 1-3-12 给出了 5 个火成岩和变质岩的实验结果。在 32kHz 的频率下，岩石波速随围压增加而增加，而声波衰减系数随围压增加则减小。图 1-3-13 给出了沉积岩的结果，在 25kHz 频率下，干燥砂岩的纵波速度 $v_p$ 随压力增加而增高，纵波衰减系数 $\alpha_p$ 随压力增加而减小。图 1-3-13 中还给出了在线性坐标系和双对数坐标系下的两种表示方法。特别令人感兴趣的是，仿佛在双对数坐标下这种增加和减少的趋势有近于直线的关系。

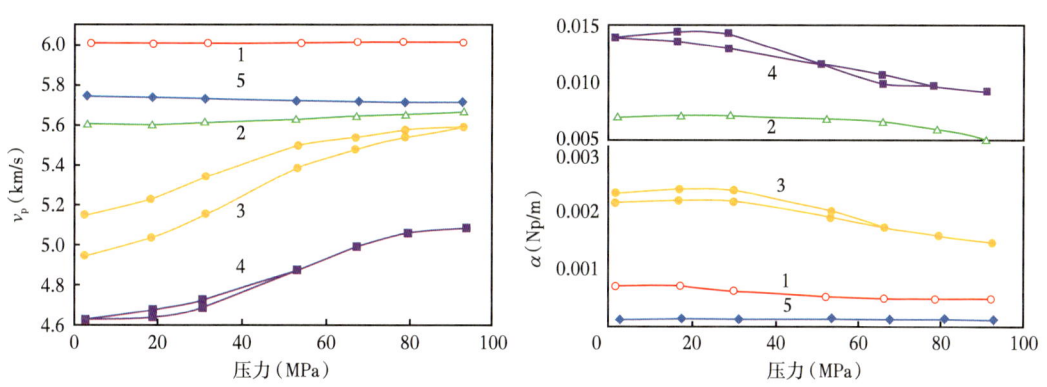

图 1-3-12　在 $f$=32kHz 时，$v_p$ 和 $\alpha$ 随围压的变化

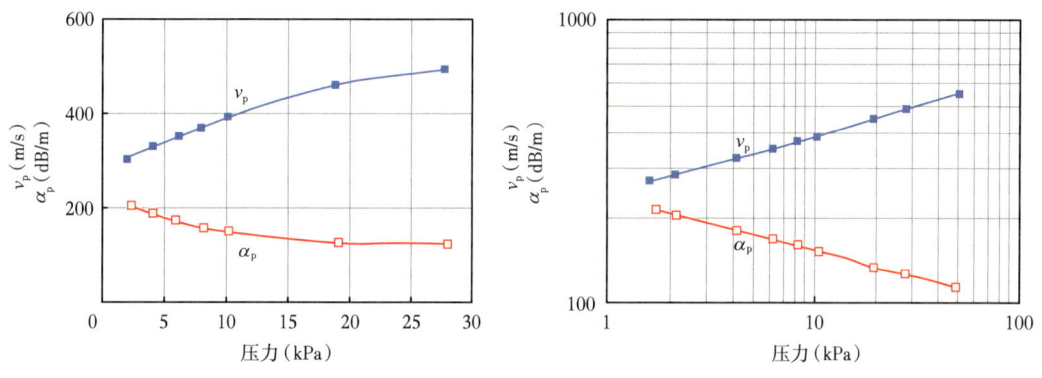

图 1-3-13　在 $f$=25kHz 时，干燥岩石 $v_p$ 和 $\alpha_p$ 随围压的变化

### 思考题

1. 什么是体波？什么是制导波？
2. 已知刚性壁矩形声波导管内充满空气，其两个边长分别为 $l_x$=0.2m 和 $l_y$=0.1m，若在其中（1）只传播主波，对声源的频率有何限制？（2）传播（3，0）次波，对声源的频率有何限制？（3）若声源的频率范围为 0~2kHz，则可在此波导管中激励起哪些模式波？（4）试绘出（1，1）次波和（2，1）次波的相速度和群速度随频率变化的曲线。
3. 研究制导波有一定的方法和步骤，试总结制导波研究思路。

4. 刚性壁圆柱形声波导管中传播的模式波有哪些传播规律？

5. 请写出：（1）对称模式板波和反对称模式板波的频散方程；（2）确定板波的简正频率的方法；（3）板波的截止频率表达式。

6. 写出对称模式板波和反对称模式板波的质点振动位移表达式，并画出固体板表面的对称模式板波和反对称模式板波的位移分布示意图。

7. 你学过哪些制导波？请总结它们的异同点。

# 第二章 声波速度测井

声波速度测井(acoustic velocity logging)是一种通过在井中放置发射和接收探头测量井下岩石地层的声波速度(或时差),进而判断井外岩层的岩性,并估算储层孔隙度的测井方法。它是目前孔隙度测井的三大方法之一,也是目前使用最为普遍的一种声波测井方法,是多极子阵列声波测井的基础。本章将介绍声波速度测井的基本原理、声波时差的形成和记录以及声波速度测井资料的应用。

## 第一节 声速测井基本原理与方法

声速测井测量的是滑行波穿越地层单位长度时所用的时间,即时差,单位是 μs/m。声速测井的下井仪器包括声系(由发射探头和接收探头组成)、电子线路及隔声体三部分,其中声系是主体。

声系的发射探头和接收探头(换能器)是由压电陶瓷晶体制成的,这种晶体具有压电效应的物理性质,利用其反效应发生声波,利用其正效应接收声波。声波测井可以直接测量井下岩层的声波速度。

### 一、滑行纵波作为首波的条件

对于井中接收换能器接收到的全波列波形来说,主要包括直达波、反射波和滑行波三部分。发射换能器(T)中心到接收换能器(R)中心之间的距离称为源距,为了使得滑行纵波成为全波列的首波,源距必须满足"足够远"。如图 2-1-1 所示,直达波的传播路径是直线 $TR$;反射波的是折线 $TAR$,其中 $\overline{TA}=\overline{AR}$;滑行纵波是折线 $TBCR$,在 $B$ 点和 $C$ 点处为临界折射,$\theta^*$ 是第一临界折射角。显然,反射波不可能先于直达波到达接收换能器,直达波的速度接近流体的声波速度,虽然滑行纵波的速度明显高于流体的声波速度,但如果源距太小,则直线距离 $TR$ 可明显小于折线距离 $TAR$,使得直达波先到达接收换能器,成为全波列的首波,因此使得滑行纵波成为全波列首波的基本条件是使直达波在路径 $TR$ 上的传播时间大于滑行纵波在任何地层中沿路径 $TBCR$ 的传播时间,根据图 2-1-1 的几何关系,假设源距 $\overline{TR}=L$,换能器中心至井壁的距离为 $a$,流体的声波速度为 $v_f$,滑行纵波速度为 $v_p$,则滑行纵波为首波的条件可以表示为

$$\frac{L}{v_f} > \frac{L-2a\tan\theta^*}{v_p} + \frac{2a}{v_f\cos\theta^*} \tag{2-1-1}$$

式(2-1-1)可以化简为

$$L > \frac{2a(v_p - v_f\sin\theta^*)}{\cos\theta^*(v_p - v_f)} \tag{2-1-2}$$

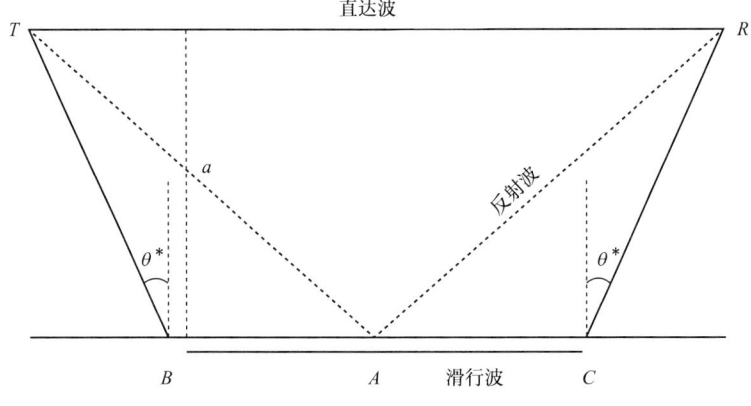

图 2-1-1　井下声波传播的最短路径

在固液界面处，根据斯奈尔定律有 $\sin\theta^* = v_f/v_p$，$\cos\theta^* = \sqrt{1-(v_f/v_p)^2}$，代入式（2-1-2）中得到滑行纵波成为首波的条件为

$$L > 2a\sqrt{\frac{v_p + v_f}{v_p - v_f}} \quad (2\text{-}1\text{-}3)$$

定义临界源距 $L^*$ 为

$$L^* = 2a\sqrt{\frac{v_p + v_f}{v_p - v_f}} \quad (2\text{-}1\text{-}4)$$

则滑行纵波为首波的条件是要选择源距大于临界源距 $L^*$，我国声速测井常用源距为 1m，除了井眼直径特别大情况外，各种地层的滑行纵波都可以成为全波列的首波。此外，井下仪器的外壳通常为钢外壳，其声速很高，为了防止直达波沿钢外壳到达接收换能器成为首波，需要在仪器外壳垂直仪器轴的方向进行周期性刻槽，使得沿外壳传播的声波在槽边界上多次反射，能量迅速衰减，延长路径上的声波传播路径和时间，使得相位和传播路径不同的声波相互叠加，从而减小对滑行波的干扰。

## 二、单发双收声速测井

### 1. 单发双收声速测井的测量原理

单发双收声系由一个发射换能器和两个接收换能器组成，如图 2-1-2 所示，T 为发射换能器，$R_1$ 和 $R_2$ 分别为近、远接收换能器，源距 $\overline{TR_1} = L$，两个接收换能器之间的距离为 $l$，井内流体声波速度为 $v_f$，井外地层纵波速度为 $v_p$。如果发射换能器在某一时刻 $t_0$ 发射声波，根据费马时间最小原理，声波从钻井液折射至地层后沿井壁滑行，最后折射回钻井液中被接收换能器所接收，即 $t_1$ 时刻经路径 ABCD 传播到接收换能器 $R_1$，$t_2$ 时刻经路径 ABCEF 传播到接收换能器 $R_2$，因此到达两个接收换能器的时间差 $\Delta T$ 为

$$\Delta T = t_2 - t_1 = \left(\frac{\overline{AB}}{v_f} + \frac{\overline{BC}}{v_p} + \frac{\overline{CE}}{v_p} + \frac{\overline{EF}}{v_f}\right) - \left(\frac{\overline{AB}}{v_f} + \frac{\overline{BC}}{v_p} + \frac{\overline{CD}}{v_f}\right) = \frac{\overline{CE}}{v_p} + \left(\frac{\overline{EF}}{v_f} - \frac{\overline{CD}}{v_f}\right) \quad (2\text{-}1\text{-}5)$$

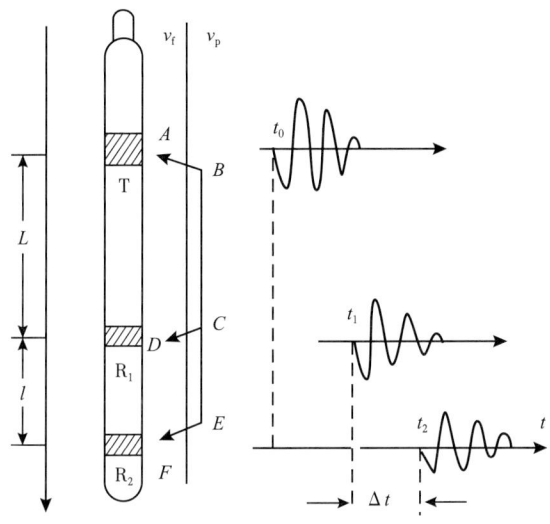

图 2-1-2　单发双收声速测井原理示意图

在井眼规则和仪器居中的情况下可以认为 $\overline{EF}=\overline{CD}$，则两接收探头接收到的时间之差为

$$\Delta T = \frac{\overline{CE}}{v_p} = \frac{l}{v_p} \qquad (2\text{-}1\text{-}6)$$

接收换能器的间距 $l$ 是固定的，时间差 $\Delta T$ 的大小只随地层声速变化，所以 $\Delta T$ 的大小反映了地层声速的高低。在实际声波测井过程中，记录的是声波时差 $\Delta t$（声波传播 1m 所用的时间），用 μs/m 或者 μs/ft 单位表示，测量时由地面仪器通过把时间差 $\Delta T$ 转变成与其等比例的电位差的方式来记录时差 $\Delta t$，记录点在两个接收换能器的中点，下井仪器在井内自下而上连续测量，便记录出一条随深度变化的声波时差曲线。

2. 单发双收声速测井存在的问题

1）井径变化的影响

当井眼扩大时，在井眼扩大井段的上下界面处，时差曲线就会出现假的异常，如图 2-1-3 所示。这是由于当接收换能器 $R_1$ 进入井眼扩大部分而接收换能器 $R_2$ 仍在井眼扩大的下界面之下时，$\overline{CD}>\overline{EF}$。由式（2-1-5）可知，两接收探头接收到的时间之差 $\Delta T$ 减小，所以在井眼扩大井段的下界面处会出现声速测井时差曲线减小的假异常。在 $R_1$、$R_2$ 均进入井眼扩大井段时，$\overline{CD}=\overline{EF}$，不会有异常出现，而当接收换能器 $R_2$ 进入井眼扩大部分而接收换能器 $R_1$ 仍在井眼扩大的上界面之上时，$\overline{CD}<\overline{EF}$。由式（2-1-5）可知，

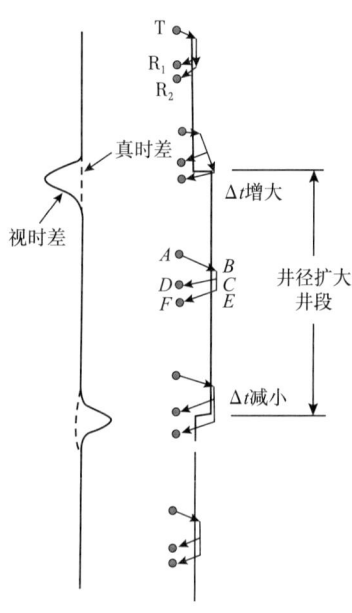

图 2-1-3　井径变化对声波时差影响示意图

两接收探头接收到的时间之差 $\Delta T$ 增大，所以在井眼扩大井段的上界面处会出现声速测井时差曲线增大的假异常。

在一些砂泥岩的分界面处，常常发生井径变化。砂岩段一般缩径而泥岩段扩径，因此在砂岩层的顶部出现时差曲线减小的尖峰，砂岩层的底界面处出现时差曲线增大的尖峰。图 2-1-4 是砂泥岩剖面井径变化对时差曲线影响的实例。显然，在时差曲线上取值时，要参考井径曲线，避开井径变化引起的时差曲线的假异常，以便正确取值。

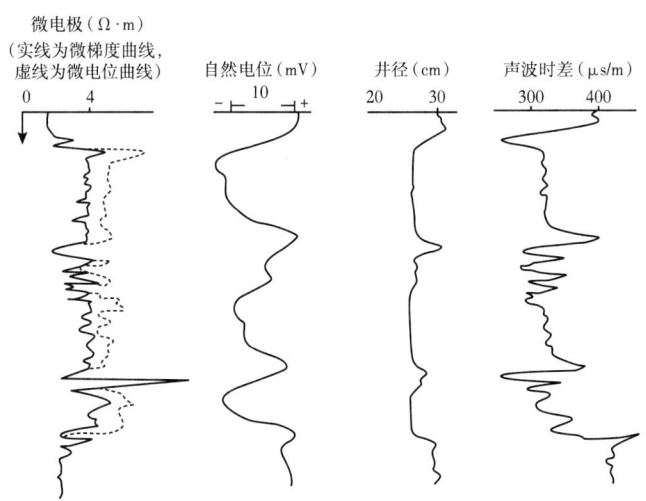

图 2-1-4　井径扩大对声波测井曲线影响示意图

2）测量记录结果的深度偏移

声波测井仪器的声系放置在井下某一深度时，所测量记录的声波时差数值被规定为两个接收换能器中点所在深度处的岩层的声波时差的测量值，两个接收换能器的中点被定义为声波测井仪器的名义记录点（记为 $O$），声波测井仪器测量记录的声波时差曲线就是井壁岩层的声波时差随名义记录点深度变化的曲线。但是声系的名义记录点 $O$ 与井下实际测量记录的井壁岩层段的中点（实际记录点 $O'$）并不重合，如图 2-1-5 所示，两个接收换能器 $R_1$、$R_2$ 在接收其上方的发射换能器 T 发出的声波信号时，实际被测量井段的中心 $O'$ 与仪器的名义记录点 $O$ 并不重合，其偏移为：$\Delta h = d\tan\theta_1^*$（$d$ 为声系与井壁的距离）。在测井过程中，声系与井壁的距离 $d$ 随井径变化；临界角 $\theta_1^*$ 则随井壁岩层的声波速度的变化而随机变化，因此声波时差测井曲线的深度偏移也是随机变化的，无法进行校正。这样，用单发双收声系测量记录的声波时差曲线与其他测井方法所得的曲线在岩层界面的深度上有明显的差异。

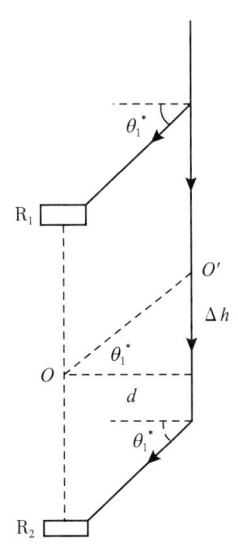

图 2-1-5　单发双收声系记录点的深度偏移

3）地层厚度的影响

地层厚度的大小是相对于声速测井仪两个接收器的间距来说的。厚度大于间距的称为厚层；小于间距的称为薄层。声速测井的输出（时差）代表 0.5m 厚地层的平均时差，因此它们的声速测井时差曲线存在一定差异。

（1）厚层。对于较厚的地层，声波时差曲线具有以下特点。

①在厚地层的中部，声波时差不受围岩的影响，时差曲线出现平直段，该段时差值为该地层的时差值。当地层岩性或孔隙性不均匀时，曲线有小的变化，则取厚地层中部时差曲线的平均值作为它的时差值。

②时差曲线由高向低和由低向高变化的半幅点处对应于地层的上、下界面，所以可以用半幅点划分地层界面。实际测的声波时差曲线由于受井径、岩性及仪器状态的影响，与理论曲线稍有差异。

（2）薄层。目的层时差受相邻地层时差影响较大。若相邻地层时差高于目的层的时差，则目的层时差增加；反之，目的层时差减小。在这种情况下，不能应用曲线半幅点确定地层界面。

（3）薄互层。间距大于互层中的地层厚度时，曲线不能真正地反映地层的真正声波速度，甚至还可以出现反向。

4）"周波跳跃"现象的影响

在一般情况下，声速测井仪的两个接收换能器是被同一脉冲首波触发的，但是在含气疏松地层中，地层大量吸收声波能量，声波发生较大的衰减，这时声波信号只能触发路径较短的第一接收器的线路。而当首波到达第二接收器时，经过更长的路径的衰减不能使接收器线路触发，第二接收器的线路只能被续至波所触发，因而在声波时差曲线上出现"忽大忽小"的幅度急剧变化的现象，这种现象就叫"周波跳跃"，如图2-1-6所示。

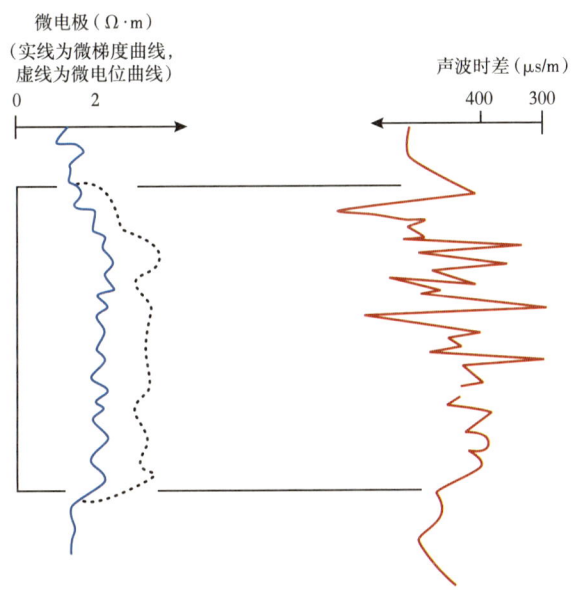

图2-1-6 "周波跳跃"现象示意图

在钻井液气侵井段、疏松含气砂岩、井壁坍塌及裂缝发育的地层，由于声波能量的严重衰减，经常出现"周波跳跃"现象。实际工作中，常利用"周波跳跃"现象判断地层裂缝发育段、识别气层。

## 三、双发双收声速测井

1. 双发双收声速测井的测量原理

把发射器在上部和发射器在下部两种情况测得的曲线对比后发现,发射器放在接收器下面时,井径变化处出现的异常刚好和发射器放在接收器上面时的异常反向。如果在同一个井段用这两个仪器进行测量,然后对两次测得的时差 $\Delta t$ 取平均值,则刚好把井径造成的异常消除掉。根据这个道理,发展了双发双收声速测井,因为能消除井径变化造成的异常,也叫井眼补偿声波速度测井,如图 2-1-7 所示。

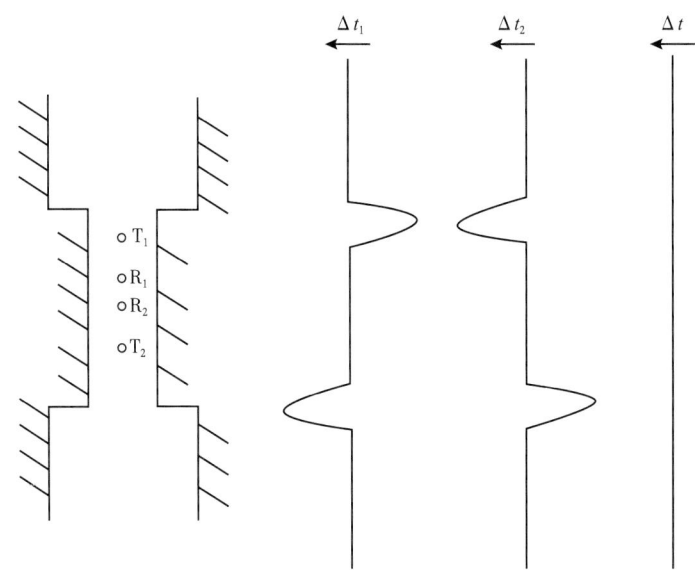

图 2-1-7 双发双收声速测井仪的井眼补偿示意图

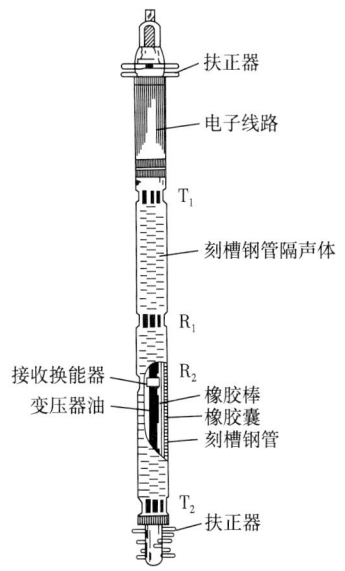

图 2-1-8 双发双收声速测井仪结构示意图

如图 2-1-8 所示,在双发双收声速测井仪井下仪器中装有上、下对称的两个发射器,$T_1$ 为上发射器,$T_2$ 为下发射器,在上下两发射器 $T_1$、$T_2$ 之间有两个接收器 $R_1$、$R_2$。上下发射器交替地发射声脉冲。在上发射器发射时,接收器 $R_1$ 和 $R_2$ 接收由上向下经地层传来的声波,其传播路径如图 2-1-9 中虚线所示,即声波传至 $R_1$ 的路径为 $ABCE$,至 $R_2$ 的路径为 $ABCDF$,由此得到的时差用 $\Delta T_{up}$ 表示。从上发射器停止发射至下发射器尚未工作这段时间内,仪器移到了图 2-1-9 中的实线位置。接着下发射器发射声波。此时,接收器 $R_1$ 和 $R_2$ 接收由下向上传来的声波,其传播路径如图 2-1-9 中实线所示。即由 $A'BCE'$ 至 $R_2$,由 $A'BCDF'$ 至 $R_1$。由此得到的时差用 $\Delta T_{down}$ 表示。

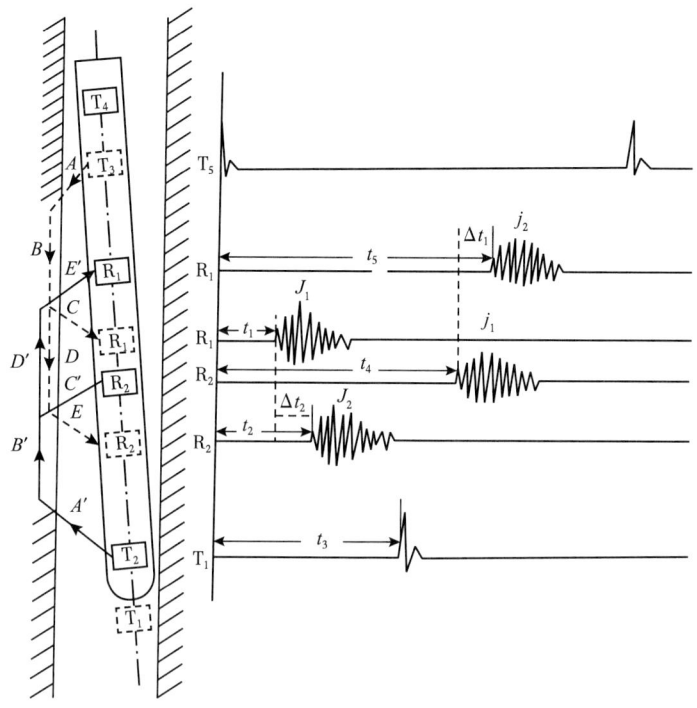

图 2-1-9 井径变化影响时双发双收声速测井原理示意图

$$\Delta T_{\text{up}} = \left( \frac{\overline{AB}}{v_{\text{f}}} + \frac{\overline{BC}}{v_{\text{p}}} + \frac{\overline{CD}}{v_{\text{p}}} + \frac{\overline{DF}}{v_{\text{f}}} \right) - \left( \frac{\overline{AB}}{v_{\text{f}}} + \frac{\overline{BC}}{v_{\text{p}}} + \frac{\overline{CE}}{v_{\text{f}}} \right) = \frac{\overline{CD}}{v_{\text{p}}} + \left( \frac{\overline{DF}}{v_{\text{f}}} - \frac{\overline{CE}}{v_{\text{f}}} \right) \quad (2\text{-}1\text{-}7)$$

同理可得：

$$\Delta T_{\text{down}} = \left( \frac{\overline{A'B'}}{v_{\text{f}}} + \frac{\overline{B'C'}}{v_{\text{p}}} + \frac{\overline{C'D'}}{v_{\text{p}}} + \frac{\overline{D'F'}}{v_{\text{f}}} \right) - \left( \frac{\overline{A'B'}}{v_{\text{f}}} + \frac{\overline{B'C'}}{v_{\text{p}}} + \frac{\overline{C'E'}}{v_{\text{f}}} \right) = \frac{\overline{C'D'}}{v_{\text{p}}} + \left( \frac{\overline{D'F'}}{v_{\text{f}}} - \frac{\overline{C'E'}}{v_{\text{f}}} \right)$$

$$(2\text{-}1\text{-}8)$$

对 $\Delta T_{\text{up}}$ 和 $\Delta T_{\text{down}}$ 取平均值得：

$$\Delta t = \frac{\Delta T_{\text{up}} + \Delta T_{\text{down}}}{2} = \frac{1}{2} \left( \frac{\overline{CD}}{v_{\text{p}}} + \frac{\overline{DF}}{v_{\text{f}}} - \frac{\overline{CE}}{v_{\text{f}}} + \frac{\overline{C'D'}}{v_{\text{p}}} + \frac{\overline{D'F'}}{v_{\text{f}}} - \frac{\overline{C'E'}}{v_{\text{f}}} \right) \quad (2\text{-}1\text{-}9)$$

当双发双收声系 $R_1$ 和 $R_2$ 分别在扩径井段和未扩径井段时，在扩径井段有 $\overline{CE} = \overline{D'F'}$，在未扩径井段有 $\overline{DF} = \overline{C'E'}$，而 $\overline{CD} = \overline{C'D'}$，则有：

$$\Delta t = \frac{1}{2} \frac{2\overline{CD}}{v_{\text{p}}} = \frac{l}{v_{\text{p}}} \quad (2\text{-}1\text{-}10)$$

式（2-1-10）表明接收器接收到的声波时差与地层岩石声速有关，因间距 $l$ 固定，可以直接用时差 $\Delta t$ 倒数表示地层岩石的声速，而与井内钻井液波速度有关的各项都从测量结果中消除了，校正了井眼直径变化对声波测量结果的影响。

井眼补偿声速测井还可以消除深度误差，仪器实际记录点是 $R_1$、$R_2$ 的中点，当 $T_1$ 发射时，记录 $\Delta t_1$，实际记录点在 $O'$，$O'$ 偏向 $T_1$ 一方，偏离为 $\Delta h = -a\tan\theta_p$，实际深度为 $H - a\tan\theta_p$（$a$ 为声源到井壁的距离，$\theta_p$ 为介质的第一临界角，$H$ 为声源到 $R_1$、$R_2$ 中点的距离）；当 $T_2$ 发射时，记录 $\Delta t_2$，实际记录点在 $O''$，$O''$ 偏向 $T_2$ 一方，偏离为 $\Delta h = a\tan\theta_p$，实际深度为 $H + a\tan\theta_p$；双发双收声系记录的时差分别为 $T_1$、$T_2$ 发射记录的时差的平均值，因此双发双收的声系实际记录点是 $O'O''$ 的中点，与仪器记录点 $O$ 的深度是一致的。

2. 双发双收声速测井存在的问题

1）薄层分辨率差

单发双收声系是测量声波在岩层中传播距离为 $l$ 所需要的时间，因此能划分岩层最小厚度是 0.5m。

双发双收声系是测量声波在岩层中通过 $CD$ 和 $C'D'$ 的平均时差，因此能够划分岩层的最小厚度是 $h = \overline{CC'} = l + 2a\tan\theta_p$。

当 $\tan\theta_p < \dfrac{l}{2a}$，即 $\theta_p = \arctan\dfrac{0.5}{2 \times 0.1} < 68.2°$ 时，$CD$ 与 $C'D'$ 有重合部分，可划分 (1~2)$l$ 厚的薄层；如 $\theta_p > 68.2°$，即在低速地层中，$CD$ 与 $C'D'$ 不重合，只能划分大于 $2l$ 的薄层。

2）对于低速地层出现盲区

当第一临界角 $\theta_p > 68.2°$（低速地层）时，$CD$ 与 $C'D'$ 不重合，有间隔，此间隔对地层测量结果无贡献称为盲区。对于泥岩，盲区厚度为

$$h = \overline{CC'} - 2l = 2a\tan\theta_p + l - 2l = 2a\tan\theta_p - l \tag{2-1-11}$$

# 第二节 声速测井解释与应用

声速测井测得的结果主要为纵波时差信息，随着测井技术的发展，声波时差曲线都由全波列声波测井资料得到，基于声波时差资料可以进行气层判断、岩性划分、孔隙度计算和地层的估算等工作，本节对声速测井资料的基本应用进行简单介绍。

## 一、气层判断

由于油、气、水的声速不同，气的声速与油水的声速有较大差异，因此在高孔隙度和钻井液侵入不深的条件下，测井能够比较好地确定疏松砂岩的气层，气层在声波时差曲线上显示的特点有：

（1）产生"周波跳跃"。"周波跳跃"常见于特别疏松的砂岩气层中，如图 2-2-1 所示。这是由于含气疏松砂岩具有较高的孔隙度，且孔隙内含声吸收强的天然气，致使声波能量衰减大，产生"周波跳跃"现象。

（2）声波时差增大。如图 2-2-2 所示，气层的声波时差值明显大于油层，比一般砂岩时差值大 30μs/m 以上。成岩较好、岩性纯净的砂岩气层都具有这一特点。

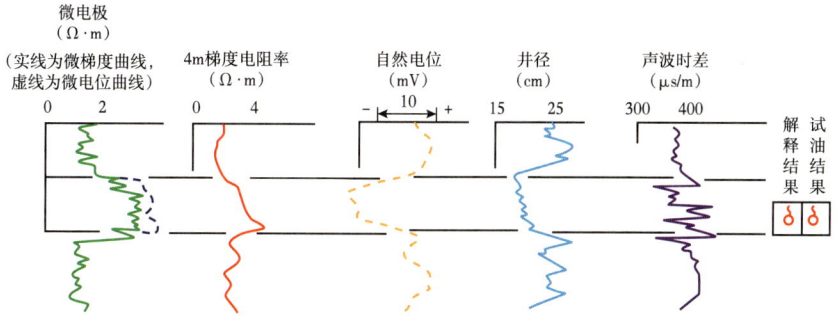

图 2-2-1　含气疏松地层"周波跳跃"现象

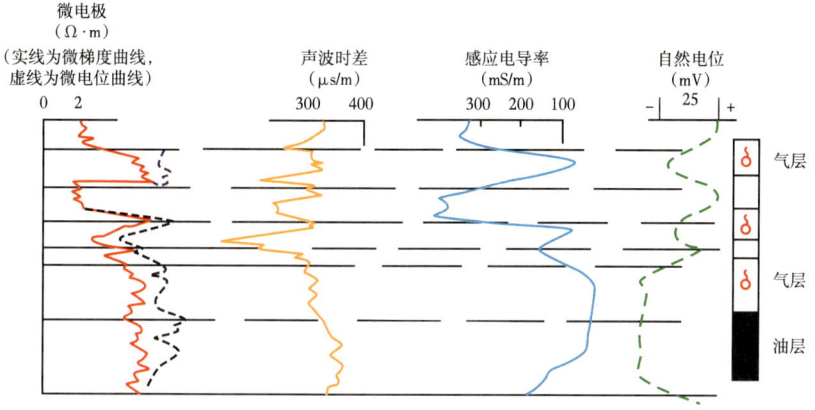

图 2-2-2　一般含气地层时差值增大实例

（3）在钻井液侵入不深的高孔隙度疏松砂岩地层中，油层声波时差也相应增大，一般比水层大 10%~20%，可以利用这一特点判断高孔隙性地层所含流体性质，确定油气和气水接触面，如图 2-2-3 所示。

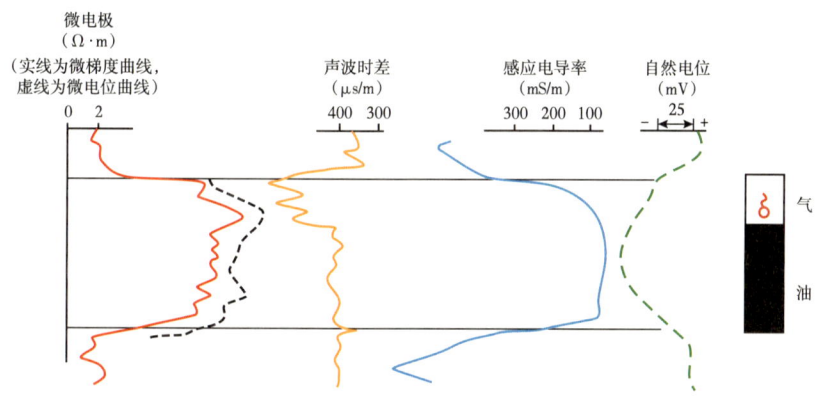

图 2-2-3　上气下油测井曲线实例

## 二、地层岩性划分

不同的地层具有不同的声波速度，所以根据声波时差曲线可以划分地层的岩性。
（1）砂泥岩剖面中，砂岩声速一般较大（时差较低）。声波时差与砂岩胶结物的性质和含量有关,通常钙质胶结砂岩声波时差比泥质胶结砂岩的低,并且声波时差随钙质含量增加而减小,随泥质含量增高而增大。泥岩的声波速度小(声波时差显示高值)。页岩的声波时差值介于砂岩和泥岩之间。砾岩的声波时差一般都较低,并且岩石越致密声波时差值越低。

(2)碳酸盐岩剖面中,致密石灰岩和白云岩的声波时差最低,如含有泥质,声波时差稍有增高;当有孔隙或裂缝时,声波时差明显增大,甚至还可能出现声波时差曲线的"周波跳跃"现象。

(3)在膏盐剖面中,无水石膏与岩盐的声波时差有明显差异。岩盐部分因井径扩大,时差曲线有明显的假异常,所以可以利用声波时差曲线划分膏盐剖面。

声波时差曲线可以划分地层,如果地层孔隙度、岩性在横向上比较稳定,用声波时差曲线也可以进行井间地层对比,图2-2-4给出了不同地层岩性对应的声波时差,其中砂岩为55.5μs/ft、硬石膏为50μs/ft、石灰岩为47.5μs/ft、白云岩为43.5μs/ft、煤层大于90μs/ft。

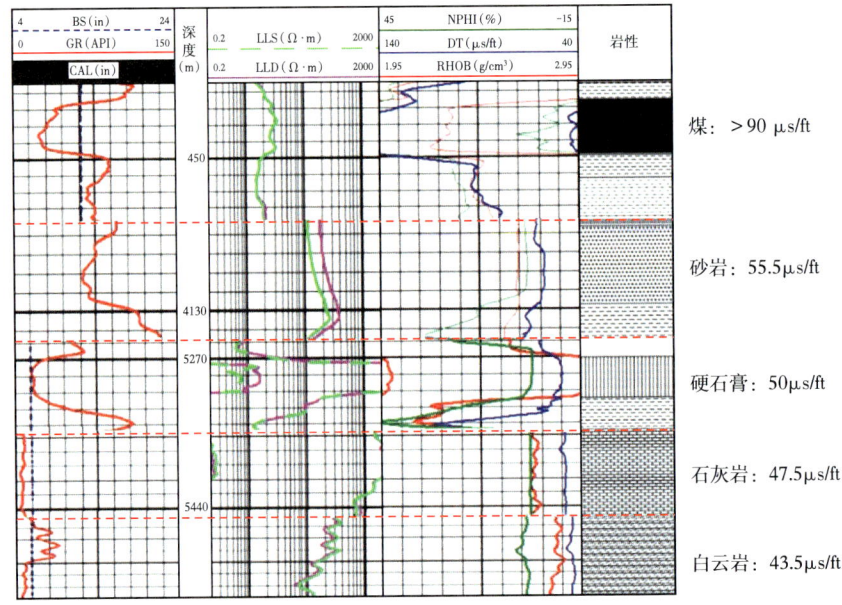

图2-2-4 不同地层对应的声波时差

## 三、孔隙度计算

声波在岩石中的传播速度与岩石的孔隙度、孔隙中所填充的流体性质等有关。通过理论计算和实验可以确定出声波时差与孔隙度的关系式,进而由声波时差值估算出地层的孔隙度。

1. Wyllie 平均时间公式

Wyllie(1956)发现饱含水砂岩在封闭加压情况下声波时差和孔隙度之间存在线性关系,其实验结果如图2-2-5所示,对于孔隙均匀分布的纯岩石,将测量的纯岩石声波时差分为孔隙流体时差和骨架时差二者的线性组合,常称为Wyllie平均时间公式:

$$\Delta t = (1-\phi)\Delta t_{ma} + \phi \Delta t_f \quad (2\text{-}2\text{-}1)$$

$$\phi = \frac{\Delta t - \Delta t_{ma}}{\Delta t_f - \Delta t_{ma}} \quad (2\text{-}2\text{-}2)$$

式中：$\Delta t$ 为由声波时差曲线读出的地层声波时差，μs/m；$\Delta t_f$ 为孔隙中流体的声波时差，μs/m；$\Delta t_{ma}$ 为岩石骨架的声波时差，μs/m。

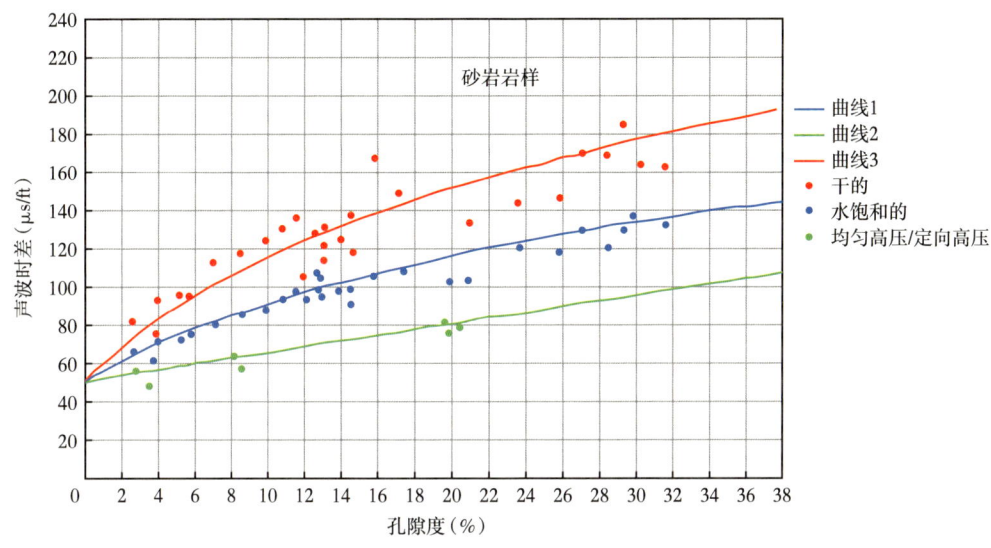

图 2-2-5 声波时差与岩样孔隙度的关系实验数据

式（2-2-1）适用于孔隙均匀分布压实的纯地层，对于具有粒间孔隙的石灰岩及较致密的砂岩（孔隙度为 18%~25%），可直接利用平均公式计算孔隙度，不必进行任何校正；对于固结而压实不够的砂岩，需要引入压实校正，压实校正的大小用压实校正系数 $C_P$ 表示，$C_P$ 与地层埋藏深度、年代及地区有关，压实校正后的声波孔隙度 $\phi_s$ 为

$$\phi_s = \frac{\Delta t - \Delta t_{ma}}{\Delta t_f - \Delta t_{ma}} \frac{1}{C_P} \quad (2\text{-}2\text{-}3)$$

确定 $C_P$ 的方法一般以下三种。

（1）利用地层岩石的压实程度与其埋深 $H$ 存在一定关系，来导出 $C_P$ 与 $H$（单位 m）的统计关系式。如对于胜利油田符合正常沉积层序的各含油层，有：

$$C_P = 1.68 - 0.0002H \quad (2\text{-}2\text{-}4)$$

（2）中子孔隙度 $\phi_N$、密度孔隙度 $\phi_D$ 与岩石压实程度不关联，可以通过声波孔隙度 $\phi_s$ 与中子或密度孔隙度比值来确定 $C_P$，当 $\phi_s > \phi_D$ 或者 $\phi_s > \phi_N$ 时，有：

$$C_P = \frac{\phi_s}{\phi_D} \text{ 或 } C_P = \frac{\phi_s}{\phi_N} \quad (2\text{-}2\text{-}5)$$

（3）用解释层段上下的厚层泥岩声波时差 $\Delta t_{sh}$ 与已知压实泥岩声波时差比值来确定

$C_P$，压实泥岩声波时差一般取为300μs/m，有：

$$C_P = \frac{\Delta t_{sh}}{300} \quad (2-2-6)$$

对于含泥质的非纯地层，由于泥质声波时差较大，按平均公式计算的泥质砂岩的孔隙度偏大，必须进行泥质校正：

$$\Delta t_{sh} = (1 - \phi - V_{sh})\Delta t_{ma} + V_{sh}\Delta t_{sh} + \phi\Delta t_f \quad (2-2-7)$$

式中：$V_{sh}$ 为泥质含量；$\Delta t_{sh}$ 为泥质的声波时差，μs/m。

2. 非线性方程

近年来，大量的声波测井研究指出地层孔隙度 $\phi$ 与声波时差 $\Delta t$ 之间的关系，并非如式（2-2-1）所示是一种简单的线性关系，而是较为复杂的非线性关系，如图2-2-6所示，Wyllie公式在低孔隙度（5%~25%）下计算出的孔隙度偏低，在高孔隙度（大于30%）下计算出的孔隙度偏高，若不做校正，仅对中间孔隙度预测准确。利用孔隙度 $\phi$ 与 $\Delta t$ 之间的非线性关系来取得孔隙度可以使得结果更为精确，常见的有Raymer公式和声波地层因素方程等。

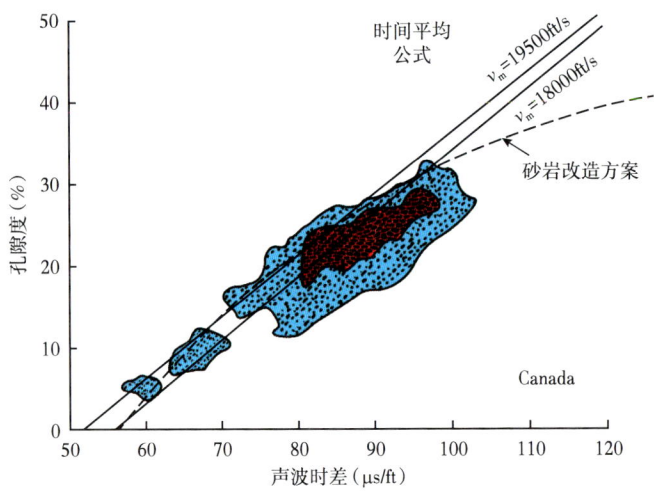

图 2-2-6 声波时差与孔隙度之间存在的非线性关系

1）Raymer公式

Raymer（1980）对Wyllie时间平均公式的使用效果进行了分析，并对不同孔隙度范围的声波时差与孔隙度关系分别采用不同的非线性方程进行拟合，不进行压实校正，可求得比Wyllie时间平均公式更准确的孔隙度，其方程为

$$\begin{cases} \dfrac{1}{\Delta t} = \dfrac{(1-\phi)^{m'}}{\Delta t_{ma}} + \dfrac{\phi}{\Delta t_f} & (\phi < 37\%) \\ \dfrac{\Delta t^{m'}}{\rho} = \dfrac{(1-\phi)\Delta t_{ma}^{m'}}{\rho_m} + \dfrac{\phi\Delta t_f^{m'}}{\rho_f} & (\phi > 37\%) \end{cases} \quad (2-2-8)$$

式中：$m'$ 与岩性有关，砂岩为 2.0，碳酸盐岩为 2.0~2.2。

如果将 $m'$ 和 $\Delta t_{ma}$ 作为待定常数，用式（2-2-8）拟合岩心孔隙度与声波时差的关系，将会取得更好的结果。图 2-2-7 为砂岩情况下 Raymer 公式和 Wyllie 时间平均公式在不同地层时差情况下计算的孔隙度大小对比情况，在饱含流体的纯砂岩情况下，Raymer 公式在低孔隙度下比 Wyllie 时间平均公式预测更为准确，在高孔隙度下 Raymer 公式预测的地层孔隙度更接近于实际值。

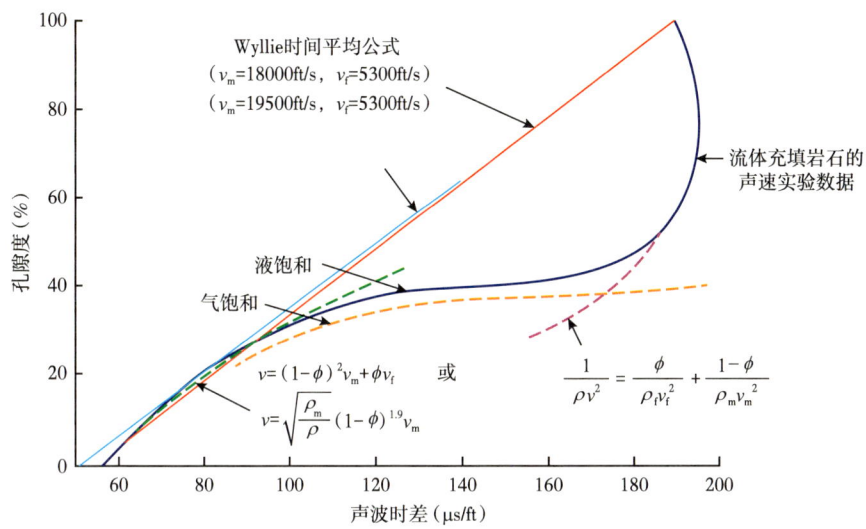

图 2-2-7　Raymer 公式和 Wyllie 平均时间公式实验数据对比

$v_m$—岩石骨架速度

2）声波地层因数方程

式（2-2-8）中的 $m'$ 与电阻率地层因素 $F$、孔隙度关系中的 $m$ 数值相近，而且都与岩性有关。式（2-2-8）等号右侧第 2 项总是明显小于第 1 项，当忽略第 2 项并用 $x$ 代替 $m'$ 时，则有：

$$\frac{\Delta t}{\Delta t_{ma}} = \frac{1}{(1-\phi)^x} \qquad (2-2-9)$$

式（2-2-9）与电阻率地层因素公式 $R_0/R_w = \phi^{-m}$ 有相仿的意义，即含水纯岩石电阻率 $R_0$ 与地层水电阻率 $R_w$ 的比值（$F$），是地层水相对体积 $m$ 次方的倒数；含水纯岩石的声波时差 $\Delta t$ 与岩石骨架声波时差 $\Delta t_{ma}$ 之比是骨架相对体积 $x$ 次方的倒数。因此，式（2-2-9）被称为声波地层因素方程，指数 $x$ 可用岩心孔隙度绘制 $\lg(1/\Delta t)$ 与 $\lg(1-\phi)$ 交会图确定，或按岩性选用经验值：砂岩 $x=1.6$，石灰岩 $x=1.76$，白云岩 $x=2$。因为式（2-2-9）是忽略式（2-2-8）等号右侧第 2 项的结果，故此处 $x$ 值比 $m'$ 值要低。使用声波地层因素方程的优点是不需要进行压实校正，也不需要流体时差，而与岩心资料的拟合可能最好。

## 四、地层压力估算

地层压力指地层孔隙流体压力。沉积岩层的流体压力等于其静水压力，并对应一个正常压力梯度。在一些地区地层压力高于或低于由正常压力梯度计算的数值，即地层压力出现异常。地层压力高于正常值的地层称为异常高压地层；地层压力低于正常值的地层称为异常低压地层。

正常情况下，随着埋藏深度加大，泥岩地层的压实程度则加大，孔隙中流体被排除而减少，地层的声波速度则逐渐增大。在某些特殊构造和沉积环境下，由于沉降过快，压实程度较低，使一些泥岩层含有过多的孔隙水。这时，泥岩孔隙水的压力将不只是静水压力，而且承受一部分上覆地层压力。这个压力将传递给被其覆盖的储层，形成超压储层。预测超压储层对钻井工程和地质研究均有重要意义。地层的声波速度可以反映地层的压实程度和孔隙度变化，因此利用声波速度测井可以发现超压带。图 2-2-8 给出了半对数坐标系下泥岩时差与深度的关系，在正常地层压力下，数据点都落在正常压实趋势线上，泥岩声波时差的变化趋势是随深度增加而减小。当出现超压地层时，高压异常地层的数据点落在趋势线的右侧，时差增大；相反，低压异常地层的数据点落在趋势线的左侧，时差减小。在不同地区，可以根据经验从实测时差值与正常时差值的偏离程度，估计超压幅度。

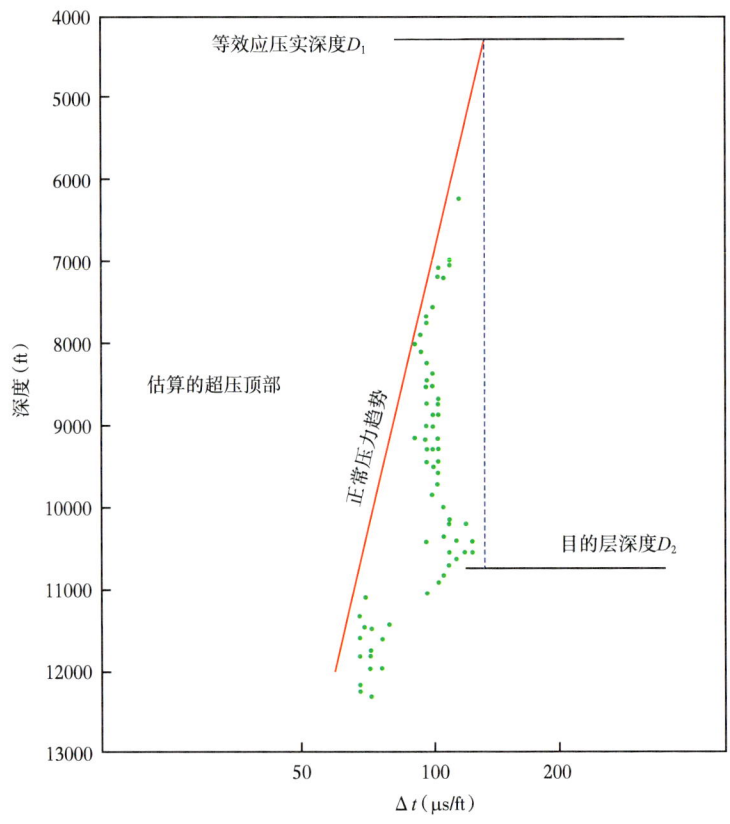

图 2-2-8　声波时差检测地层异常压力带图

## 思考题

1. 声速测井中为什么不采用单发单收声系？
2. 比较单发双收和双发双收声系的工作原理及优缺点。
3. 试讨论声速测井中声系间距的选择需要考虑哪些问题。

4. 声速测井中井眼补偿声系有哪几种？说明双发双收声系是如何实现井眼补偿作用的。

5. 写出 Wyllie 时间平均公式，并说明其物理意义。

6. 说明"周波跳跃"的概念及其应用。

7. 比较 Wyllie 时间平均公式和 Raymer 公式计算孔隙度的优缺点。

8. 简述声速测井的应用。

9. 叙述利用声速测井资料估算地层异常压力的原理，并画图说明。

# 第三章　声波全波列测井

20世纪60年代以前发展起来的声波测井方法主要是声速测井。声速测井是一种测量井筒附近岩石纵波速度随井深变化的方法，只记录滑行纵波首波的传播信息，利用的接收器接收到的波形的信息非常有限。随着声波在充满流体井眼中传播理论的研究，人们知道发射探头在井孔中激发出的波列携带了很多地层的信息，如果把声波全波列都记录下来，通过数字信号处理，可获得纵波、横波和斯通利波等波形信息，由此可开展地层岩石力学性质、地层渗透性、裂缝发育程度及流体性质评价等方面的研究，可大大提高应用测井方法测量地层物理性质的能力。70年代，随着计算机和数据采集技术的迅速发展，国外开始出现了长源距声波全波列测井，但也只是局限于纵波、横波的信息利用。80年代开始，随着井内声波传播理论的发展，声波换能器和电子设备的进步及数字处理技术的发展，声波测井方法得到了极大的发展，出现了交叉偶极子阵列声波测井，极大拓宽了声波全波列测井的应用。本章主要介绍长源距声波测井、阵列声波测井、交叉偶极子阵列声波测井的测量原理，简略的波形信息提取及应用解释的方法。

## 第一节　裸眼井中声波全波列波形及其特征

充液裸眼井中的声波传播是比较复杂的制导波传播问题，接收器接收到的波形成分具有一些简单的特征，本节只对接收到的波列成分进行分析，不涉及详细的井内声场的推导问题。井中单极子声波发射器发射的声脉冲经过钻井液、地层传播到接收器，能接收到的主要波列成分有滑行纵波、滑行横波、伪瑞利波及斯通利波（ST）。图3-1-1为典型的硬地层中裸眼井中产生的全波列波形。滑行纵波和滑行横波反映了地层的纵、横波速度信息，需要满足一定的入射条件才可以产生，伪瑞利波和斯通利波是充液井中独特的传播模式，受井眼直径、地层速度、地层密度等的综合影响。纵波传播方向与介质质点振动方向一致，横波传播方向与介质质点振动方向相互垂直。伪瑞利波与斯通利波属于面波或诱导波，是在界面附近由体波衍生出的只能沿着界面传播的波，其传播能量随界面深度迅速衰减。

此外，在井中还存在多次反射波，如纵波的多次反射波以泄漏模式波（leak mode wave）形式存在，这在泥岩地层更加明显。

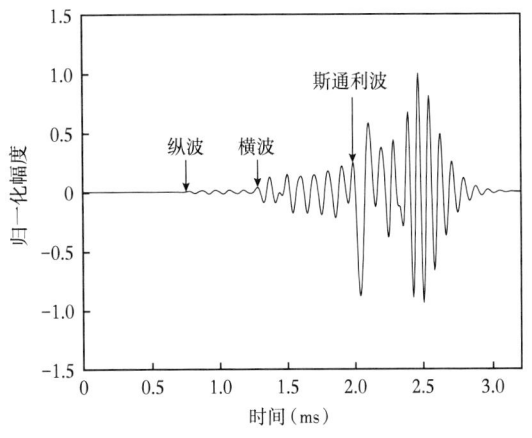

图3-1-1　硬地层充液裸眼井中全波列波形示意图

## 一、滑行纵波

滑行纵波是在靠近井壁附近以地层纵波速度沿井壁传播的波,在等效弹性地层中,传播速度无频散,在孔隙地层中有轻微频散,但在测井频率段可忽略。滑行纵波有以下特点。

(1)滑行纵波在全波中为首波(源距大于临界源距),幅度小,传播速度快,地层纵波速度传播。

(2)滑行纵波是沿井壁附近滑行传播,接收器接收的滑行纵波实际上是PPP波,即在井内流体中以压缩波形式传播,传到井壁处,以第一临界角折射到岩层中,以滑行纵波形式传播,以后又折回井中,又以压缩波形式传播到接收器并被接收器接收。

(3)滑行纵波是一种非均匀波,在地层中随离井壁距离增加按负指数规律衰减,一般认为,滑行纵波的能量几乎集中在 $3\lambda_p$ ($\lambda_p$ 为纵波波长,即 $v_p/f$,$f$ 为频率)范围内,在距井壁的距离 $r=\lambda_p$ 内集中了滑行纵波能量约63%,因此滑行纵波的探测范围在一个 $\lambda_p$ 左右。适当降低声波发射频率能提高声波测井的探测范围。

(4)滑行纵波具有几何衰减特性,由于在井中传播时,可以认为声波在井壁上的轨迹是一个圆,即把井壁看成一个圆形声源,随时向井内辐射能量,在井壁上传播的波阵面是圆锥面。对于井内接收点,滑行波的振幅随源距 $L$ 的增加是衰减的,滑行纵波振幅 $A$ 与 $1/(L\ln^2 L)$ 成正比。

(5)存在共振频率:

$$f = \frac{\beta_i}{2\pi a \sqrt{\frac{1}{v_1^2} - \frac{1}{v_p^2}}} \quad (3-1-1)$$

式中:$a$ 为井径;$v_1$、$v_p$ 分别为井中钻井液和地层纵波速度;$\beta_i$ 为贝塞尔函数 $J_1(\beta_i)$ 的零点,如3.83,7.01,…;$f$ 为共振频率,对于一般砂岩,$f$ 为10kHz、20kHz。

## 二、滑行横波

滑行横波类似于滑行纵波,是在靠近井壁的井外地层中以地层中的横波速度沿井壁滑行的波。它也有轻微频散,在测井频率段可忽略。滑行横波有以下特点。

(1)若源距选择适当,滑行横波在全波中以次首波接收,传播速度比滑行纵波小,幅度较纵波幅度大。纵波幅度小于横波幅度的原因有:

①横波波长较纵波短,因此在井壁附近滑行横波幅度较滑行纵波幅度有更多能量;

②横波反射系数远小于纵波,即有更多能量进入地层,在相同的情况下有更多的能量转换为滑行横波。

(2)滑行横波是沿井壁附近滑行传播的,接收器接收的滑行横波是PSP波,即在井内流体中以压缩波形式传播,传到井壁处,以第二临界角折射到岩层中,以滑行横波形式传播,以后又折回井中,又以压缩波形式传播到接收器并被接收器接收。

(3)滑行横波也是一种非均匀波。在地层中,离井壁距离增加按负指数规律衰减,能量集中在 $3\lambda_s$($\lambda_s$ 为横波波长,即 $v_s/f$)范围内,探测范围在一个 $\lambda_s$ 左右。

（4）滑行横波在井壁上的波阵面也是圆锥面，与纵波首波不同，辐射到井中的波遇到井壁时会产生全反射，即不再向地层中辐射声能。横波首波也具有几何扩展特性，因此横波首波在传播过程中具有几何衰减特性。对于井内接收点，滑行横波的振幅随源距 $L$ 增加是衰减的。滑行横波 $A$ 与 $1/L^2$ 成正比，因此不像滑行纵波，滑行横波始终比钻井液直达波衰减快。虽然为了区分纵波和横波，应尽量使声波测井源距加长，但由于几何扩散衰减和地层的吸收衰减，在声源发射能量一定时，源距加长是有限的。

（5）存在共振频率：

$$f = \frac{\alpha_i}{2\pi a \sqrt{\frac{1}{v_1^2} - \frac{1}{v_s^2}}} \qquad (3-1-2)$$

式中：$v_s$ 为地层横波速度；$\alpha_i$ 为贝塞尔函数 $J_0(\alpha_i)$ 的零点，为 2.4，5.52，…；$f$ 为共振频率，对于一般砂岩，$f$ 为 8kHz、18kHz。

（6）在软地层中（地层横波速度小于钻井液横波速度），接收不到滑行横波。

### 三、伪瑞利波和斯通利波

声波测井是在地震勘探的基础上，最初是为地震勘探服务发展而来的，因而一些井下声波的名字几乎延用地震波的名字或略加修饰。地震上的瑞利波是沿半无限介质自由表面（介质之外为空气）传播的波，其质点运动的轨迹是椭圆形，短轴在传播方向上，长轴垂直于传播方向。瑞利波像是横波与纵波合成的，而且以横波振动为主。瑞利波是一种面波，只在固体介质表面传播。井下这种波是在岩石与井内液体界面上产生，沿岩石表面传播的，不同于自由表面，故称为视瑞利波或伪瑞利波。

地震上的斯通利波是沿固体分界面传播的一种地震波，在固体与流体分界面上总可能产生，只在非常严格的条件下才能在固体与固体分界面上产生。井下的斯通利波是在井内流体中传播的一种诱导波，是沿井轴方向传播的流体纵波与井壁地层滑行横波相互作用产生的，相当于几何声学的钻井液直达波。但斯通利波不同于在自由流体中传播的直达波，因为地层滑行横波的振动使井筒变形，井内质点运动的轨迹也将呈椭圆形，长轴在井轴方向，传播速度将低于流体纵波速度。理论计算证明，井内不存在通常的流体波。井下斯通利波不同于地震斯通利波，而它的产生又与井筒有关，故又称为管波（tube wave）。

管波有轻微频散，无截止频率，任何地层都可产生。管波相速度略低于群速度，低频端群速度大约是流体速度的 0.9 倍，随频率升高而略有增加，至高频端约为 0.96 倍。管波能量主要集中在低频段，管波在井轴方向无衰减，其振幅在径向从井轴到井壁按指数增加，而从井壁向地层按指数减小。

严格来说，这些波都是声源在井内引起的波动及其传播，服从波动方程，每种波都是波动方程在特定情况下的解。

伪瑞利波是当波数在 $(\omega^2/v_1^2, \omega^2/v_s^2)$ 范围内，即声射线入射角在 $(\theta_s, \pi/2)$ 之间时产生的一种全反射波，其相速度介于钻井液波速度和地层横波速度之间。由于存在许多声射线，伪瑞利波有许多模式波。伪瑞利波是无几何衰减的高频散波，并存在截止频率，其值等于横波共振频率。同时此处能量接近零，说明伪瑞利波与横波首波是分离的。伪瑞利波的群速度总是小于相速度，随着频率增大，相速度和群速度都逐渐减小。当频率趋于无穷大时，相速度趋于井内钻井液波速度，而群速度存在极小值，速度比钻井液速度小很多，称为艾里相。在该处伪瑞利波的幅度最大。或者说，伪瑞利波传播的能量主要集中在艾里相处。

斯通利波是当波数 $k^2 > \omega^2/v_1^2$（入射角 $\theta \geq \dfrac{\omega}{2}$）时发射探头发出的声波经过相互干涉、叠加，在井内形成的驻波，以类似于活塞运动的方式向前传播。斯通利波总是小于井内钻井液波速度传播的无几何衰减的微频散波（图 3-1-2）。斯通利波在硬地层中无截止频率，在某些软地层中存在截止频率，此时的相速度等于群速度，且等于地层中的横波速度。在孔隙地层中，低频斯通利波与地层渗透性有密切关系，可用于估算地层的渗透率。

对于软地层（流体声速大于地层横波速度），不能激发出滑行横波和伪瑞利波，全波列中只出现滑行纵波和斯通利波，如图 3-1-3 所示。

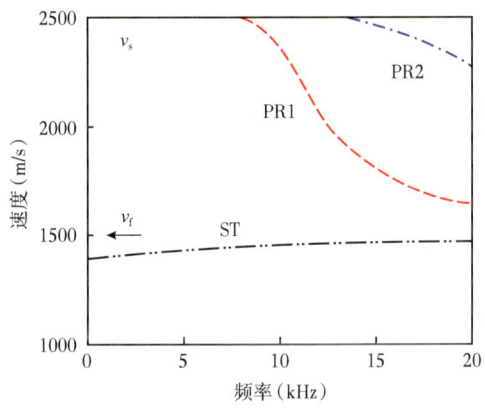

图 3-1-2 斯通利波和伪瑞利波相速度频散曲线
ST—斯通利波；PR—瑞利波；
PR1——阶瑞利波；，PR2—二阶瑞利波

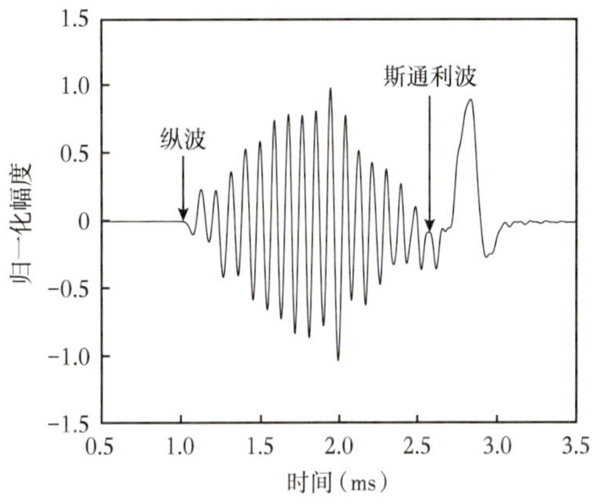

图 3-1-3 软地层中典型的声波全波列波形

传统长源距声波测井的源发射频率较高（20kHz 左右），由于受伪瑞利波影响，不利于横波和斯通利波的信息提取；同时，由于伪瑞利波受井眼条件影响大，在测井中很难得到地质应用。现代声波测井仪源发射频率在横波截止频率附近，能有效地压制伪瑞利波，突出横波和斯通利波。

# 第二节　声波全波列测井原理

随着井筒内各种模式波传播理论的完善，全波列测井仪器也得到了极大的发展，从长源距全波列仪器到阵列声波，再到多极子阵列声波测井仪器，所获得的信息量越来越丰富，反映了更多、更准确的储层岩石物理参数和储层物性参数。

## 一、长源距声波全波列测井的特点

一般认为，采用长源距的优点在于利用纵波、横波等各个波群传播速度不同的特点，使得各种波在时域内能够比较容易分开，这样有利于分析每种波群的传播速度。用聚焦换能器发射、接收探头可使源距增大 2~3 倍，增加了声波测井的探测范围。

不同的油田服务公司早期推出了不同的声波全波列测井仪器。斯伦贝谢公司推出的 LSS 测井系列的声全波测井的声系为 $R_1 2' R_2 8' T_1 2' T_2$，西方阿特拉斯公司推出的 CLS3700 测井系列的声全波测井的声系为 $T_1 7' R_1 2' R_2 7' T_2$。20 世纪 90 年代以来出现的声全波测井仪器的声系更加复杂。现以图 3-2-1 所示的斯伦贝谢公司的 LSS 声全波测井仪的声系为例，介绍早期的声全波测井的原理和方法。

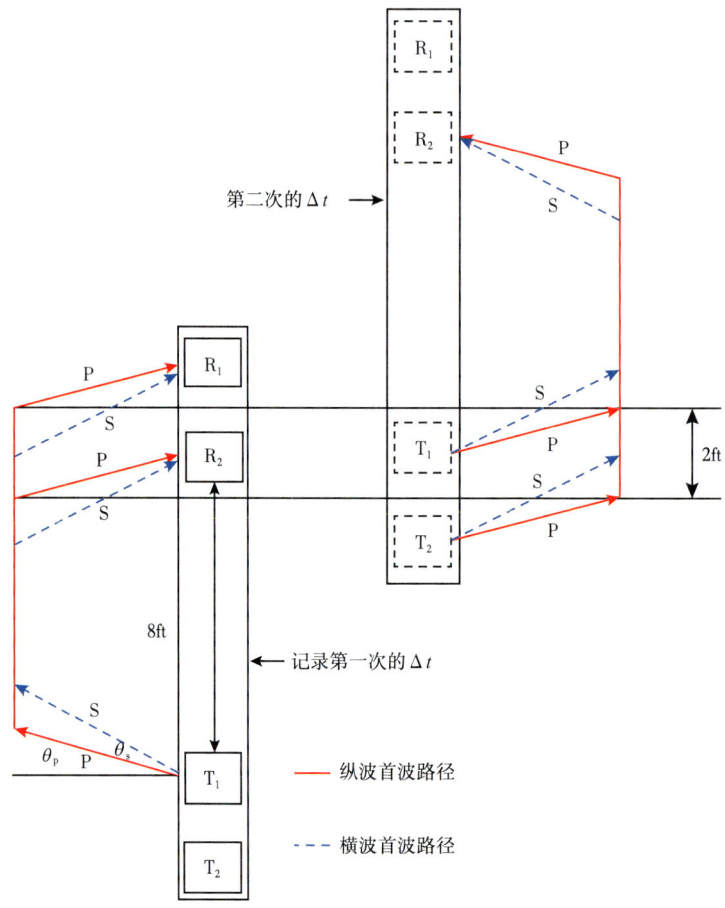

图 3-2-1  LSS 声全波测井仪声系结构示意图

## 二、LSS 长源距声系与测量原理

在实际测井中，为了消除井眼扩大或缩小的影响，斯伦贝谢公司传统的长源距声波测井采用双发双收补偿速度测井方法，因而记录的时差基本上能够消除井径变化的影响，其补偿原理类似于双发双收声系的补偿原理。

声波全波列测井采用的声系是长源距声系 $R_1 2ft R_2 8ft T_1 2ft T_2$，用此长源距声系加上地面仪器延迟可以模拟双发双收或双发四收声系记录的时差。

下井时，$T_1$、$T_2$ 交替发射脉冲信号。$T_1$ 发射，$R_1$、$R_2$ 接收，在这两个接收道上各记录一个声波全波列波形；之后 $T_2$ 发射，$R_1$、$R_2$ 又各自记录一个声波全波列波形，按次序

将 $T_1R_1$、$T_1R_2$、$T_2R_1$、$T_2R_2$ 的波形称为波形 1、波形 2、波形 3、波形 4。

从四条波形中读出纵波初始点的声时分别为 $T_{p1}$、$T_{p2}$、$T_{p3}$、$T_{p4}$，则模拟 8ft 源距的双发四收声系记录的时差为：

$$\begin{cases} \Delta t_p = \dfrac{(T_{p1}-T_{p2})+(T'_{p4}-T'_{p2})}{2l} & (l=8\text{ft}) \\ \Delta t_p = \dfrac{(T_{p3}-T_{p4})+(T'_{p3}-T'_{p1})}{2l} & (l=10\text{ft}) \end{cases} \quad (3\text{-}2\text{-}1)$$

式中：$l$ 为间距；$T'_{p1}$、$T'_{p2}$、$T'_{p3}$、$T'_{p4}$ 为长源距声系深度上提 9ft8in 后从四条波形中读出的纵波初始点声时。

记录点为 $R_1$、$R_2$ 的中点偏下 1in。

如在 $T_1R_1$、$T_1R_2$、$T_2R_1$、$T_2R_2$ 四条波形曲线中按次序读出横波初始点的声时 $T'_{s1}$、$T'_{s2}$、$T'_{s3}$、$T'_{s4}$，则 8ft 和 10ft 源距的双发四收声系记录的横波时差也可用类似的公式计算：

$$\begin{cases} \Delta t_s = \dfrac{(T_{s1}-T_{s2})+(T'_{s4}-T'_{s2})}{2l} & (l=8\text{ft}) \\ \Delta t_s = \dfrac{(T_{s3}-T_{s4})+(T'_{s3}-T'_{s1})}{2l} & (l=10\text{ft}) \end{cases} \quad (3\text{-}2\text{-}2)$$

式中：$T'_{s1}$、$T'_{s2}$、$T'_{s3}$、$T'_{s4}$ 为长源距声系深度上提 9ft8in 后记录的四条波形中读出的横波初始点声时。

声波全波列测井四道波形都记录在磁带上，只有一道波形显示在蓝图上，一般在蓝图上显示 $T_1$-$R_1$ 的波形，也可根据需要选择其他记录道的波形，全波列测井记录的波形的深度采样间隔是可变的，时间采样间隔为 5μs，全波波形采样 512 点，记录 512×5=2560μs 的波形。图 3-2-2 为 LSS 的典型波形。

其他公司仪器在探测仪器系统有一定差异，基本测量原理是相同的，在此不再赘述。

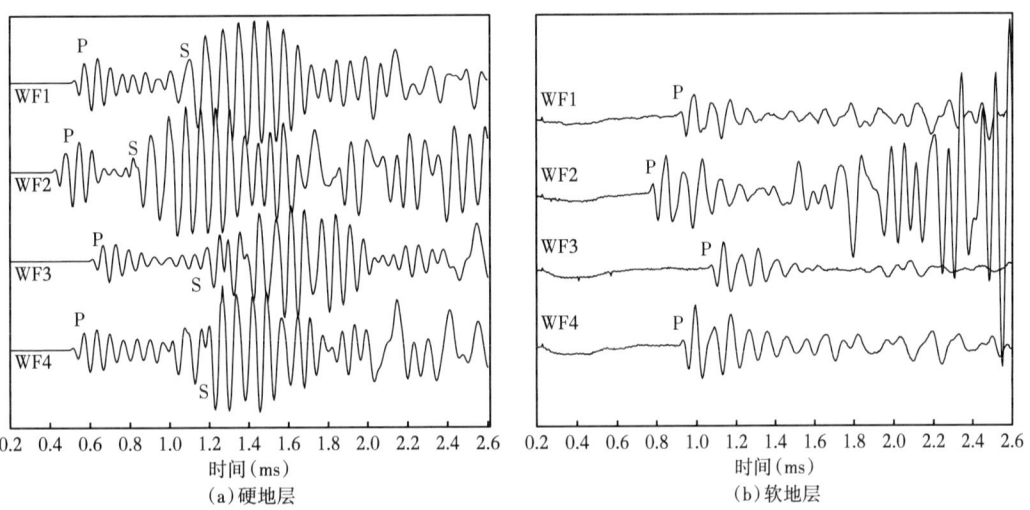

图 3-2-2　LSS 声全波测井仪在硬地层与软地层的一个深度上测量的四道波形

## 第三节　多极子阵列声波测井

多极子阵列声波测井是20世纪90年代和21世纪初出现的，以斯伦贝谢公司偶极横波成像仪（DSI）和阿特拉斯公司多极子阵列声波测井（MAC、XMAC）为代表，推动了声波测井的发展。本节主要讨论偶极子和四极子声源的特性，以国内自主知识产权的多极子阵列声波测井仪（MPAL）为例介绍基本测量原理以及简单的数据处理方法。

### 一、问题的提出

传统的声波测井方法采用压力脉冲源，声波的辐射能量一般是均匀分布的（至少在横截面内），声学上称这种源为单极子源（monopole），但在慢速软地层（横波速度小于钻井液波速度）中，得不到井壁临界折射横波信息。有人试图利用斯通利波确定横波速度，但由于当时仪器发射源频率太高，得不到理想的斯通利波。另外，传统的声波测井方法受井眼条件影响明显。

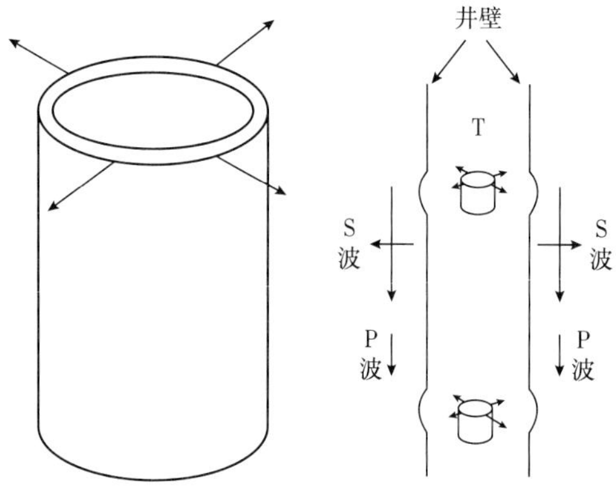

图3-3-1为单极子声源示意图。单极子源一般是圆管形的换能器以轴对称方式沿径向振动（膨胀或缩小）。在快速地层（地层横波速度大于钻井液声波速度）井眼中，单极子声源在井中能激发起全波列波形包括首波地层纵波、地层横波、斯通利波等成分波，如图3-3-2所示。但在慢速地层（地层横波速度小于钻井液声波速度）井眼中，单极子声源只能激发起纵波和斯通利波，而不能产生地层横波模式，如图3-3-3所示。

图3-3-1　单极子声源振动示意图
a. 单极子声源工作振动模式示意图
b. 单极子声源引起的井壁地层变形示意图

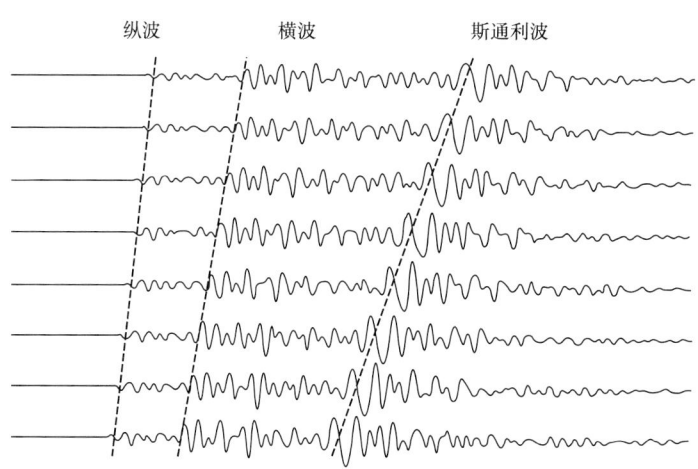

图3-3-2　硬地层中记录的单极子阵列波形

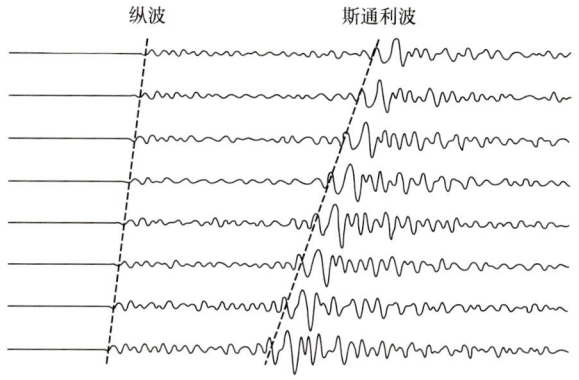

图 3-3-3 单极子声源时声波在软地层中传播和记录的声波波列

图 3-3-4 为偶极子声源示意图。偶极子源为非对称源，沿径向只在一个方向上产生压力，使井壁产生弯曲振动，从而在地层中激发出偶极横波。在慢速地层井眼中，偶极子源激发出纵波和弯曲横波（图 3-3-5）。

得到慢速地层横波速度成为促使偶极（Dipole）横波测井发展的动力。20 世纪 80 年代初，出现了偶极横波测井，理论研究和实际测量表明，低频偶极横波测井不管在快速还是在慢速地层都能得到地层横波速度。

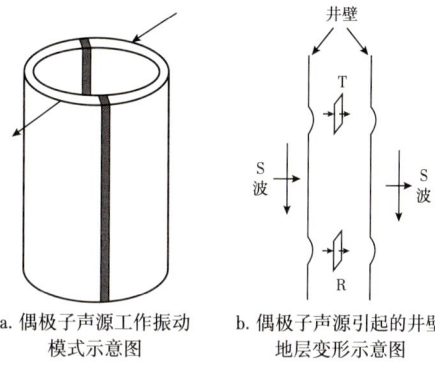

图 3-3-4 偶极子声源振动示意图

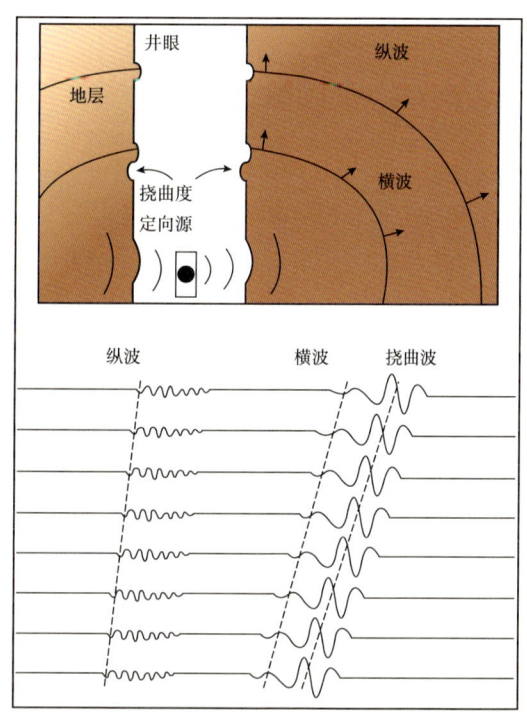

图 3-3-5 偶极子声源时声波在慢速软地层中传播和记录的声波波形示意图

## 二、偶极子和多极子声源测井基本原理

最简单的偶极子声源是一个振动片,在激发电压作用下向左右两侧振动,相当于一个活塞在井内流体中运动,使井内流体的一侧增压(流体的体积缩小),另外一侧减压(流体的体积增大)。对称的井内流体体积变化对井壁形成"冲击",使井壁上发生弯曲振动,在这样的作用过程中,井内流体体积变化的总量仍保持为零(图3-3-6)。

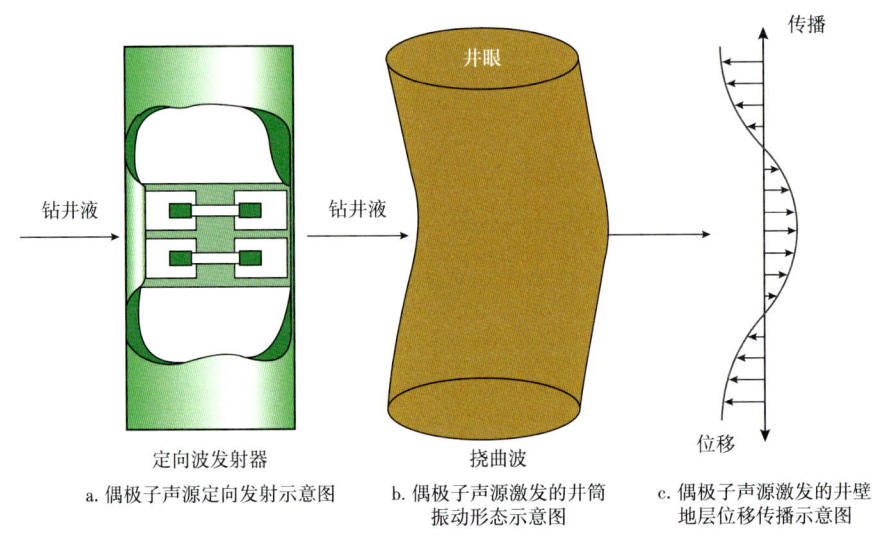

图3-3-6 偶极子声源示意图

在井下最初使用的偶极子声源是将圆管状的压电陶瓷分为完全相同的两半,在每一半上加相反相位的激发电压,这样在井内产生的振动与振动片相同,在井壁上可激发弯曲波。如果将圆管状的压电陶瓷分为完全相等的四瓣,并在相邻的两瓣上施加相反相位的激发电压(在相对的两瓣上则是有相同相位的激发电位),则压电陶瓷圆管在互相垂直的两个方向上发生相位相反的运动,其在井壁上的效应是激发扭转振动并产生扭转波,这时的声源称为四极子声源,在井内所产生的钻井液体积变化的总量仍然是零(图3-3-7)。

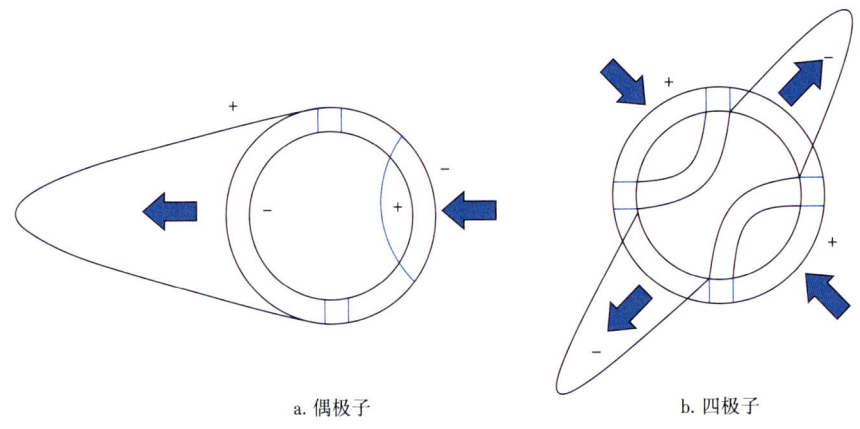

图3-3-7 圆管状压电陶瓷作为偶极子和四极子声源及其在井壁上的作用示意图

前面已经提到，可视为点状的小球在井内流体中产生的均匀膨胀和收缩可以视为单极子声源；两个相距很近但振动相位相反的单极子声源组合而成的声源则是偶极子声源；如果在与井轴垂直的横截面（$z=0$）上有四个单极子声源，任意相邻的两个单极子声源的振动相位是相反的，这样组合的声源就是四极子声源。一般来说，在平面上由 $2n$ 个单极子声源按上述规则组合成的声源就是多极子声源。特别是：$n=0$ 是单极子声源；$n=1$ 是偶极子声源；$n=2$ 是四极子声源（图 3-3-8）。

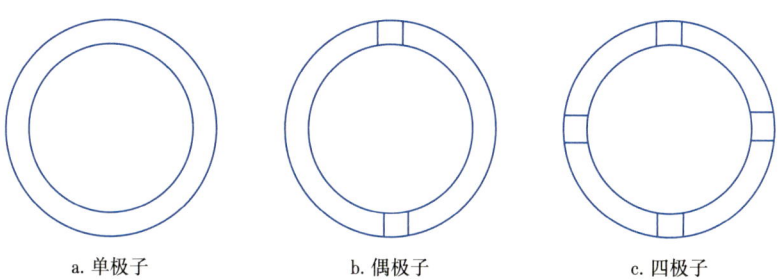

a. 单极子　　　　b. 偶极子　　　　c. 四极子

图 3-3-8　单极子、偶极子、四极子声源结构示意图

理想的偶极子声源是由两个振幅相等、相位相反、无限接近的单极子声源组合而成的。

在图 3-3-8 所示的直角坐标系中，两个相位相反、振幅相等的单极子声源的坐标是（$r_0$，0，0）及（$-r_0$，0，0），其所发出的声场是：

$$\begin{cases} F\dfrac{e^{jkR}}{R}\Big|_{x_0=r_0} \\ -F\dfrac{e^{jkR}}{R}\Big|_{x_0=-r_0} \\ R=\sqrt{(x-x_0)^2+y^2+z^2} \end{cases} \quad (3\text{-}3\text{-}1)$$

式中：$R$ 为声源到场点的距离。

这两个单极子声源在距离 $2r_0 \to 0$ 及振幅 $F \to \infty$，并使 $F_1=2r_0F$ 保持为常数时，发出的声场之和就是偶极子声源的声场：

$$F\dfrac{e^{jkR}}{R}\Big|_{x_0=r_0} - F\dfrac{e^{jkR}}{R}\Big|_{x_0=-r_0} = F_1\dfrac{\partial}{\partial x}\dfrac{e^{jkR}}{R}\Big|_{x_0=0} = -F_1\dfrac{\partial}{\partial x}\dfrac{e^{jkR}}{R}\Big|_{x_0=0} \quad (3\text{-}3\text{-}2)$$

假设场点（$x$，$y$，$z$）到直角坐标系的原点（偶极子声源的中心点）的连线与 $x$ 轴的交角为 $\beta$，则式（3-3-2）可以改写成：

$$\begin{cases} -F_1\cos\beta\dfrac{\partial}{\partial R}\dfrac{e^{jkR}}{R}\Big|_{x_0=0}=F_1\cos\beta\left(\dfrac{1}{R}-jk\right)\dfrac{e^{jkR}}{R} \\ R=\sqrt{x^2+y^2+z^2} \end{cases} \quad (3\text{-}3\text{-}3)$$

从式（3-3-3）中可以看出，由于与 $\cos\beta$ 有关，偶极子声源的声场对于声源的中心点是反对称的；另外，在距离声源足够远处，声压与到声源点的距离 $R$ 成反比。这样的计算也可以推广到四极子。

偶极子和四极子声源激发的弯曲波（flexural wave）和旋转波（screw wave）都是有频散的，因此可以仿照对瑞利波和斯通利波的处理方法计算其频散曲线，典型的计算结果如图3-3-9所示。

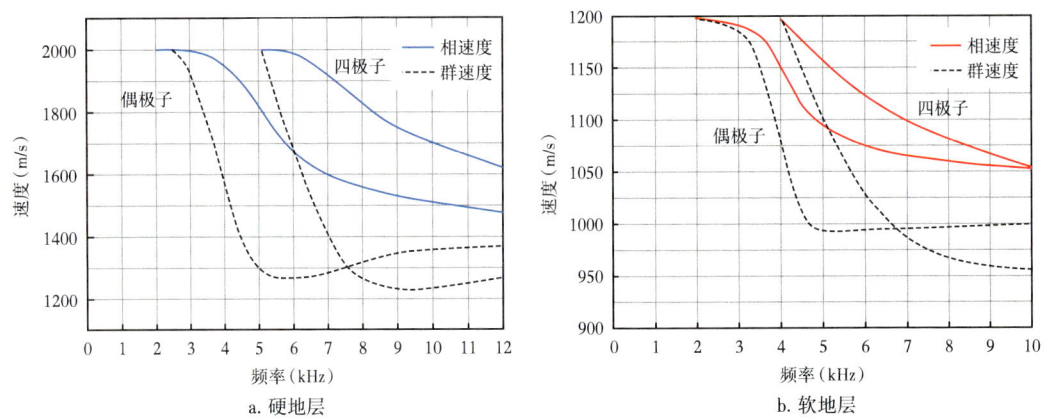

图3-3-9　偶极子和四极子声源所激发的弯曲波和旋转波的频散曲线

在图3-3-9a中，硬地层（地横波速度$v_s$=2300m/s，钻井液波速度$v_1$=1500m/s）中偶极子和四极子声源所激发的弯曲波和旋转波的频散曲线表明：随频率降低，弯曲波和旋转波的速度都变大，并在某个特定的频率（即截止频率）上速度趋近于井壁地层的横波速度，在截止频率附近，速度随频率变化（即频散效应）不明显，偶极子或四极子横波测井仪器的声系设计应该使其声源发出的频率接近截止频率；弯曲波的截止频率（约2.5kHz）要比旋转波的截止频率（5~6kHz）低；弯曲波和旋转波的相速度都比群速度快；弯曲波和旋转波都有艾里相，即在某个特征频率（对弯曲波为5~6kHz，对旋转波为8~9kHz）处速度随频率变化（即频散效应）最明显。

在图3-3-9b上，软地层（地层横波速度$v_s$=1200m/s，钻井液声波速度$v_1$=1500m/s）中偶极子和四极子声源所激发的弯曲波和旋转波的频散曲线与快速地层中的频散曲线类似，但截止频率低（偶极子声源激发的弯曲波截止频率约为2.5kHz，四极子激发的旋转波截止频率约为3.8kHz），但是在截止频率附近速度随频率变化（即频散效应）明显。另外，弯曲波和旋转波的艾里相都不如快速地层明显，它们的频散特性类似于斯通利波的频散曲线。

由上述分析可知，偶极子波、四极子波具有以下特点。

（1）偶极子波、四极子波都是频散很强的频散波，偶极子波和四极子波的相速度随频率的增加而减少，其最大值为$v_s$，其最小值为$0.8v_s$，在频率较低的情况下非常接近地层的横波波速。但对于软地层得到的弯曲横波和旋转横波要进行适当频散校正。

（2）偶极子波、四极子波均有截止频率，分别记为$f_{2c}$和$f_{4c}$，$f_{4c}>f_{2c}$。要想激发偶极子波、四极子波，声源的频率要大于$f_{2c}$和$f_{4c}$。井径越大，截止频率越低；反之，亦然。一般地层井眼中多极子波截止频率在几千赫兹，特软地层（纵波速度接近钻井液声速）井眼中多极子波的截止频率只有几百赫兹。因此，低频源才能有效地激发出弯曲横波和旋转横波，并且只有在截止频率附近，多极子波的波速才等于地层横波的速度。

（3）多极子源激发的声场可大大压抑滑行纵波，使多极子波成为主波。

（4）多极子波具有明显的偏振特性，可用于评价地层的各向异性。

现在偶极子声波测井技术在电缆测井中已相当成熟，而四极子声波测井技术主要用于随钻测井中。通常所说的多极子声波测井实际上是指单极子和偶极子组合声波测井。

## 三、多极子阵列声波测井仪器介绍

目前现场投入使用的单极子和偶极子组合阵列声波测井仪器，主要有斯伦贝谢公司配备在 MIXS-500 测井系统上的偶极声波成像仪 DSI（dipole shear wave image），阿特拉斯公司配备在 ECLIPS-5700 测井系统上的多极阵列声波测井仪 MAC 及正交偶极子阵列声波测井仪 XMAC，哈里伯顿公司配备在 EXCELL-2000 测井系统上的正交偶极子声波测井仪 WAVESONIC 以及国产多极子阵列声波测井仪（multi-pole acoustic logging tool，MPAL）。下面主要介绍 MPAL 的仪器结构和工作方式。

1. MPAL 结构

中国石油大学（北京）声波测井实验室与中国石油密切合作，在国内率先开发出具有独立知识产权的 MPAL（图 3-3-10），MPAL 从左到右依次为发射电子短节、发射声系、隔声体、接收声系和接收电子短节。发射声系包括四极子声源 $T_1$、单极子声源 $T_2$ 以及偶极子声源 $T_3$ 和 $T_4$。偶极子声源由偏振方向正交的 2 个偶极发射换能器构成。四极子声源为 4 个阵元组成的复合换能器，通过改变激励电压的相位，也可作为近单极声源使用。接收声系由 8 个等间距排列的接收站组成；接收站具有接收单极子信号、正交偶极子信号和四极子信号的功能。

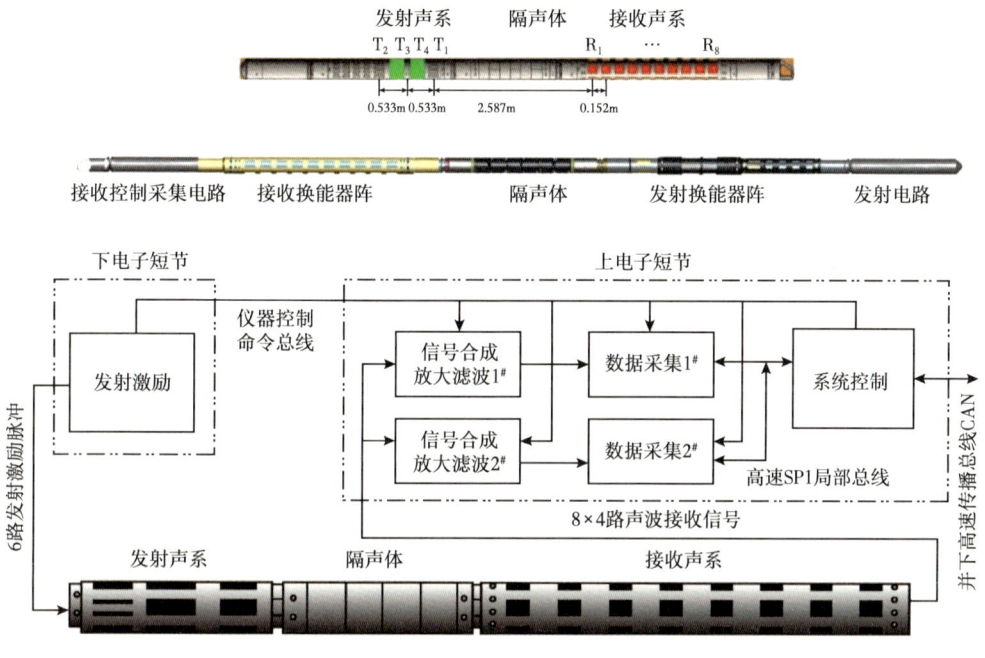

图 3-3-10　MPAL 结构示意图

从仪器底部依次向上主要包括发射电子线路、发射声系、隔声体、接收声系和主测控电子线路等部分；另外，测井时必须使用扶正器，保证仪器居中测量。上电子短节为

- 53 -

仪器的主电子仓，包括以数字信号处理器（DSP）为核心的系统控制电路、数据采集电路、前置信号合成及放大滤波电路及井下低压供电电路等部分。下电子短节为仪器的发射激励电子仓。由单极子、同深度交叉偶极子和四极子等3个模块组成发射换能器阵列。发射声系和接收声系中间装有能够同时隔离纵向和横向剪切振动的特殊隔声体，可以有效地衰减和延迟有害的直达声波干扰；同时，隔声体的柔性结构允许仪器在斜井和水平井中使用。由阵列化排列的宽带压电陶瓷元件构成的接收声系可分时接收单极信号、同方向或者交叉方向的偶极信号以及四极信号。

MPAL的工作模式主要有远单极模式、近单极模式、四极模式、偶极模式以及正交偶极子模式。采用近单极声源发射脉冲信号时，源距较小的4个接收站接收，可测得4道近单极波形，主要用于获取地层的纵波时差；在远单极模式时，远单极子声源发射脉冲信号，8个接收站可以测得8道波形数据，在硬地层井孔中能够测得地层纵波、地层横波和斯通利波信息；在正交偶极模式时，2个正交的偶极子声源交替发射脉冲声波，此时接收站能够接收到四分量的偶极阵列波形数据，包括2个同向分量信号和2个正交分量信号。当单极子或四极子声源工作时，将每个接收器组的所有输出进行组合从而得出相应模式的声波信号。隔声体是多节合瓣组成的机械衰减结构，它能在整个频率范围内有效地隔离声能量，保证仪器能在时差很大的软地层中进行慢度测量。

2. MPAL仪器测量原理

1）单极子声源

单极子声源相当于一个点声源在裸眼井中可激发纵波、横波、伪瑞利波和斯通利波等波形，通过波形处理技术即可提取接收波形中的纵波、横波和斯通利波的波速，但这种声源有其难以克服的自身缺点：（1）工作频率（15~25kHz）太高、声波穿透地层的深度较小、信号的传播距离较小，使全波波形中纵波、横波难以在时域中分辨开来，尤其是横波测量不够准确（波至点难以准确拾取）；（2）在软地层（横波速度比井内流体波速小的地层）不能激发横波，因而无法测量这种地层的横波波速。

2）偶极子声源

偶极子声源很像一个活塞，能使井壁一侧压力增加，而另一侧压力减小，从而产生扰动形成轻微的挠曲，在地层中直接激发出纵波与横波。这种挠曲波的振动方向与井轴垂直，但传播方向与井轴平行。这种声波发射器的工作频率一般低于4kHz，而且它还具有低频发射功能，其工作频率可低于1kHz，这在大井眼和速度很慢的地层中可得出很好的测量结果，同时也增大了探测深度。

3）偶极横波测井基本原理

在软地层，单极波形中没有横波，纵波之后跟随着幅度很大的斯通利波；在软地层，偶极波形中也没有横波，纵波受到抑制，在纵波之后跟随着幅度很大的挠曲波。偶极横波测井的基本原理：其一，偶极发射器能产生沿井壁传播的挠曲波；其二，挠曲波是一种频散界面的波，在低频下以地层横波的速度传播，在高频下则以低于地层的横波速度传播；其三，偶极横波测井实际上是通过挠曲波的测量来计算地层的横波速度；其四，为减小频率的影响，应尽量降低偶极发射器的发射频率，以确保横波速度的测量精度。

4）四极子声波原理

四极子声源是由相邻点声源的振动相位相反的4个点声源组成，换能器在 $X$ 与 $Y$ 方向上是反位相振动状态。四极子声源在井眼中激发螺旋波单一模式波及其高阶模式，较低频率的四极子声源有抑制纵波的作用，对于横波测井非常有利。

MPAL 的测量原理是为了适应各种地层情况，将单极子、偶极子和四极子声波测井技术进行有效组合，更好地获得硬地层和软地层的纵、横波和斯通利波等特征参数。

3. MPAL 特点及技术指标

MPAL 除具有常规声波的测井功能外，还可以在任意地层（软地层）井孔中直接进行地层横波波速测井。MPAL 具有单极子、正交偶极子和四极子等多种声波测井模式，可用于评价地层的各向异性。

MPAL 的特殊结构设计，可满足大斜度井声波测井要求，其主要技术指标见表 3-3-1。

表 3-3-1 MPAL 主要技术指标

| 参数 | 数值 |
| --- | --- |
| 外径（mm） | 90 |
| 温度（℃） | 150 |
| 压力（MPa） | 100 |
| 长度（mm） | 8634 |
| 质量（kg） | 345 |
| 时差测量范围（μs/ft） | 40~300 |
| 时差测量精度（μs/ft） | ±1 |
| 纵向分辨率（cm） | 15.2 |
| 时间采样间隔（μs） | 8~40 |
| 测速（m/h） | 600 |

## 四、声全波测井波形处理技术

图 3-3-11 给出了单极子声源在硬地层充液井孔中不同源距的两道声波全波列测井波形曲线，声波波形特点为：在任一道波列中滑行纵波到时最早；滑行横波到时处于滑行纵波和斯通利波之间；斯通利波模式的到时最晚；对于频散不严重的模式波来说，不同道波列中的同一种波动模式的波包具有一定的相似性。例如，远近波中的滑行纵波波包、滑行横波波包和斯通利波波包分别具有相似性。声波测井波形处理的重要任务之一就是根据声全波测井的这些波形的相似特点分别提取滑行纵波、滑行横波和斯通利波的时差等参数。

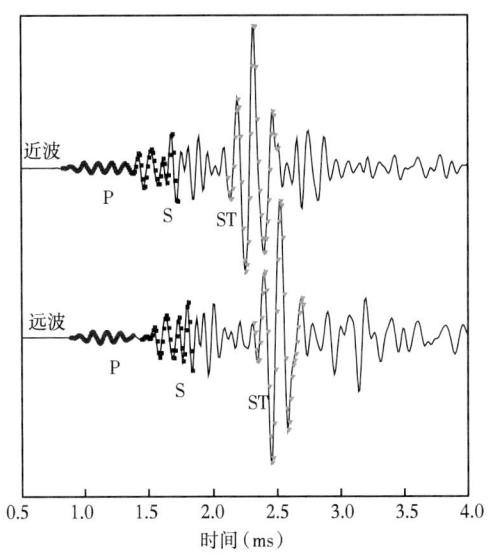

图 3-3-11 典型的声波全波列测井波形曲线

1. 确定首波初至点的面积比法

在任意一道波列上同时开两个首尾相连的时窗（W1、W2），如图 3-3-12 所示。随着窗口的移动，后窗与前窗内波形的面积比在首波到达之前，不会很大。一旦有声波首波出现，包含它的窗口波形面积就会远远大于前窗的波形面积，面积比也就达到极大值。而首波出现之后一段时间内，后窗与前窗内波形的面积相当，其比值也不大。所以当两时窗在波列上一段范围内滑动时，不断地求后窗内波形与前窗内波形的面积比，并找到此比值的极大值点，则此极大值点所对应的后窗时窗起始点就是首波的波至点。

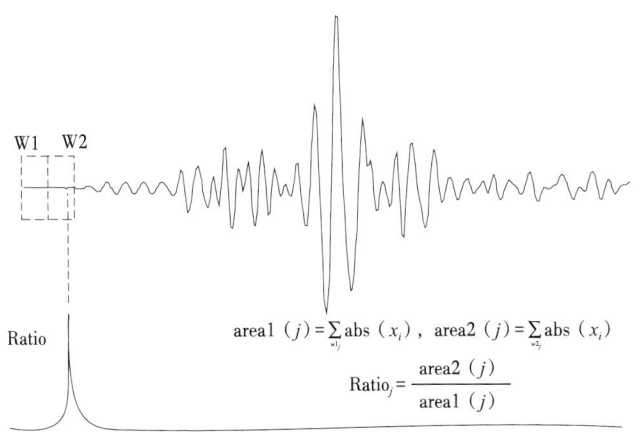

图 3-3-12 面积比法提取纵波的波至点示意图

这种方法对阵列波形同样适用，而且可以采用最小二乘法做线性拟合，剔除识别不准的坏点，提高波至点检测的准确性。

2. 提取两个通道波形中相似信号延迟时间的相关法

由于两道波形中相似信号的互相关系数的极大值所对应的时间刚好是这两个相似信

号的延迟时间，因此，可以通过计算两道波形的互相关系数的方法就可以计算两个相似信号的延迟时间，如图 3-3-13 所示。

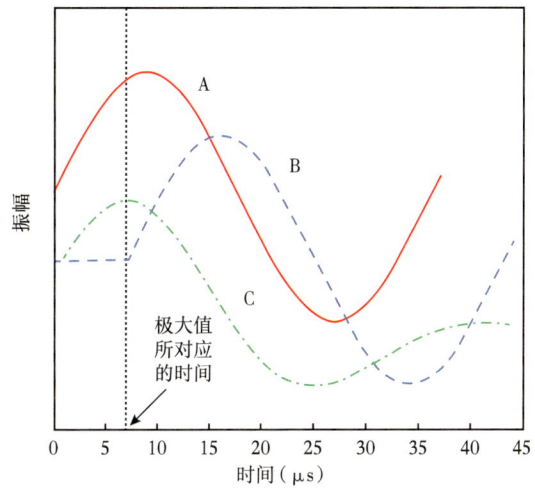

图 3-3-13　两道波形中相似信号 A 和 B 及其互相关系数序列 C

设 $X_N(n)$、$Y_N(n)$ 是两列长度为 $N$、含有相似波形成分的时间序列，在每个序列的后端补 $N$ 个零后再分别做傅里叶变换得 $X_{2N}(\omega)$、$Y_{2N}(\omega)$，从而 $X_N(n)$、$Y_N(n)$ 的互功谱为 $C_{2N}(\omega)$：

$$C_{2N}(\omega) = X_{2N}^*(\omega) \cdot Y_{2N}(\omega) \tag{3-3-4}$$

式中：$X_{2N}^*(\omega)$ 为 $X_{2N}(\omega)$ 的共轭复数。

对 $C_{2N}(\omega)$ 做逆傅里叶变换，得到 $x_N(n)$、$y_N(n)$ 的互相关序列 $c_{2N}(n)$。

$$c_{2N}(n) = \text{IFFT}[C_{2N}(\omega)] \quad (n=1 \sim 2N) \tag{3-3-5}$$

互相关系数序列为

$$r_{2N}(n) = \frac{c_{2N}(n)}{\sqrt{\sum_{i=1}^{N} x_N^2(i) \cdot \sum_{i=1}^{N} y_N^2(i)}} \quad (n=1 \sim 2N) \tag{3-3-6}$$

式（3-3-5）中 $0 < r_{2N}(n) < 1$，$r_{2N}(n)$ 越接近于 1，表示两个信号 $x_N(n)$、$y_N(n)$ 越相似。

计算过程如下：

$$\left. \begin{array}{l} x(n) \xrightarrow{\text{FFT}} X(\omega) \\ y(n) \xrightarrow{\text{FFT}} Y(\omega) \end{array} \right\} X^*(\omega) \cdot Y(\omega) \xrightarrow{\text{IFFT}} r_{xy}$$

注：$X^*(\omega)$ 为 $X(\omega)$ 的共轭复数。

设 $r_{2N}(n_d) = \max\{r_{2N}(n)\}$，$n=1 \sim 2N$，则 $n_d$ 即是 $x_N(n)$、$y_N(n)$ 中波形相似成分的时延点数，$DT \times n_d$ 就是两相似信号的时延，$DT$ 是采样时间间隔。

### 3. 提取多道波形中相似信号延迟时间的相似法

对于 $M$ 道相似信号，定义它们的相似度为

$$s = \frac{\sum_{i=1}^{IW}\left[\sum_{k=1}^{M}f_k(i)\right]^2}{M\sum_{i=1}^{IW}\sum_{k=1}^{M}f_k^2(i)} \tag{3-3-7}$$

式中：$f_k$ 为第 $k$ 道波形数据；IW 为窗口长度；$s$ 为 $M$ 道相似信号的相似度。

相似度的数值范围为 0~1。$s=1$ 表示此 $M$ 道数据完全正相关，$s=0$ 表示此 $M$ 道数据完全不相关，$s$ 越接近于 1 表示此 $M$ 道数据的相似性越好。$M$ 道不相关的噪声数据间的相似度是 $1/M$。

对两道只差一个因子 $\alpha$ 的相似信号，零延迟的信号相似度为

$$s = \frac{(\alpha+1)^2}{2(\alpha^2+1)} \tag{3-3-8}$$

取 $\alpha=1$，0.5，0.25 和 0.125，分别得到 $s$ 为 1，0.9，0.735 和 0.623。$s$ 不仅对形状，而且对相对幅度也敏感。

提取多道波形中相似信号的延迟时间的步骤为：（1）选定包含相似信号信息的合适时窗，并用此时窗在各道信号上截取一段波形数据；（2）固定近波窗口，以一个采样间隔为步长不断地向后移动其他各道远波窗口并计算窗内波形的相似度，则相似度极大值所对应的时间，就是相邻道波形中相似波包的时间延迟。

### 4. 提取不同模式波慢度的慢度—时间相干法

#### 1）慢度—时间相干法简介

慢度—时间相干法（STC）是一种有效的全波列分析处理技术，它根据波形相似度计算声波测井波形中不同模式波慢度。STC 波形相关系数的计算公式为

$$\rho(\tau,s) = \frac{E_c(\tau,s)}{ME_i(\tau,s)} \tag{3-3-9}$$

其中：

$$E_c(\tau,s) = \int_0^{T_w}\left|\sum_{m=1}^{M}X_m[t-\tau+s(m-1)d]\right|^2 \mathrm{d}t \tag{3-3-10}$$

$$E_i(\tau,s) = \int_0^{T_w}\left|\sum_{m=1}^{M}X_m[t+\tau+s(m-1)d]\right|^2 \mathrm{d}t \tag{3-3-11}$$

式中：$\rho$ 为波形相关系数；$s$ 为慢度，μs/m；$\tau$ 为时间，s；$M$ 为波形总道数；$m$ 为波形道号；$T_w$ 为时窗长度，s；$X_m$ 为第 $m$ 道波形数据；$d$ 为测井仪器间距，m。

慢度—时间相干法的算法如下：

（1）首先给定时窗长度 $T_w$、时间和慢度的扫描区间以及扫描步长，选取时间和慢度区间内的某一时间 $\tau$ 和慢度 $s$；

（2）在式（3-3-10）中，将第 $m$ 道波形在时间轴上向前移动 $s(m-1)d$，移到第一个接收器的位置，得到对应于每一接收器接收波形的数据点，将这 $M$ 个数据点相加求和，然后计算该求和值的绝对值并取平方，再计算其在时间窗 $[\tau, \tau+T_w]$ 上的积分；

（3）在式（3-3-11）中，波形在时间上传播的运算不变，只是这时候先取波形每一点绝对值的平方，然后叠加平方后的数据，并计算其在时间窗 $[\tau, \tau+T_w]$ 上的积分，最后根据式（3-3-9）计算此时的 $\rho(\tau, s)$；

（4）按照一定的步长，在给定的扫描区间内，分别改变 $\tau$ 和 $s$，重复步骤（2）和步骤（3）中的运算，从而计算出二维相关系数剖面，找到使相关系数取极大值时对应的时间和慢度，便能求出某种模式波的慢度。

利用上述算法，对图3-3-14所示的阵列波形数据进行慢度—时间相干处理，得到了其对应的STC图，如图3-3-15所示。由于波形中不同的模式波（如滑行纵波、滑行横波、斯通利波等）对应于不同的慢度，这也就导致在STC图中，它们对应于不同的极大值峰位。对于已经得到的STC图，若采用适当的二维寻峰技术，可以得到各个峰的峰位，这样每个峰位在 $s$ 轴上的坐标值即为相应模式波的慢度值，这就是STC的基本原理。

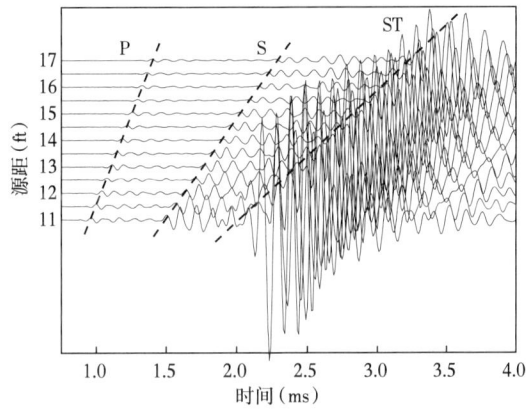

图 3-3-14  阵列波形曲线

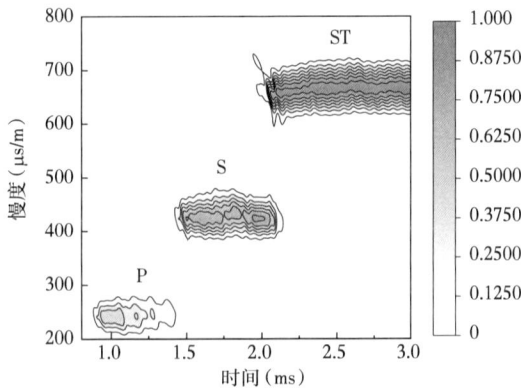

图 3-3-15  根据阵列波形曲线计算得到的STC图

2）P 波慢度的提取

以初步确定的滑行纵波波至点，作为近波时窗的起始点（为保险起见，可将时窗的起始点比首波到时早一些）；滑行纵波波包一般持续 3~5 个周期，因此窗长 IWP 取 4 个纵波周期 $T_p$ 就足够了。对时窗内的远近波的波包作相关处理，即可求得远波中的滑行纵波波包相对于近波中的滑行纵波波包的延迟时间，进而求得滑行纵波慢度。具体窗长要结合实际资料来选取。

3）S 波慢度的提取

思路与提取滑行纵波慢度相同：先确定近波窗口的起始位置和窗长，对窗口内的多道数据作相关处理。确定滑行横波窗口起始位置时，参考滑行纵波速度与滑行横波速度之间的关系：

$$\begin{cases} v_s = v_p \sqrt{\dfrac{1-2\nu}{2(1-\nu)}} \\ \Delta t_s = \Delta t_p \sqrt{\dfrac{2(1-\nu)}{1-2\nu}} \end{cases} \quad (3\text{-}3\text{-}12)$$

式中：$\nu$ 为泊松比。

对于一般的岩石有 $0 \leqslant \nu \leqslant 0.35$，故 $1.4\Delta t_p \leqslant \Delta t_s \leqslant 2.1\Delta t_p$。此范围为寻找滑行横波的到达时间提供了一个搜索范围。滑行横波时窗的开窗原则是：窗内尽可能多地包含滑行横波波包能量，减少滑行纵波和后续波的影响；滑行横波窗长一般为 $5T_p$~$8T_p$，它应位于滑行纵波结束之后和斯通利波到达之前。因此，滑行横波时窗结束位置可由钻井液波到时来确定。具体窗长要结合实际资料来选取。

4）斯通利波慢度的提取

思路与提取滑行波慢度相同。斯通利波时窗的起始位置可参考井内流体中的纵波波速，窗长可取斯通利波的 3~4 个周期。具体窗长要结合实际资料来选取。

5. 井孔模式波幅度和声衰减的提取

在计算波列中某一井孔模式波的幅度时，首先应对该模式波开时窗，开窗起可以由 STC 求得的时差及相应的源距为依据，窗长一般取 2~3 个波形周期，如图 3-3-16 所示，要保证开窗位置的正确性。

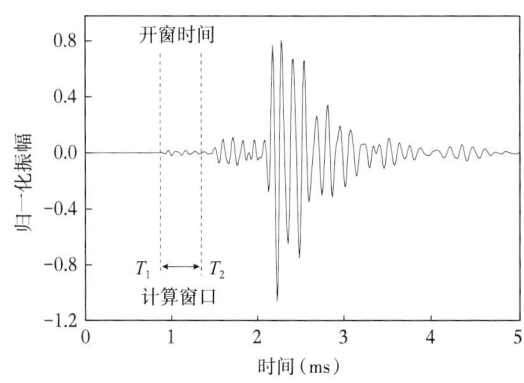

图 3-3-16 模式波幅度计算时窗的开窗示意图

窗内波形的幅度可采用能量法进行计算，计算公式如下：

$$A = \left[ \sum_{t=T_1}^{T_2} x^2(t)/N \right]^{\frac{1}{2}} \quad （3-3-13）$$

式中：$x(t)$ 为窗内目的模式波信号，V；$N$ 为窗内采样时间点数；$T_1$ 为时窗起点，s；$T_2$ 为时窗终点，s；$A$ 为窗内波形的幅度。

不同模式波幅度的计算也可以通过对时窗内的波形求面积来实现，即 $A = \sum_{t=T_1}^{T_2} |x(t)|$。当时窗在波形上由左至右移动时，即可分别计算滑行纵波、滑行横波和斯通利波的能量。

下面将井孔模式波简化为平面波，推导井孔模式波声衰减的计算公式。假设平面声波沿正 $x$ 方向传播，其声压的表达式为

$$p = p_A e^{-\alpha x} e^{j(\omega t - kx)} = A e^{j(\omega t - kx)} \quad （3-3-14）$$

式中：$\alpha$ 为声衰减系数，Np/m；$\omega$ 为角频率，Hz；$k$ 为波数，m$^{-1}$；$A$ 为幅度，且 $A = p_A e^{-\alpha x}$；$p_A$ 为常数（声源位置处的声压幅度），V。

假设 $x_2 > x_1$，则在 $x=x_1$ 和 $x=x_2$ 位置处波幅分别有

$$\begin{cases} A_1 = p_A e^{-\alpha x_1} \\ A_2 = p_A e^{-\alpha x_2} \end{cases} \quad （3-3-15）$$

于是 $x=x_1$ 和 $x=x_2$ 两位置之间介质的声衰减系数为

$$\alpha = \frac{\ln(A_1/A_2)}{x_2 - x_1} \quad （3-3-16）$$

式中：$\alpha$ 为声波衰减系数，Np/m。

通常所用的衰减度量单位为 dB/m，故将式（3-3-16）转化为以 dB/m 为单位的声波衰减系数：

$$\alpha' = \frac{20\lg(A_1/A_2)}{x_2 - x_1} \quad （3-3-17）$$

将式（3-3-17）应用到阵列声波测井中，声波衰减系数的表达式变为

$$\text{ATTU}_{nm} = \frac{20\lg(A_n/A_m)}{(m-n)d} \quad （3-3-18）$$

式中：$\text{ATTU}_{nm}$ 为第 $n$ 个和 $m$ 个接收器之间的目的层段模式波的声衰减值，dB/m；$A_n$ 和 $A_m$ 分别为第 $n$ 个和 $m$ 个接收器接收到的模式波的幅度，V；$d$ 为接收器的间距，m。

6. 用插值法提高声波时差的计算精度

直接从测量波形中提取声波时差的直接相位法、互相关法、相似法等对时间计算的误差，往往是一个采样时间间隔DT，这有时会导致时差的较大误差。例如，对于CSU和CLS3700声波测井仪，DT=5μs，接收探头最小间距为sep=2ft，于是时差测量误差为：$\delta(\Delta t)$=DT/sep=2.5（μs/ft），这个误差值对于一般地层的纵波时差、横波时差相比可以忽略不计；但对于工作在偶极模式和斯通利波模式的DSI，DT=40μs，sep=0.5ft，于是$\delta(\Delta t)$=40/0.5=80（μs/ft），这个误差值对于一般地层的偶极子波、斯通利波时差而言，造成的相对误差超过30%。可见，随着阵列测井仪器的发展，采样时间间隔变大、接收探头间距变小，由信号处理所引起的时差测量误差会变大，这已经是一个不容忽视的问题。以下以互相关法为例，介绍用时域和频域插值的方法提取两个相似信号的时延，可以大大减小这种误差、提高测量精度。

互相关法造成较大的时间测量误差的直接原因，是相关系数序列的时间间隔与原始数据$x_N(n)$、$y_N(n)$的时间间隔相同，均为一个采样时间间隔。可见，提高时间测量精度的一种方案，是在数据采集时即减小采样时间间隔，这对许多工程测量来说不是容易实现的；另一种方案是在互相关系数序列中进行插值处理，以便精确确定互相关系数序列峰值的位置，提高时延的测量精度。

对互相关系数序列进行插值有两种方法：

（1）时域插值法。直接在互相关系数序列$r_{2N}(n)$中进行插值，每两个采样点之间插入IN个点，使采样时间间隔变为$DT_e$，$DT_e = \dfrac{DT}{1+IN}$（仅对等间距插值成立）。插值后的相关系数序列的最大值所对应的点数$nd_e$，则$DT_e \times nd_e$就是两相似信号的时延。插值点越多则等效的采样时间间隔$DT_e$越小，所得时延的测量精度越高。插值方法可采用三次样条法、拉格朗日法等，即可用等间距插值，也可采用非等间距插值。

（2）频域插值相关法。在得到$x_N(n)$、$y_N(n)$互功谱$C_{2N}(\omega)$后不是立即做逆傅里叶变换求$C_{2N}(n)$，而是在$C_{2N}(n)$的中心处补IN×2N个零（IN为零或奇整数，IN=0，1，3，7，…），使互功谱序列长度变为(1+IN)×2N，仍保持互功谱的对称性，再做逆傅里叶变换求得互相关系数序列$c(n)$，$c(n)$的长度为(1+IN)×2N。这种运算相当于在时域每两个采样点之间插入IN个点，使等效的采样时间间隔变为$DT_e = \dfrac{DT}{1+IN}$。IN越大则$DT_e$越小，所得时延的测量精度越高。

提高几何相似法的时差计算精度只能采用对相似度进行插值的方法，即采用时域插值法。时域插值法比较直观，可用于两道以上波形信号的处理但运算量较大。改善互相关系数法的时差计算精度，既可采用时域插值法，也可采用频域插值法。频域插值法充分利用了快速傅里叶变换，计算速度很快，但仅适于两道信号的处理且插值点数太大时导致作傅里叶变换的数组的长度太大。因为对于处理声波测井波形资料来说取N=128、IN=3已满足要求，此时只需做1024点的傅里叶变换，其计算速度仍是非常快的。

图3-3-17给出的两条曲线是X1井3151.33m深度处由DSI仪器的斯通利波模式测量得到的两道波形，其中NWF、FWF分别为近波（9ft源距）和远波（10ft源距），接收探头间距sep=1ft，采样时间间隔DT=40μs。

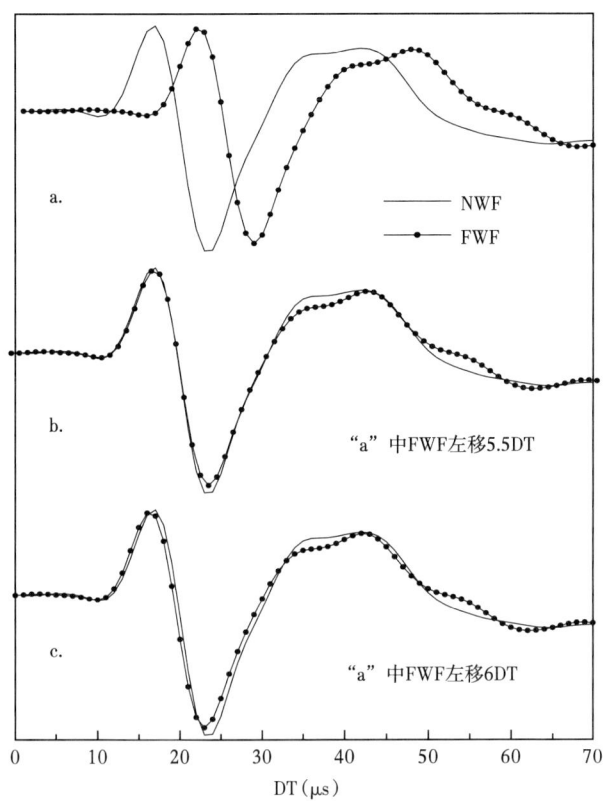

图 3-3-17  由 DSI 测得 X1 井的斯通利波及其处理示例

图 3-3-18 给出了频域插值前后的 NWF、FWF 的互相关系数序列，其中"+""×""·"分别表示插值点数 IN=0、1、3 时互相关系数序列曲线。由图 3-3-18 可见，当 IN=0 时（即不做插值处理时），互相关系数序列在 $n=6DT$ 处取得最大值（峰值），当 IN=1、3 时，互相关系数序列在 $n=5.5DT$ 处取得最大值。FWF 相对于 NWF 到底延迟了多少个采样点呢？将图 3-3-17a 中 FWF 分别左移 5.5DT 和 6DT 后重绘于图 3-3-17b、图 3-3-17c 并与 NWF 比较。由图 3-3-17b 可见，把 FWF 左移 5.5DT 后，远近波波包几乎重合，说明 FWF 的确落后 NWF 5.5DT；而由图 3-3-17c 可见，把 FWF 左移 6DT 后，远近波波包并不重合，说明 FWF 相对于 NWF 落后的时间不是 6DT。

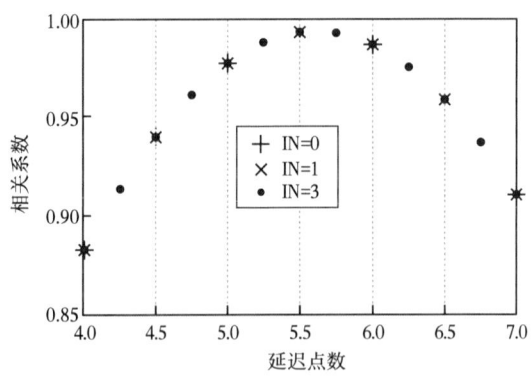

图 3-3-18  相关系数的插值处理示意图

综上所述，可以得到以下几点结论：

（1）几何相似法、相关系数法等提取时差的方法，对时间计算的误差都是一个采样时间间隔 DT，这个误差会导致时差的较大误差。随着阵列测井仪器的发展，采样时间间隔变大、接收探头间距变小，由信号处理所引起的时差测量误差会变大。

（2）时域插值法和频域插值相关法可显著改善时延计算精度。

（3）时域插值法可用于两道以上信号的处理，用以提高几何相似法、$N$ 次根堆栈法、STC 等方法的时差计算精度。频域插值相关法计算速度快，但仅适用于两道信号的处理。

**7. 利用不同深度点数据进行井眼补偿**

井径的变化通常会影响声波在井内流体中的传播，结果造成时差计算错误。阵列声波测井的井眼补偿思想与声速测井部分的单发双收声波测井的井眼补偿方法相同，井径变化的影响可以通过两种测量数据得到的声波时差的平均来进行补偿。如图 3-3-19 所示，通过对一发八收阵列声波测井不同深度点测量的波形进行重组，可以虚拟成发射探头在两端、接收阵列在中间的声系测量的波形数据，分别基于"上发下收"波形和"下发上收"波形计算时差并求平均值，就可以对测量的时差进行井径补偿。在图 3-3-19 中，"下发上收"模式中，由于井径变大，$R_5$—$R_8$ 接收器到时滞后，得到的时差 DTT 偏大；而对于"上发下收"模式，$T_5$—$T_8$ 接收器到时提前，得到的时差 DTR 偏小。因此，二者的均值 DT=（DTT+DTR）/2 可以抵消或者减少井径变化对时差提取的影响。

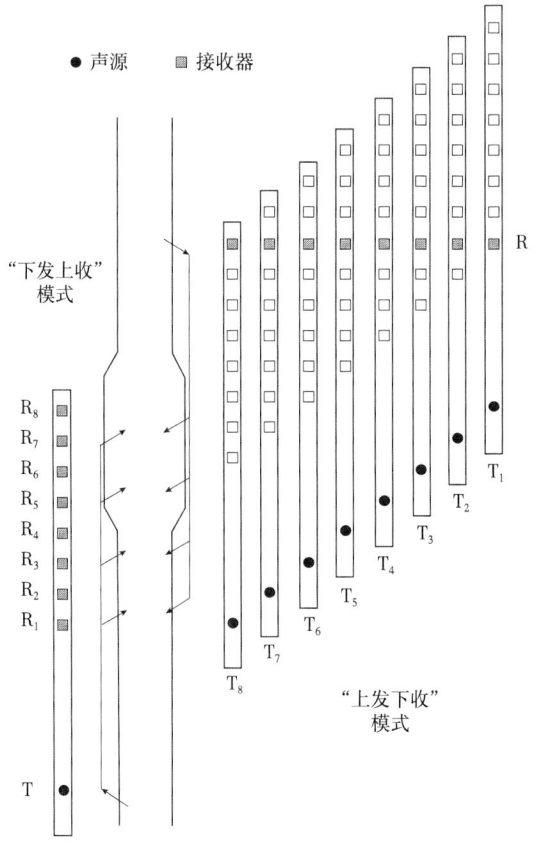

图 3-3-19　一发八收阵列声波测井井眼补偿示意图

图 3-3-20 给出了纵波时差曲线井眼补偿的一个应用实例,其中第 1 道为井径曲线,第 2 道为深度,第 3、第 4 道为纵波时差曲线和纵波时差填充图,DTC 为经井眼补偿后的纵波时差,DTOUTTC 为基于"下发上收"模式提取的纵波时差,DTOUTRC 为基于"上发下收"模式提取的纵波时差,第 5、第 6 道为单极波形数据和经井眼补偿后的纵波到时 TTOUTLC。可以看出,X426m 深度处井径明显增大,此时的纵波时差曲线发生了明显变化:仪器在上提过程中,当仪器中的接收器开始进入井径变大的区域时,DTOUTTC 逐渐增大,DTOUTRC 逐渐减小;当接收器离开井径变大的部分向井径变小的部分移动时,DTOUTTC 逐渐减小,DTOUTRC 逐渐增大。在图 3-3-20 中的上半段,井径变化较小,此时的 DTOUTTC 与 DTOUTRC 差别较小,几乎相互重合。这与图 3-3-19 中的时差变化规律是一致的,因此,可以通过将 DTOUTTC 与 DTOUTRC 这两条时差曲线进行平均处理而得到一条经井眼补偿过的纵波时差曲线 DTC,从而抵消或者减少井径变化对时差提取的影响。

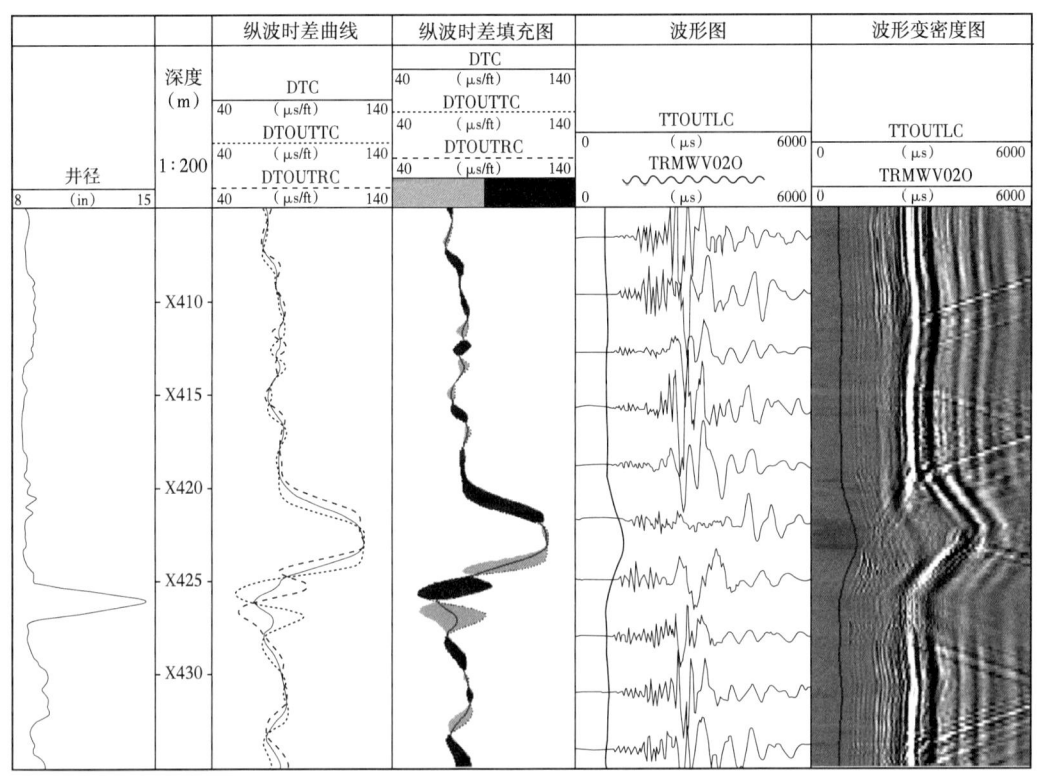

图 3-3-20 纵波时差曲线井眼补偿应用实例

8. 利用不同深度点数据提高声波测井的轴向分辨率

阵列声波测井资料的常规处理,常常仅采用某一特定深度处采集的 M 道阵列波形(一般 M=8)计算声波时差和声衰减等参数,给出接收换能器阵列跨度范围内的平均时差和声衰减曲线,这存在分辨率低和波形数据利用率低等问题。采用具有相同跨距的重叠子阵列数据叠加的方法,可以提高阵列声波测井的轴向分辨率。在每一个子阵列所跨越的深度间隔,都有多组子阵列数据与之重叠。在某一特定深度上,测井仪器内的声源发射声波,而同一仪器内的接收器阵列记录下波形信号;在测井仪器被上提一个接收器间隔的距离（一般为 0.5ft）后，又重复进行波形信号的采集；这样，阵列波形数据在相继的一系列深度位置上被重复记录，从而可以对这些重复数据按不同的跨度进行组合。图 3-3-21 显示了对于一个有 8 个接收换能器的测井仪器的 7 种可能的子阵列组合方式，这些子阵列的跨度为 0.5~3.5ft，利用这些重叠阵列数据的丰富信息，既可以改进声波时差计算的轴向分辨率，又可以提高声波时差的计算精度。

图 3-3-21 给出了各子阵列跨度用于计算纵波时差曲线的应用实例，其中第 1 道为深度，第 2 道为测井声波数据中的滑行纵波部分，这里只显示了 8 个接收器中的第一个接收器上的记录波形，同时给出了纵波的到时曲线，第 3 到第 9 道分别给出了由图 3-3-21 中显示的不同跨度对应的子阵列组合得到的不同分辨率的滑行纵波时差曲线，第 10 道给出了一个简单的一致性检验，先将各子阵列跨度对应的滑行纵波时差曲线进行滑动平均，再与常规方法得到的滑行纵波时差曲线进行比较。

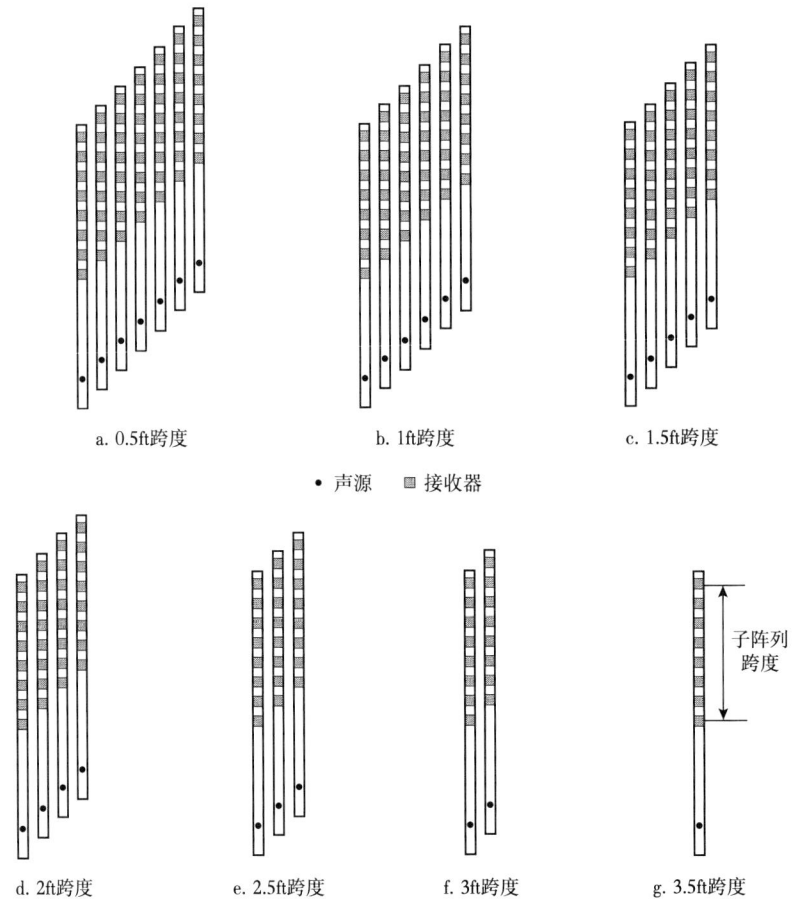

图 3-3-21　跨度从 0.5~3.5ft 的子阵列数据组合示意图

从图 3-3-22 中可以看出，随着子阵列跨度的减小，地层特征的分辨率逐渐增加，常规处理方法中（3.5ft 跨度）不能看到的曲线变化特征，在 0.5ft 跨度中清晰可见；滑动平均处理过的高分辨率时差曲线与常规方法得到的时差曲线相当一致，只有很小的差别，这说明尽管不同分辨率曲线的变化幅度相当不同，这些不同分辨率的时差曲线在本质上是一致的，只是在不同的分辨率下显示出不同的特征。

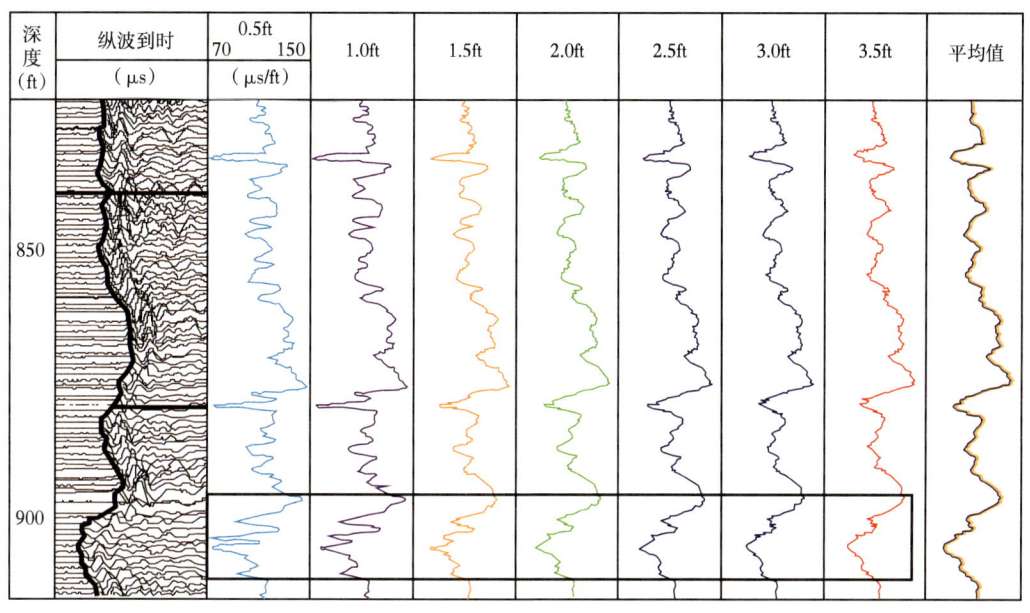

图 3-3-22　各子阵列跨度对应的纵波时差曲线

## 第四节　声波全波列测井资料应用

声波全波列测井及正交偶极横波测井能提供地层纵波、横波、斯通利波等波形资料，这些资料可用于裂缝识别和评价、岩层渗透性评价、油气层识别和评价、岩石机械特性分析和地层各向异性分析等，在油田勘探与开发中有广泛的用途，下面就几种主要应用进行讨论。

### 一、确定地层岩性

1. 用时差比值来确定岩性

时差比值的定义为 $\Delta t_R = \Delta t_s / \Delta t_p$。横波时差 $\Delta t_s$ 与纵波时差 $\Delta t_p$ 比值与岩性密切相关，因此可以作 $\Delta t_s$ 与 $\Delta t_p$ 的交会图，不同岩性分布范围不同，由此可以确定岩性。

图 3-4-1 是根据已知岩性作的 $\Delta t_p$ 与 $\Delta t_s$ 的交会图，从图中可以看出，气层砂岩、砂岩、盐岩、石灰岩、白云岩的时差比值 $\Delta t_R$ 是不相同的，见表 3-4-1。

因此，在声波信息中得出 $\Delta t_R$ 可以用来确定岩性，尤其是可以将三种主要的沉积岩区分开来。如果是两种岩性组成的岩层，$\Delta t_R$

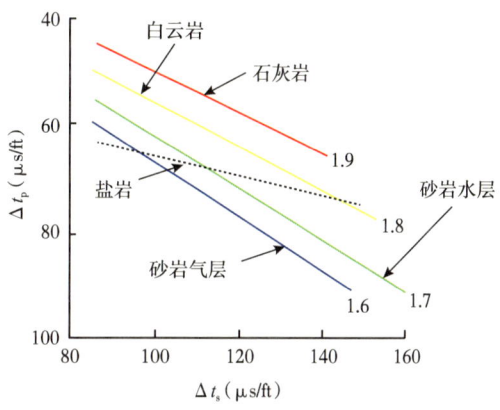

图 3-4-1　砂岩、石灰岩、白云岩的纵波、横波时差分布

1.6，1.7，1.8，1.9—时差比值

与两种岩性成分的含量有关，借此可以求出这两种岩性的百分含量。例如，石灰岩的白云化程度可以通过 $\Delta t_R$ 或颗粒密度确定。随着白云石含量的增加，$\Delta t_R$ 减小，颗粒密度增

大。对砂岩来说，用 $\Delta t_R$ 可以确定泥质含量。随着砂岩中泥质含量的增加，$\Delta t_R$ 和自然伽马数值也增大。

表 3-4-1　不同岩性纵、横波时差比值

| 岩性 | 时差比值 | 岩性 | 时差比值 |
| --- | --- | --- | --- |
| 砂岩（气层） | 1.6 | 石灰岩 | 1.9 |
| 砂岩（水层） | 1.72 | 白云岩 | 1.8 |
| 石英岩 | 1.67~1.78 | 盐岩 | 1.77 |
| 砂岩 | 1.58~2.08 | 石膏 | 2.49 |
| 黏土 | 1.936 | 硬石膏 | 1.85 |

图 3-4-2 为碳酸盐岩岩性鉴定图，可以看出，石灰岩时差比值为 1.9，白云岩为 1.8。

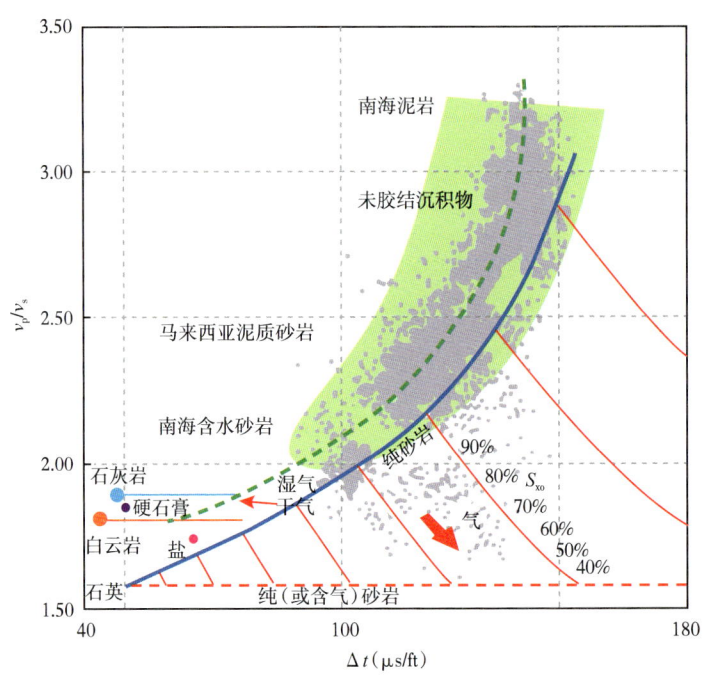

图 3-4-2　碳酸盐岩岩性鉴定图
$S_{xo}$—冲洗带含水饱和度

石灰岩中随着白云石含量增大时差比值减小。图中底部为硬石膏，时差比值稍高于石灰岩。如果考虑颗粒密度（石灰岩 2.71g/cm³、白云岩 2.87g/cm³、硬石膏 2.92g/cm³ 以上）就能很好区分这些岩性。另外，在石灰岩、白云岩中，时差比值与孔隙度无关。

2. 用幅度衰减来确定岩性

1）转换系数

纵波、横波的幅度衰减用转换系数进行定量计算。当声波发射器 T 发射声脉冲时，将 $R_1$、$R_2$ 接收器接收的波形曲线算出频谱曲线，令 $S_1(f)$、$S_2(f)$ 分别为 $R_1$、$R_2$ 的频谱

曲线，则

$$S_2(f) = T(f)S_1(f) \qquad (3-4-1)$$

式中：$T(f)$ 为两接收器之间的转换系数，转换系数的变化范围为 0~1.0。

纵波、横波有各自的固有频率，由此可以确定纵波与横波各自的转换系数。

2）用幅度衰减（转换系数）鉴定岩性

图 3-4-3 为碳酸盐岩剖面岩性识别实例，图上列出 10ft 长源距声波波形图、纵波横波转换系数曲线和岩心描述。岩性有颗粒骨架支撑的粒状灰岩和块状碳酸盐砾岩，有泥质骨架支撑的层状泥岩和粒泥状灰岩。从图 3-4-3 上可以看出，对于颗粒骨架支撑的岩性，横波转换系数为 0.8 以上；对于泥质骨架支撑的岩性，横波转换系数在 0.5 左右，应用纵波的转换系数鉴定岩性的效果要比利用横波的差。

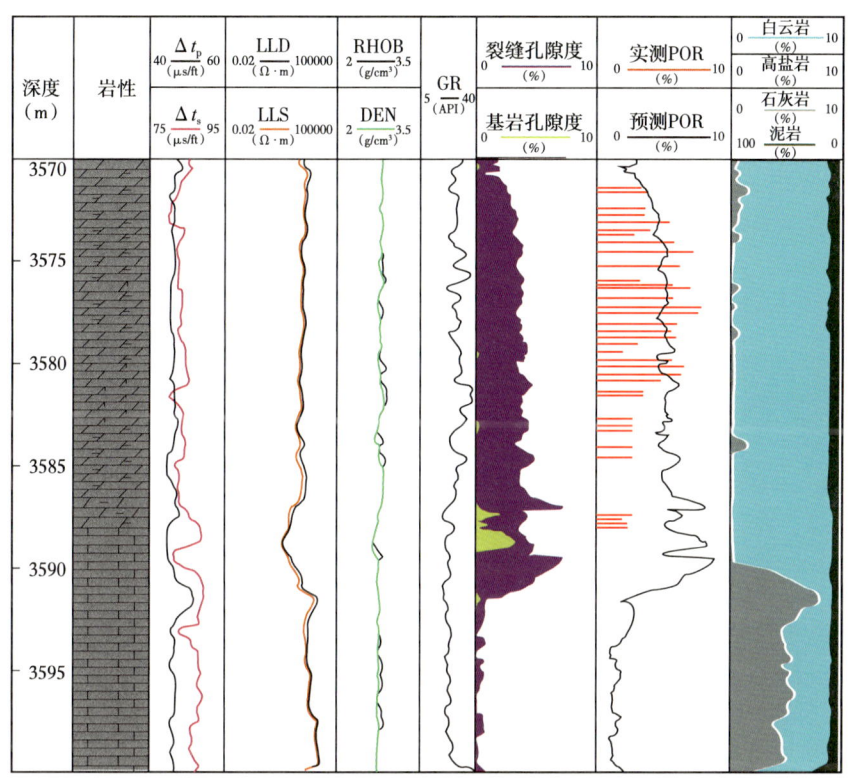

图 3-4-3　碳酸盐岩剖面岩性识别实例

图 3-4-3 表明，纵波与横波的转换系数都可反映岩层的结构变化，它们的全波列波形图同样也可反映岩层的结构变化。由于横波幅度反映更好些，将横波幅度用于描述地层的岩相，称为测井相。

## 二、确定地层孔隙度

在第二章用纵波时差计算岩层孔隙度时，对 Wyllie 时间平均公式做了介绍，用横波时差也可以计算岩层孔隙度，并且效果比纵波好，原因是当岩层孔隙度变化 1% 时，横波时差变化比纵波时差大，同时受气体影响小。如果纵波、横波测量的精度是一样的话，那么用横波时差确定岩层孔隙度的精确度就要比纵波高。

有两种办法确定横波时差与孔隙度的关系：一种是用实验室岩心分析资料与现场声波全波列测井资料来研究横波时差与孔隙度的关系，另一种是综合已有的纵波时差与孔隙度关系、纵波时差与横波时差关系而确定横波时差与孔隙度的关系。

图 3-4-4 中的横波时差与孔隙度关系是根据雷伊麦换算公式并结合纵波、横波时差关系组合而建立的，即纵波时差为

$$\Delta t_\mathrm{p} = \frac{1}{v_\mathrm{pm}(1-\phi)^m + v_\mathrm{f}\phi}$$

由此推得横波时差为

$$\Delta t_\mathrm{s} = \Delta t_\mathrm{R} \Delta t_\mathrm{p} = \frac{\Delta t_\mathrm{R}}{v_\mathrm{pm}(1-\phi)^m + v_\mathrm{f}\phi} \quad (3\text{-}4\text{-}2)$$

式中：$v_\mathrm{pm}$、$v_\mathrm{f}$ 分别为岩石骨架和孔隙中流体纵波速度；$\Delta t_\mathrm{R}$ 为纵横波时差比。

换算公式（3-4-2）中的骨架速度和 $m$ 最好根据大量现场资料确定。

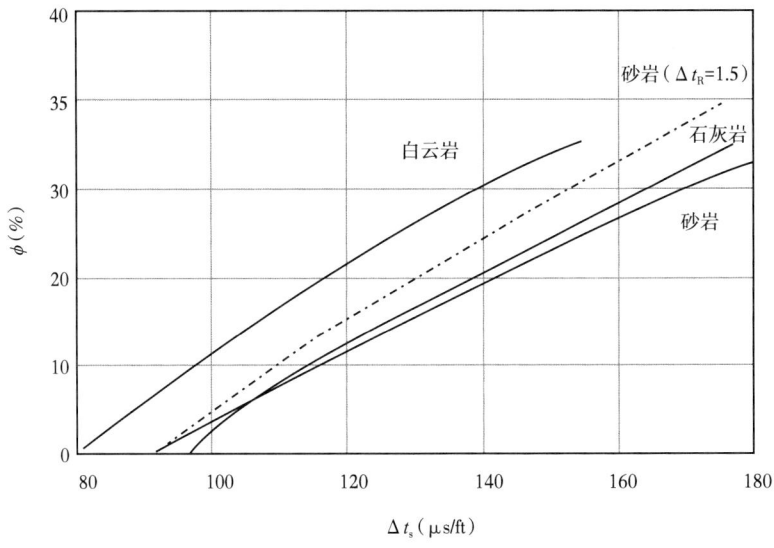

图 3-4-4　横波时差与孔隙度的关系

## 三、井眼岩石力学特性分析

利用声波全波测井资料获得的地层纵波时差 $\Delta t_\mathrm{p}$ 和横波时差 $\Delta t_\mathrm{s}$，结合密度测井资料可以计算地层弹性模量。其中剪切模量 $\mu$ 和拉梅系数 $\lambda$ 为：

$$\begin{cases} \mu = \rho v_\mathrm{s}^2 = \rho / \Delta t_\mathrm{s}^2 \\ \lambda = \rho(v_\mathrm{p}^2 - v_\mathrm{s}^2) = \rho\left(\frac{1}{\Delta t_\mathrm{p}^2} - \frac{2}{\Delta t_\mathrm{s}^2}\right) \end{cases} \quad (3\text{-}4\text{-}3\mathrm{a})$$

已知任意两个系数，就可将其他三个系数计算出来：

$$\begin{cases} E = \mu(3\lambda + 2\mu)/(\lambda + \mu) \\ \nu = \lambda/[2(\lambda + \mu)] \\ K = \lambda + 2\mu/3 \end{cases} \quad (3\text{-}4\text{-}3b)$$

式中：$E$ 为弹性模量；$\nu$ 为泊松比；$K$ 为体积模量。

为了方便，弹性模量 $E$ 的单位可取 $10^4$MPa，如 $\Delta t$ 单位为 μs/m，式（3-4-3b）前两个公式需乘单位换算因子 $a=10^5$；如 $\Delta t$ 单位为 μs/ft，$a=9290$。

由此，可计算地应力、岩石破裂压力等参数，可进行井眼稳定性分析、钻井液密度选择、地层破裂压力和压裂高度预测等方面应用。

1. 岩石固有强度计算

岩石固有强度包括抗压强度、抗切强度和抗张强度。岩石的固有强度可以在实验室测量得到。表 3-4-2 是几种常见岩石的单轴抗压强度 $C_0$ 与抗张强度 $T_0$ 比较，可以看出，岩石的抗压强度远比抗张强度大。

表 3-4-2　几种常见岩石的单轴抗压强度 $C_0$ 与抗张强度 $T_0$

| 岩石 | 单轴抗压强度（MPa） | 抗张强度（MPa） |
| --- | --- | --- |
| 砂岩 | 35~100 | 26~63 |
| 石灰岩 | 15~140 | 32~61 |
| 页岩 | 35~70 | 36~167 |
| 大理石 | 70~200 | 37~53 |
| 花岗岩 | 200~300 | 12~19 |
| 玄武岩 | 150~200 | 11~25 |

为了从测井资料中获得岩石固有强度值，Coates 和 Denco（1980）在 Deere 和 Miller（1963）实验基础上建立了砂泥岩地层计算岩石抗压强度的关系式：

$$C_0 = [0.0045(1 - V_{cl}) + 0.008V_{cl}]E \quad (3\text{-}4\text{-}4)$$

式中：$V_{cl}$ 为泥质含量，可由自然伽马得到。

同时发现，松软地层的粘接强度几乎等于抗张强度，抗压强度大约比粘接强度大 10 倍。建立了抗剪切强度、$E$ 与体积压缩系数 $C_b$ 比值的关系：

$$S = 0.025 \frac{E}{C_b}[0.008V_{cl} + 0.0045(1 - V_{cl})] \times 1.02045 \times 10^4 \text{（MPa）} \quad (3\text{-}4\text{-}5)$$

根据库仑破裂准则和格里菲斯破裂准则，可获得单轴抗压强度和抗张强度：

$$\begin{cases} C_0 = \dfrac{2\cos\varphi}{1 - \sin\varphi} S_0 \\ T_0 = \dfrac{C_0}{12} \end{cases} \quad (3\text{-}4\text{-}6)$$

式中：$\varphi$ 为摩擦角，对于一般砂岩，$\varphi$ 可取 30°；对于一般岩石，$\varphi$ 在 15°~30° 之间。

根据 Brie 强度公式，摩擦角与岩石泊松比 $\nu$ 之间的关系为

$$\varphi = 30 \times \left(1 - \frac{\nu}{1-\nu}\right) + 15 \qquad (3\text{-}4\text{-}7)$$

2. 地应力计算和地层破裂压力测井预测方法

1）井眼周围应力场分析

假设在直角坐标上，其中一主应力（大小为上覆地层压力 $p_0$）与 $z$ 轴重叠，根据应力函数所满足的协调方程及各应力关系和井眼边界条件，不难得到井柱岩层内各应力表达式：

$$\begin{cases} \sigma_r = \dfrac{\sigma_x + \sigma_y}{2}\left(1 - \dfrac{a^2}{r^2}\right) + \dfrac{a^2}{r^2}p_{\mathrm{M}} + \dfrac{\sigma_x - \sigma_y}{2}\left(1 + \dfrac{3a^4}{r^4} - \dfrac{4a^2}{r^2}\right)\cos(2\theta) \\ \sigma_\theta = \dfrac{\sigma_x + \sigma_y}{2}\left(1 + \dfrac{a^2}{r^2}\right) - \dfrac{a^2}{r^2}p_{\mathrm{M}} - \dfrac{\sigma_x - \sigma_y}{2}\left(1 + \dfrac{3a^4}{r^4}\right)\cos(2\theta) \\ \sigma_{r\theta} = \dfrac{\sigma_x - \sigma_y}{2}\left(1 - \dfrac{3a^4}{r^4} + \dfrac{2a^2}{r^2}\right)\sin(2\theta) \end{cases} \qquad (3\text{-}4\text{-}8)$$

式中：$\sigma_x$、$\sigma_y$ 分别为最大水平主应力和最小水平主应力（$\sigma_x > \sigma_y > 0$）；$\sigma_r$、$\sigma_\theta$、$\sigma_{r\theta}$ 分别为离井轴距离 $r$ 并与 $\sigma_x$ 按逆时针方向成 $\theta$ 角处的径向、周向法应力和井周向切应力分量；$a$ 为井半径；$p_{\mathrm{M}}$ 为井中钻井液柱压力。

在井壁上（$r=a$），应力分量为

$$\begin{cases} \sigma_r = p_{\mathrm{M}} \\ \sigma_\theta = (\sigma_x + \sigma_y) - 2(\sigma_x - \sigma_y)\cos(2\theta) - p_{\mathrm{M}} \\ \sigma_{r\theta} = 0 \end{cases} \qquad (3\text{-}4\text{-}9)$$

考虑到地层孔隙压力 $p_{\mathrm{p}}$ 作用，岩层中各应力减去孔隙压力为有效应力。

2）地应力计算公式

假设水平应力分布不匀是构造应力造成的，因此水平主应力一部分与上覆地层有效应力有关，等于 $\dfrac{\nu}{1-\nu}(p_0 - \alpha p_{\mathrm{p}})$，另一部分与构造应力有关。若设两个水平主应力方向上构造应力为 $\sigma_{\mathrm{tx}}$、$\sigma_{\mathrm{ty}}$，并假定构造应力和上覆岩层有效应力比值为常量，则有：

$$\begin{cases} \sigma_{\mathrm{tx}} = \beta_1(p_0 - \alpha p_{\mathrm{p}}) \\ \sigma_{\mathrm{ty}}\sigma_{\mathrm{tx}} = \beta_2(p_0 - \alpha p_{\mathrm{p}}) \end{cases} \qquad (3\text{-}4\text{-}10)$$

式中：$\beta_1$、$\beta_2$ 为常数，反映了两个水平主应力方向上构造力的大小。

于是有：

$$\begin{cases} \sigma_{xe} = \dfrac{\nu}{1-\nu}\sigma_{ze} + \sigma_{\mathrm{tx}} = \left(\dfrac{\nu}{1-\nu} + \beta_1\right)(p_0 - \alpha p_{\mathrm{p}}) \\ \sigma_{ye} = \dfrac{\nu}{1-\nu}\sigma_{ze} + \sigma_{\mathrm{ty}} = \left(\dfrac{\nu}{1-\nu} + \beta_2\right)(p_0 - \alpha p_{\mathrm{p}}) \end{cases} \qquad (3\text{-}4\text{-}11)$$

$$\alpha = 1 - \frac{C_{bM}}{C_b} \quad (3\text{-}4\text{-}12)$$

式中：$\sigma_{xe}$、$\sigma_{ye}$、$\sigma_{ze}$ 分别为 $x$、$y$、$z$ 方向上有效地应力；$\beta_1$、$\beta_2$ 为 $x$、$y$ 方向构造应力因子，可用水力压裂结果得到；$C_{bM}$ 为岩石骨架系数；$\alpha$ 为孔隙流体压力对各应力贡献系数，与岩层 $C_b$ 和 $C_{bM}$ 有关。

式（3-4-11）、式（3-4-12）中，$v$、$C_b$ 由声波全波列测井资料求得，$p_0$ 由密度测井得到。

由此，三个方向的地应力为

$$\begin{cases} \sigma_x = \sigma_{xe} + \alpha p_p \\ \sigma_y = \sigma_{ye} + \alpha p_p \\ \sigma_z = p_0 \end{cases} \quad (3\text{-}4\text{-}13)$$

### 3. 地层破裂压力计算

**1）张性破裂**

已知岩层的单轴抗压强度大于抗张强度，在周向法应力最小处首先被压裂，即 $\theta=0°$ 或 $180°$ 处，周向法应力成为周向张性法应力，只要 $p_M$ 选择恰当，井壁岩层首先在最小周向法应力方向（$\theta=0°$ 或 $180°$，即最大地应力方向）处破裂，由式（3-4-11）有：

$$\begin{cases} \sigma_{re} = p_M - \alpha p_p \\ \sigma_{\theta e} = 3\sigma_y - \sigma_x - p_M - \alpha p_p \end{cases} \quad (3\text{-}4\text{-}14)$$

式中：$\sigma_{re}$、$\sigma_{\theta e}$ 分别为径向和周向有效应力。

把式（3-4-12）和式（3-4-13）代入式（3-4-14）得径向应力和周向应力为

$$\begin{cases} \sigma_{re} = p_M - \alpha p_p \\ \sigma_{\theta e} = \dfrac{2v}{1-v} p_0 + \dfrac{1-3\sigma}{1-\sigma} \alpha p_p + K(p_0 - \alpha p_p) - p_M \end{cases} \quad (3\text{-}4\text{-}15)$$

式（3-4-15）以压性应力为正，张性应力为负，符号 $K$ 为张性广义构造压力系数，$K = 3\beta_2 - \beta_1$，由现场实测资料反推得到。若不计两个地层水平应力的区别，则 $K=0$。

（1）自然破裂压力（钻井液漏失时的地层破裂压力）：当井眼周向应力由压性周向应力向张性周向应力过渡时，隐性裂缝层的裂缝就可能张开，钻井时这些岩层有可能使钻井液漏失。由此求得自然破裂压力极限值 $p_{M_1}$ 为

$$p_{M_1} = \frac{2v}{1-v} p_0 + \frac{1-3v}{1-v} \alpha p_p + K(p_0 - \alpha p_p) \quad (3\text{-}4\text{-}16)$$

当满足式 $p_M > p_{M_1}$ 时，钻井液在这些层可能漏失。另外，裂缝地层的自然破裂压力极限值一般是低的。

（2）地层破裂压力（压裂施工的破裂压力）：当张性周向应力大于 $T_0$ 时，岩层就被人工压裂。这时的井中钻井液柱压力为地层破裂压力极限值 $p_{M_2}$：

$$p_{M_2} = T_0 + p_{M_1} \qquad (3\text{-}4\text{-}17)$$

式（3-4-17）中，$T_0$ 由实验室三轴应力实验得出的经验公式确定。当满足式 $p_M > p_{M_2}$ 时，岩层就被压裂开。

2）剪切破裂（岩层坍塌压力）

由式（3-4-15）可知，$\theta=90°$ 或 $270°$ 时，周向应力达到最大值，有：

$$\begin{cases} \sigma_{re} = p_M - \alpha p_p \\ \sigma_{\theta e} = 3\sigma_x - \sigma_y - p_M - \alpha p_p \end{cases} \qquad (3\text{-}4\text{-}18)$$

此时，$\sigma_{\theta e}-\sigma_{re}$ 也有最大值。井中钻井液柱压力越小，压性周向应力越大，径向应力由压性逐渐向张性过渡，由此两应力构成的莫尔圆与岩层切变破裂包络线相切时，岩层发生剪变破裂（图 3-4-5）。因此，在最小水平地应力方向（$\theta=90°$ 或 $270°$ 位置）最易发生坍塌，这时的井中钻井液柱压力为切变破裂井柱压力极限值 $p_{M_3}$，由库仑破裂准则可写成：

$$\begin{cases} \sigma_1 = \sigma_3 \cos^2 x + 2s_0 \cos x \\ x = \dfrac{\pi}{4} - \dfrac{\varphi}{2} \end{cases} \qquad (3\text{-}4\text{-}19)$$

式中：$\sigma_1$ 为垂向地应力；$\sigma_3$ 为最小水平主应力；$s_0$ 为内聚；$\varphi$ 为与最大主应力方向夹角。

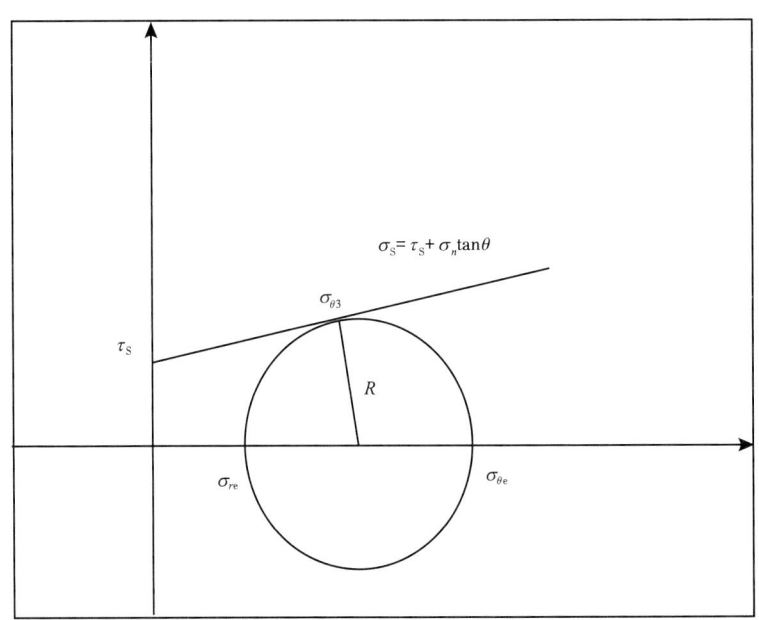

图 3-4-5　剪切破裂莫尔圆示意图

$\sigma_S$—剪切面上的剪切力；$\tau_S$—岩石的抗剪强度；$\sigma_n$—剪切面上的正应力

此时有 $\sigma_1=\sigma_{\theta e}$，$\sigma_3=\sigma_{re}$，整理可得井壁产生坍塌压力：

$$p_{M_3} = \dfrac{\eta(3\sigma_x - \sigma_y) - 2s_0 K + \alpha p_p(K^2 - 1)}{K^2 + \eta} \qquad (3\text{-}4\text{-}20)$$

其中：

$$K = \cot\left(\frac{\pi}{4} - \frac{\varphi}{2}\right)$$

式中：$\eta$ 为非弹性修正系数，弹性地层取 1；$s_0$ 为岩石抗剪切强度；$\varphi$ 为摩擦角，一般砂岩可取 30°。

当井中钻井液柱压力满足式 $p_\text{M} < p_{\text{M}_3}$ 时，井壁岩层就会发生坍塌现象。

如果地层压力大于井内钻井液柱压力，使得对地层产生一个径向拉伸力，当这个径向拉力大于岩石的抗拉强度时，井壁岩石即向井眼内产生崩落掉块。井壁拉伸崩裂压力为

$$p_{\text{M}_4} = p_\text{p} - T_0 \qquad (3\text{-}4\text{-}21)$$

井壁坍塌受剪切和拉崩两种不同的坍塌机理控制，应取两者大者，即：

$$p_{\text{M}_3} = \max\left(p_{\text{M}_3}, p_{\text{M}_4}\right) \qquad (3\text{-}4\text{-}22)$$

由以上分析可知，给出了地层弹性模量、地层固有强度及上覆地层压力和孔隙地层压力，代入式（3-4-16），就可达到测井预测地层破裂压力的目的。

4. 采油出砂强度分析

采油出砂强度是在不出砂的情况下所承受的最大压降。在非固结的高孔隙度砂岩中进行高强度开采时，出砂是普遍问题。进行砂岩强度分析就可以预测采油出砂时的压差，把生产压降控制在安全水平下开采，否则砂岩将遭到破坏，使井受到损坏或被堵塞。

测井计算的临界生产压差是地层压力与出砂回压压力（或切变破裂压力）差：

$$\text{DP} = (\text{PPGI} - \text{HSHN})\,\text{DEP} / 100 \qquad (3\text{-}4\text{-}23)$$

式中：PPGI、HSHN 分别为地层压力和出砂回压压力梯度（切变压力梯度），$\text{g/cm}^3$；DEP 为深度，m；DP 为出砂临界生产压差，MPa。

油层实际开采时，若生产压差（流压与静压之差）小于临界生产压差 DP，则可认为是在安全压差下开采。

5. 最大、最小及理想钻井液密度计算

根据前面的地层破裂压力，可以确定出最大、最小及理想钻井液密度，在选取钻井液密度时可以参考以下几个值来调整。

理想钻井液密度：

$$\rho_{re} = \left(\frac{\sigma_{re} + \sigma_{\theta e}}{2} + \alpha p_\text{p}\right) / \text{DEP} \qquad (3\text{-}4\text{-}24)$$

最大钻井液密度，即岩石的自然破裂压力梯度：

$$\rho_{\max} = \left(\frac{2\nu}{1-\nu} p_0 + \frac{1-3\nu}{1-\nu} \alpha p_\text{p}\right) / \text{DEP} \qquad (3\text{-}4\text{-}25)$$

最小钻井液密度：

$$\rho_{\min} = \left[ A\left(C_0 T_0 \alpha_k^2\right) + \alpha p_p \right] / \text{DEP} \qquad (3\text{-}4\text{-}26)$$

其中：

$$\alpha_k = \tan\left(\frac{\pi}{4} + \frac{\pi}{6}\frac{1-2\nu}{1-\nu}\right)$$

式中：$A$ 为非弹性修正指数，可取 0.4~0.5。

## 四、识别油气层

当岩层内充满石油或天然气时，岩层纵波速度比孔隙内充满水的岩层纵波速度小，也就是说，油层、气层的纵波时差要比相同岩性相同孔隙的水层大，尤其是气层更要大得多。

1. 速度比指示气层

当岩石中饱和密度大的石油时，对纵波时差、横波时差的影响小；而岩石中饱和天然气时，会使纵波时差增大，使横波时差有减小的趋势。这个结论是通过实验分析和理论计算得出的。由此，气层纵波时差增大、横波时差减小，导致横波与纵波时差比值更小。为此，可通过求准完全饱和水时纵横波速度比值，与实测纵横波速度比值进行比较来指示气层。此外，用实验获得声波速度比与含气饱和度的关系式来确定含气饱和度。

1）纵横波速度比背景值的求取

地层纵横波速度比除了与饱和流体性质存在密切关系外，同时也与岩性、孔隙度等参数有关，有必要确定完全饱和水时纵横波速度比值，这一数值也可称为速度比背景值。

水层岩石的纵横波速度比可采用 Gassmann（1951）岩石体积模量公式获得：

$$\Delta t_{Rw} = \sqrt{\left[K_d + \frac{4}{3}\mu_d + \frac{(1-\beta)^2}{1-\varphi-\dfrac{\beta}{K_{ma}}+\dfrac{\varphi}{K_w}}\right]\frac{1}{\mu_d}} \qquad (3\text{-}4\text{-}27)$$

其中：

$$\beta = \frac{K_d}{K_{ma}}$$

$$K_w = \rho_w v_w^2$$

$$K_d = (1-\varphi)\rho_{ma}\left(v_{pma} - \frac{4v_{sma}^2}{3}\right)$$

$$\mu_d = (1-\varphi)\rho_{ma} v_{sma}^2$$

式中：$\Delta t_{Rw}$ 为水层岩石的纵横波速度比（或时差比）；$\beta$ 为结构因子；$K_d$、$\mu_d$ 为干岩石体积模量和剪切模量，GPa；$\rho_{ma}$、$v_{pma}$、$v_{sma}$、$K_{ma}$ 分别为骨架颗粒密度、纵波速度、横波速度和体变模量；$\rho_w$、$v_w$、$K_w$ 分别为地层水密度、速度和体变模量。

岩石骨架值可由实验室测量和地区资料统计得到。

通过由声波全波资料获得的实际纵横波速度比（或时差比 $\Delta t_R$）与 $\Delta t_{Rw}$ 比较，可直观指示油气层。当速度比测量值小于水层背景值 $\Delta t_{Rw}$ 时，认为是油气层；当速度比测量值等于或大于水层背景值时，认为是非油气层。

水层岩石纵横波速度比也可用经验公式得到。Castagna 等（1985）认为，含水碎屑岩中横波与纵波速度呈线性关系，纵横波速度比可写成：

$$\Delta t_{Rw} = \frac{v_p}{v_s} = A + B\Delta t_s \qquad (3-4-28)$$

式中：$A$、$B$ 为经验系数，可根据地区资料统计得到。

由于横波时差对孔隙流体类型不敏感，取 $\Delta t_s$ 为自变量，能使估计的水层岩石的速度比值与实际孔隙流体种类无关。

2）实验室中声波速度比和含气饱和度关系的建立

用声波速度比值确定含气饱和度的关键是求准纯水层的声速度或声波速度比值（背景值）。图 3-4-6 是实验得到的纵波速度比与含气饱和度的关系（按渗透率分类建立的）。

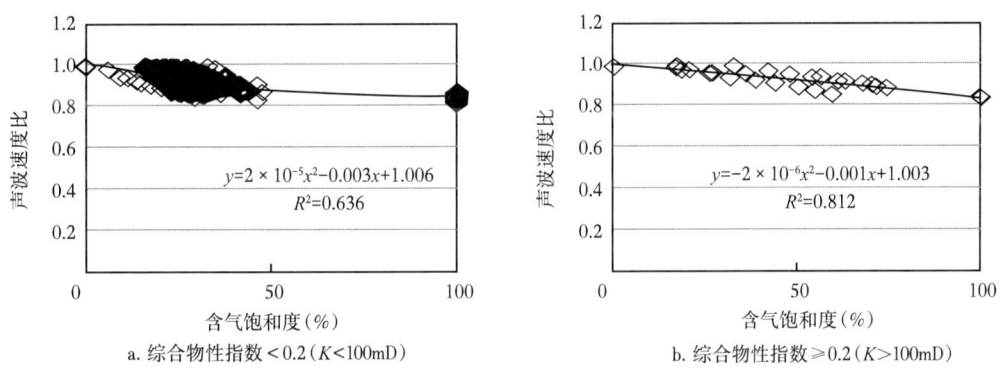

a. 综合物性指数 <0.2（$K$<100mD）　　b. 综合物性指数 ≥0.2（$K$>100mD）

图 3-4-6　TZXX 井纵波声速比与含气饱和度的关系

从图 3-4-6 中可以看出，纵波速度比与含气饱和度符合二次多项式，但由于该井岩性较致密，孔隙度较低，获得公式相关系数不高，此时获得的含气饱和度只能作为气的指示器。

对于水层纵波速度，可选气层底部或邻近水层的纵波时差与孔隙度和泥质含量建立关系。这样求得完全含水岩石时差对实测的时差进行归一化，再用实验声波速度比值与含气饱和度的关系式，便可获得含气饱和度指示值。

2. 流体压缩系数指示油气层

地层孔隙中油、气、水的声学性质是不同的，密度有差异，它们的压缩系数也是不同的。表 3-4-3 是油、气、水的理论压缩系数值，可以看出，油、气压缩系数相差两倍左右，而天然气或气与水的压缩系数相差近 1~2 个数量级。

表 3-4-3 油、气、水的声学参数

| 流体 | 密度（kg/m³） | 声速（m/s） | 压缩系数（GPa⁻¹） |
|---|---|---|---|
| 空气 | 121 | 334 | 74.074 |
| 天然气 | 139.8 | 629.7 | 18.051 |
| 油 | 830 | 1200 | 0.837 |
| 水 | 1000 | 1500 | 0.444 |

当地层中部分含油气时，孔隙中流体压缩系数可表示成：

$$C_\mathrm{f} = S_\mathrm{og} C_\mathrm{og} + (1 - S_\mathrm{og}) C_\mathrm{w} \tag{3-4-29}$$

式中：$S_\mathrm{og}$ 为含油气饱和度；$C_\mathrm{og}$、$C_\mathrm{f}$、$C_\mathrm{w}$ 分别为油气、流体和水的压缩系数。

孔隙中只要被油气代替，流体压缩系数就会明显增加。只要设法求准流体压缩系数，就能有效地确定油气层。

1）用体积模型确定流体压缩系数

根据体积模量的定义，可推导得岩石体积压缩系数为

$$C_\mathrm{p} = \frac{1}{\rho \left( v_\mathrm{p}^2 - \frac{4}{3} v_\mathrm{s}^2 \right)} = (1-\phi) C_\mathrm{ma} + \phi C_\mathrm{f} \tag{3-4-30}$$

式中：$C_\mathrm{ma}$ 为骨架颗粒压缩系数。

岩石体积压缩系数可由地层密度和纵横波速度（或时差）测井值获得，只要知道孔隙度和岩石颗粒体弹性模量 $K_\mathrm{ma}$（$C_\mathrm{ma}=1/K_\mathrm{ma}$），就可求出孔隙流体压缩系数。

如果地层中含有泥质或钙质，会影响岩石体积压缩系数大小，则在式（3-4-30）体积模型公式中，要考虑泥质或钙质的影响。

2）用 Gassmann 关系式确定流体压缩系数

Gassmann（1951）证明，只要地层孔隙压力是均匀的且与孔隙结构有关，则干燥岩石与饱和岩石的有效弹性模量彼此间就具有唯一的相互关系，由此可推导出孔隙流体体积弹性模量：

$$C_\mathrm{f} = \frac{1}{\phi} \left[ \frac{\beta^2}{\rho \left( v_\mathrm{p}^2 - \frac{4}{3} v_\mathrm{s}^2 \right) - K_\mathrm{d}} - \frac{\beta - \phi}{K_\mathrm{ma}} \right] \tag{3-4-31}$$

式（3-4-31）中，为了计算方便 $K_\mathrm{d}$、$K_\mathrm{ma}$ 单位取 $10^4$MPa。

3. 油气层识别解释

利用全波声波测井资料获得的参数用于油气识别，主要参数包括：

（1）由纵波、横波和斯通利波时差（$\Delta t_\mathrm{p}$、$\Delta t_\mathrm{s}$ 和 $\Delta t_\mathrm{st}$）计算出了纵横波速度比（$\Delta t_\mathrm{R}$ 或 $v_\mathrm{p}/v_\mathrm{s}$）。

（2）利用纵波、横波时差、密度及泥质和孔隙度资料计算了弹性模量和流体压缩系

数，提供了完全含水时的纵横波速度比、岩石杨氏模量、切变模量、泊松比、岩石压缩系数和流体压缩系数。其中体积流体压缩系数是用体积模型求得的，孔隙流体压缩系数是用孔隙结构模型求得的。由于体积模型过于简化岩性和孔隙结构，所求得的体积流体压缩系数与实际值相差很大，只能用它的相对值。

（3）采用岩心声波实验模型计算了含气饱和度指示参数，提供了含气饱和度指示。饱和水的纵横波速度比与实测纵横波速度比重叠，可定性识别油气层；流体压缩系数、岩石压缩系数及泊松比三条曲线重叠，可定量或半定量识别油气层。一般水层的压缩系数小于 $0.4GPa^{-1}$，油气层的压缩系数较高，一般大于 $0.8GPa^{-1}$ 以上，但往往由于孔隙结构、岩石组分、胶结物等因素的影响，计算的流体压缩系数可能会偏低。因此，用流体压缩系数识别油气层时要参考水层值。

图 3-4-7 是 MUX 井 DSI 阵列声波测井处理的油气识别图（部分井段）。MUX 井是一口高产油井，储层跨度大，岩性变化大，孔隙结构复杂并存在砂岩裂缝，储层条件相对比较好，但受泥质和钙质影响。2200m 以深油气显示明显，下部不明显。目的层段纵横波速度比大多数在 1.65 以下（水饱和砂岩地层为 1.7 左右），但由于钙质成分的影响，有的层段纵横波速度比要偏高。2220~2230m 井段是较好的一类油气层；2200~2210m 井段是干层和差油层；2236~2240m 井段是干层，2246m 处为一小段差油层。

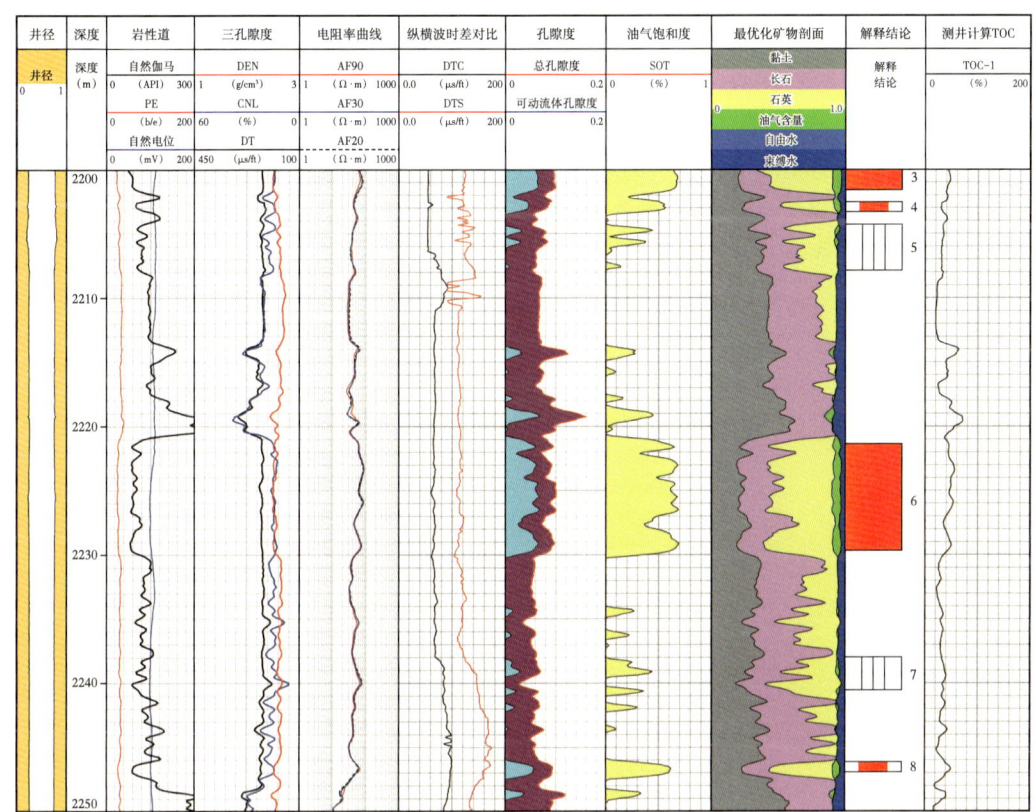

图 3-4-7 MVX 井 DSI 陈列声波测井处理的油气识别图

根据塔里木地区声波全波测井等资料处理的结果，进行了分层解释，并增加了纵横波速度比差和岩石压缩比两个参数来评价油气层特性。表 3-4-4 为总结的气层识别标准，结合含水饱和度、孔隙度等资料，可以大致确定出凝析气藏和干气藏的流体特征参数范围。

表 3-4-4 流体特征参数分类表

| 流体性质 | 纵横速度比差 | 岩石压缩比 | 含气饱和度指示 | 体积流体压缩系数 | 孔隙流体压缩系数 |
|---|---|---|---|---|---|
| 凝析气层 | 0.03~0.1 | 0.65~1.5 | 7~30 | >1.2 | 7~20 |
| 中、差气层 | 0.05~0.1 | 0.8~1.5 | 10~30 | 1.2~1.5 | >10 |
| 气层 | >0.1 | >1.5 | >20 | >1.5 | >20 |
| 水层、干层 | <0.025 | <0.65 | <5 | <1 | <5 |

## 五、裂缝识别

1.利用纵波、横波信息识别裂缝

1）速度变化

对垂直裂缝或接近于垂直的裂缝，声波直接在岩石骨架中传播，不受裂缝影响，测出的声波时差和没有裂缝时的岩石一样；对水平或低角度裂缝，声波在岩层中传播要通过该裂缝，声波时差就会增加，裂缝密度越大，声波时差增加越多。在水平裂缝发育的井段，时差曲线上会出现明显的"周波跳跃"，但是对井壁残余气饱和度高的气层，即使是孔隙型储层，也可以出现"周波跳跃"，要借助其他测井资料将二者区分开来。

2）幅度衰减

声波通过裂缝的幅度衰减与裂缝倾角和声波全波中各子波的类型有关。

一般来说，低倾角裂缝横波幅度衰减大些，高倾角裂缝纵波幅度衰减大些。克波洛夫的实验指出（图3-4-8）：当裂缝接近水平或接近垂直时纵波衰减很小，裂缝倾角在35°~80°时纵波衰减较大，70°的垂直裂缝纵波衰减最大；横波在30°以下低倾角裂缝衰减很大，裂缝倾角在40°~65°衰减很小，倾角大于80°时横波衰减又有所增加。

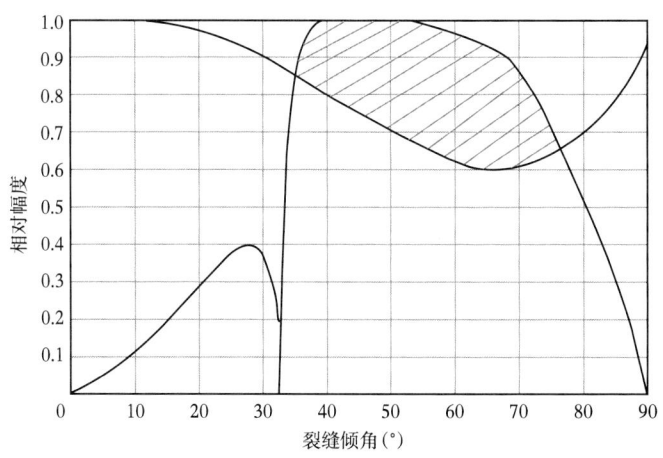

图 3-4-8 纵波、横波相对幅度与裂缝倾角的关系

由于实验室模拟试验的条件与井下有很大不同，与实际有出入。根据现场资料分析得出：

（1）低倾角裂缝纵波、横波幅度都有衰减，横波幅度的相对衰减值比纵波大；

（2）高倾角裂缝对纵波造成的衰减并不明显，对横波及后续波造成严重干涉，使波形畸变。另外，利用反射纵波的变化和后续波干涉波形畸变等情况也可识别裂缝。

2．利用斯通利波信息识别裂缝

1）斯通利波时差与幅度衰减识别裂缝

低频斯通利波也称为管波，在井内的传播像一个活塞运动，使井壁径向上产生膨胀和收缩。在裂缝带处，井内和地层中的流体可以自由连通，使管波能量消耗。它对与井眼相交的渗透性裂缝较为敏感，地层或裂缝带的渗透性越好，斯通利波的时差越大，斯通利波的衰减也越显著。利用斯通利波的时差增大和幅度衰减可以了解裂缝的连通性，这对识别裂缝性油气储层非常重要。

图3-4-9是TZ24井斯通利波归一化微差能量计算的结果。计算所用的原始波形为DSI斯通利波方式所测的波形，以CO示出。可以看出，整个井段自然伽马曲线近似为一直线，岩性基本没什么变化，7760.0~7773.0m井段斯通利波归一化微差能量值ENGR（接收器方式）、ENGT（发射器方式）和EBHC（补偿方式）基本一致，只有轻微的起伏，可能是井壁粗糙或地层硬度的轻微变化造成的，但在7773.0~7795.0m井段ENGR、ENGT和EBHC曲线出现明显的波动，能量衰减明显，可以认为，该井段应有开放性裂缝存在。

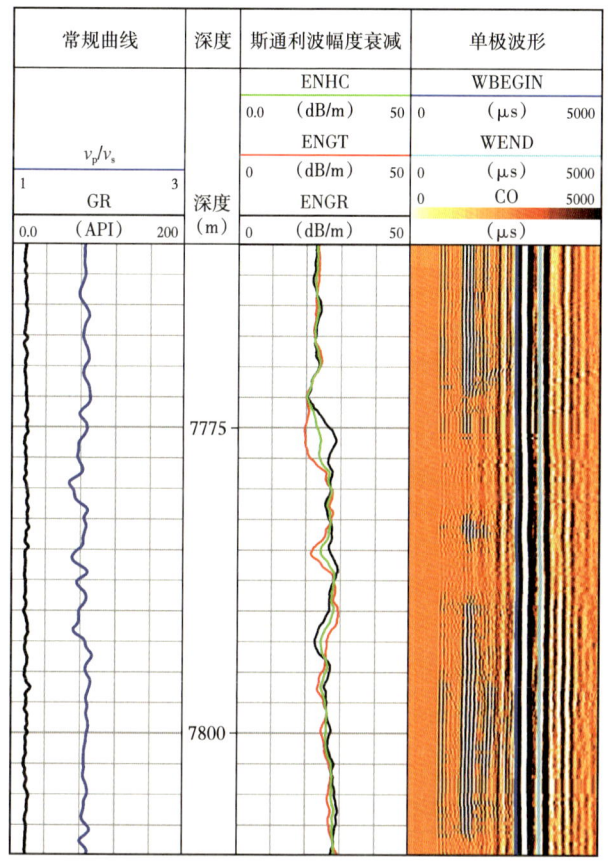

图3-4-9　TZ24井斯通利波归一化微差能量识别裂缝处理成果图

2）反射斯通利波评价裂缝

对于低频斯通利波，波列记录的时间很长，对裂缝和层界面非常敏感，往往出现反射斯通利波，因此分离出反射斯通利波有利于地层裂缝识别和评价。为了消除噪声等因素的影响，有利于对斯通利波信息的分析，要求对原始斯通利波波形进行滤波处理。

反射斯通利波的分离有两种方法：加权平滑滤波法和 Radon 变换法，通过与直达斯通利波比较可获得斯通利波反射系数。斯通利波反射系数可表示成：

$$r(f)=\frac{X_R(f)X_D^*(f)}{\max\left[X_D(f)X_D^*(f),ck\right]} \quad (3-4-32)$$

式中：$X_D^*(f)$ 为 $X_D(f)$ 的共轭频谱；$X_R(f)$ 为反射斯通利波的频谱；$k$ 为直达斯通利波频谱最大峰值；$c$ 为系数，一般取 0.01。

用 $ck$ 项的目的是消除被小值除所出现的假峰。获得斯通利波反射系数频谱曲线后，可用最大峰、频率及相位来评价裂缝。

加权平滑滤波法简单、直观，但不能分离出斯通利波波形上、下行反射波，影响反射数的精度。t-P 法能有效地得到裂缝地层的斯通利波波形上、下行反射波，从而对裂缝评价更精细。

图 3-4-10 是用加权平滑滤波法分离的反射斯通利波结果及参数图，可以看出，由于 TZ24 井为碳酸盐岩裂缝发育地层，在 4470~4500m 井段，反射斯通利波在裂缝

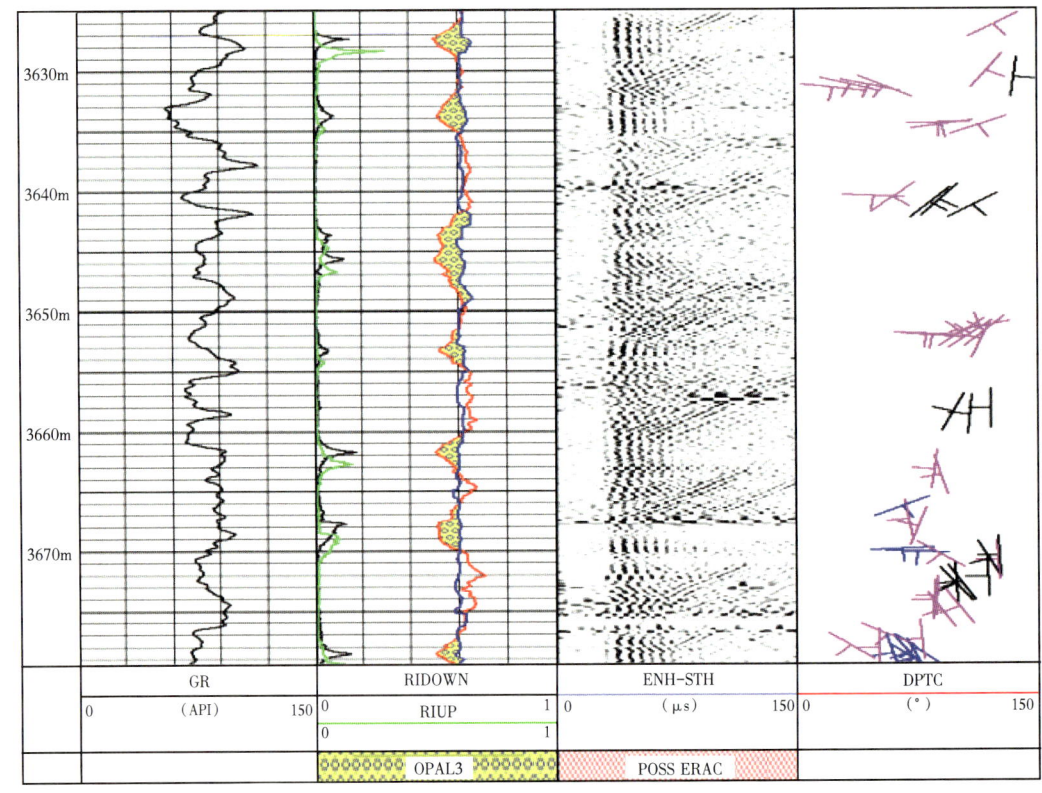

图 3-4-10　TZ24 井反射斯通利波反射系数（DSI）

处反射明显，其能量幅度大，反射系数尖峰清楚。在裂缝发育层段，用反射斯通利波特性很容易识别裂缝。

图 3-4-11 是用 Radon 变换法分离的反射斯通利波的结果，图中由原始波形分离出直达斯通利波和上行、下行反射斯通利波，获得上行、下行反射系数。在 5348~5357m 井段，反射斯通利波明显，反射系数较大，因此认为裂缝发育。同时，利用反射系数大小，可估算裂缝的张开度及有效性。

对于砂泥岩剖面井，薄互层和扩径同样会使斯通利波产生反射，造成斯通利波能量减小，因此在砂泥岩剖面井用反射斯通利波识别裂缝时要特别注意。

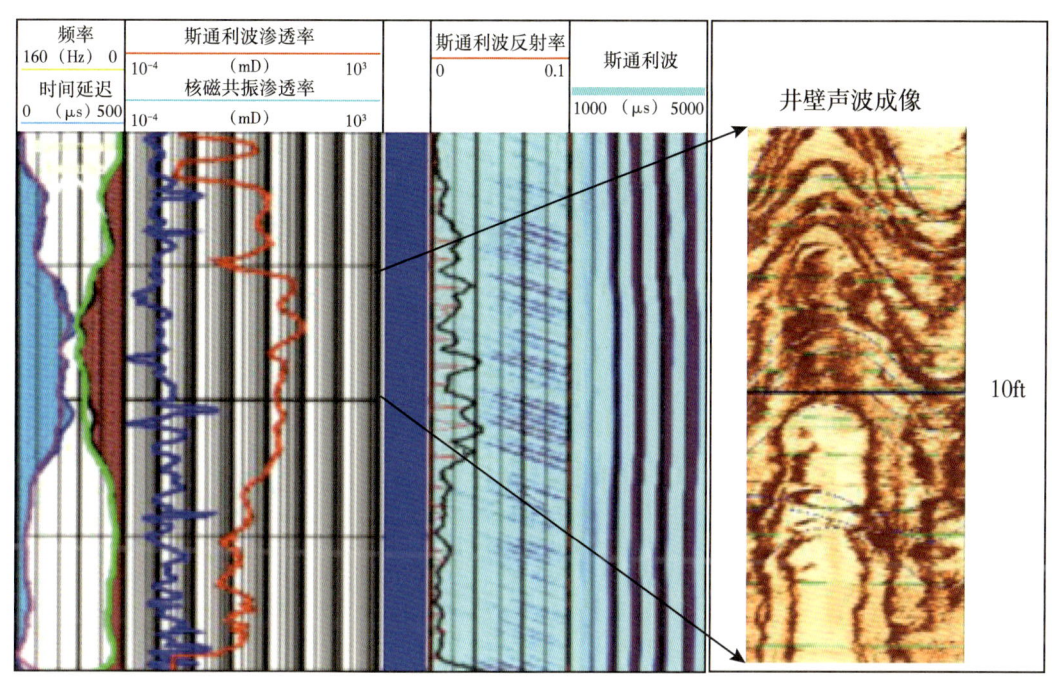

图 3-4-11　用斯通利波反射系数评价裂缝有效性

## 六、评价地层渗透性

井眼中声波传播的理论研究表明，低频斯通利波与地层渗透率有密切的关系，这为低频斯通利波求取渗透率提供了依据。根据实验和实际资料观察，判断一个地层是否有渗透性及渗透性高低的主要依据是：

（1）斯通利波时差增大，在波形图上表现为传播到达时间滞后；

（2）斯利波幅度衰减增大，特别是高频成分能量衰减更大，低频成分能量相对突出；

（3）斯通利波主频明显降低，表现为波形周期相对拉长，波形成分较为单纯。这些特征参数对定性分析地层的渗透性非常有用。

目前，利用低频斯通利波求取地层渗透率主要有两种方法：时差反演、合成反演。

1. 时差反演

考虑到固体和流体中相对位移引起的能量损耗及固体骨架结构的影响，Chang（1988）根据 Biot 理论得出了低频斯通利波速度公式：

$$\begin{cases} \dfrac{1}{v_{st}^2} = \rho_{fb}\left(\dfrac{1}{K_{fb}} + \dfrac{1}{G} - \dfrac{2}{i\omega RZ}\right) \\ \dfrac{1}{Z} = \dfrac{K}{\eta R}\dfrac{(1-i)\sqrt{\dfrac{\omega}{2C_d}}RK_1\left[(1-i)\sqrt{\omega/2C_d}R\right]}{K_0\left[(1-i)\sqrt{\omega/2C_d}R\right]} \end{cases} \quad (3\text{-}4\text{-}33)$$

其中：

$$\begin{cases} C_d = \dfrac{KK_f}{\eta\phi}\left(1 + \dfrac{K_f}{\phi\left(K_b + \dfrac{4G}{3}\right)}\left\{1 + \dfrac{1}{K_{ma}}\left[\dfrac{4}{3}G\left(1 - \dfrac{K_b}{K_{ma}}\right) - K_b - \phi\left(K_b + \dfrac{4G}{3}\right)\right]\right\}\right)^{-1} \\ K_b = (1-\phi)\rho_{ma}\left(v_{pma}^2 - 4v_{sma}^2/3\right) \\ K_f = \rho_f v_f^2 \\ G = \rho v_s^2 \\ K_{fb} = \rho_{fb} v_{fb}^2 \end{cases} \quad (3\text{-}4\text{-}34)$$

式中：$v_{st}$ 为斯通利波速度；$R$ 为井眼半径；$\omega$ 为圆频率；$\eta$ 为流体黏度；$K$ 为地层渗透率；$K_f$ 为地层流体弹性模量；$K_1$、$K_0$ 为虚宗量贝塞尔函数；$v_{pma}$、$v_{sma}$、$K_b$ 分别为骨架纵波、横波速度和体弹性模量；$K_{ma}$ 为岩石颗粒体弹性模量；$K_{fb}$、$\rho_{fb}$、$v_{fb}$ 分别为钻井液弹性模量、密度、速度；$G$ 为地层切变模量；$\rho$、$\rho_f$、$\rho_{ma}$ 分别为地层密度、流体密度、骨架密度；$C_d$ 为扩散系数。

当 $K_b + 4G/3 \gg K_f$ 时，有：

$$C_d \approx \dfrac{KK_f}{\eta\phi} \quad (3\text{-}4\text{-}35)$$

取式（3-4-33）的实部为斯通利波的相速度，取其实部与虚部的比值为衰减品质因子。首先给定一个渗透率初值，根据斯通利波频率、井径及岩石骨架等参数求出理论时差值，然后与实际测量时差值比较，直到达到最小误差，就可反求出地层渗透率。

需要指出的是，利用斯通利波时差求渗透率在较坚硬的地层中可能会得到好的结果，而在疏松地层中由于骨架的影响往往掩盖了斯通利波的时差变化。在泥质含量高的地层，可能得不到好的结果。

这种方法的关键是求准理论斯通利波时差值，这就要求选择适当的岩石骨架参数值，以便求准弹性地层与孔隙地层的斯通利波速度理论值。

2. 合成反演

用斯通利波反演渗透率的另一种方法是采用实测斯通利波与合成斯通利波的波至延迟和频率偏移，通过目标函数优化求解来实现的。

频率偏移和时间延迟为

$$\begin{cases} \Delta f_c = f_c^{syn} - f_c^{log} \\ \Delta T_c = T_c^{log} - T_c^{syn} \end{cases} \quad (3\text{-}4\text{-}36)$$

式中：$f_c^{syn}$、$f_c^{log}$ 分别为合成和实测斯通利波中心频率；$T_c^{syn}$、$T_c^{log}$ 分别为合成和实测斯通利波中心时间。

考虑到合成波形与实测波形的背景不同（非渗透层波形），要引入理论和实测频率偏移和时间延迟值。对于合成波形，弹性地层与渗透率层之间差异只是渗透性造成的，要考虑非弹性黏滞衰减。利用理论频率偏 $\Delta f_c^{theo}$ 和时间延迟 $\Delta T_c^{theo}$，与渗透层和非渗透层实测斯通利波得到实测频率偏移 $\Delta f_c^{log}$ 和时间延迟 $\Delta T_c^{log}$，建立渗透率反演目标函数：

$$E(K, Q^{-1}) = \frac{\left(\Delta f_c^{log} - \Delta f_c^{theo}\right)^2}{\sigma_{syn}^2} + 2\pi \sigma_{syn}^2 \left(\Delta T_c^{log} - \Delta T_c^{theo}\right)^2 + \alpha \left(\sigma_{syn}^2 - \sigma_{theo}^2\right) \quad (3\text{-}4\text{-}37)$$

式中：$K$ 为地层渗透率（静态）；$Q$ 为表示衰减大小的品质因子；$\alpha$ 为系数函数；$\sigma_{syn}^2$、$\sigma_{theo}^2$ 为弹性层和渗透层合成波形方差。

如有岩心测试资料，就可以通过交会图建立岩心渗透率与斯通利波反演渗透率之间的地区性经验关系，以此得到合适的地层渗透率。

图 3-4-12 是采用实测斯通利波与合成斯通利波的波至延迟和频率偏移反演的渗透率结果，图中列出了实测和合成斯通利波，斯通利波的波至延迟（TD）和频率偏移（FD）大小反映了地层渗透性的好坏。反演的渗透率与自然伽马 GR、横波时差 DTS 比较，可看出反演的渗透率与地层中砂岩岩层之间有很好的一致性。

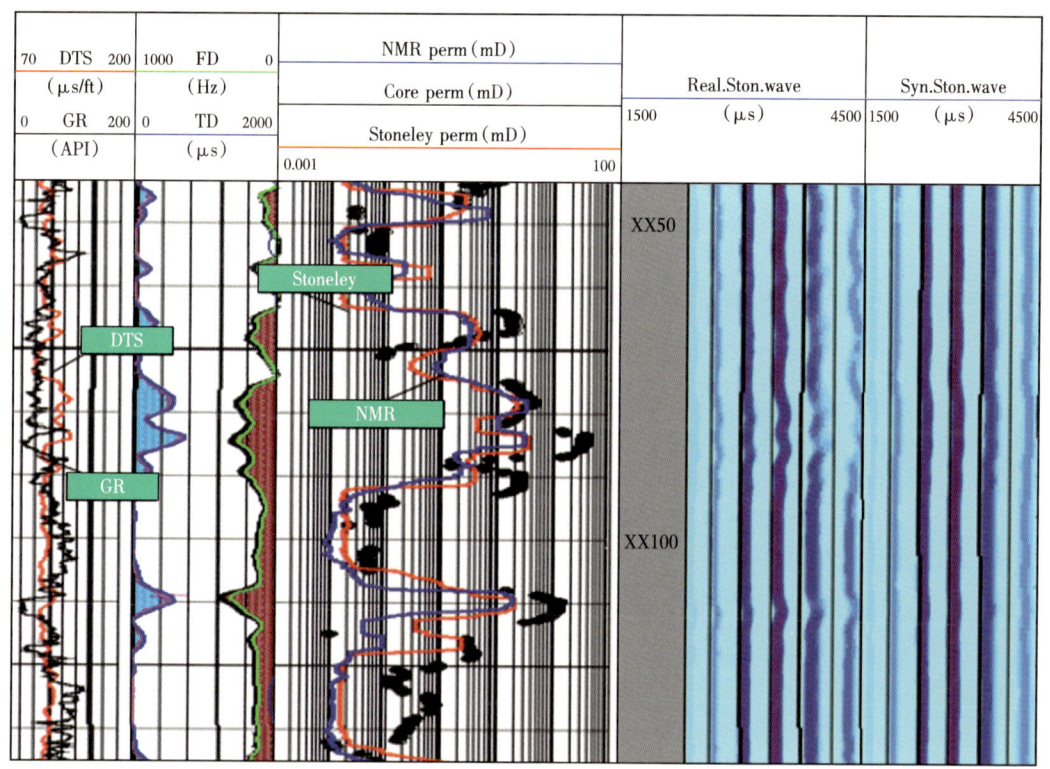

图 3-4-12 低频斯通利波反演地层渗透率

在用低频斯通利波反演渗透率时，要注意滤饼和井眼条件的影响。滤饼往往使井径变小，同时阻碍了井中流体与孔隙中流体的渗流，这样使波至延迟和频率偏移变小，会使反演的渗透率小于实际地层渗透率。

## 七、利用偶极横波测井资料评价地层的各向异性

地层岩石的物理特性通常都假定为各向同性的，即与方向无关。这种假设对理论工作者来说是很方便的，但不反映实际情况。大部分颗粒沉积岩石在层理上具有一定的方向性，并且普遍存在薄层状沉积，使大多数的地层特性参数在垂直方向与水平方向上不同。由局部地应力控制的平行裂缝、微断裂将导致岩石具有另外的方向性，因此地下地层是各向异性的，而不是各向同性的。

到目前为止，地层的各向异性通常被忽略，这是因为用传统资料反映地层的各向异性实在太困难。即使做了这方面的工作，它的影响也错误地被认为传播时间在某个方向上太快，或与交叉的地震线不匹配。但是，在井眼地震中，随着地质背景越来越复杂，迫使油藏工程师们必须考虑到各向异性的重要性。把各向异性方面的测量信息与地球物理、地质、油藏工程等方面的输入信息结合在一起可以反映出有关特征的连通情况和流体的流动路径。

1. 地层各向异性与横波分裂现象

1）地层的各向异性

地层的各向异性指地层在测量方向上物理特性的差异。一般构成地球的物质有水平和垂直两种组成形式，这样出现了两种类型的各向异性，即横向各向异性和纵向各向异性，前者指以纵向方向为对称轴，弹性参数在纵向上发生变化，在水平方向上不发生变化，传统垂直声波测井测量声波速度和幅度能进行分层识别岩性和油气层等；后者主要对应于在纵向上出现裂缝或断裂以及水平应力不对称等引起的地层各向异性，弹性参数在特征交叉的方向上发生变化，但沿着特征方向不变化。有些复杂的地层，像倾斜层、裂缝性层状地层及具多细裂缝的岩石等，可以看作上面两种各向异性的组合。对横向各向异性主要利用交叉偶极横波资料进行横波分离来进行评价。

2）横波分裂现象

各向异性地层在各个方向上的物理特征不一样，这些特性在声波传播速度（慢度）和传播方向表现出来。因此，在各向异性地层中，横波速度也通常显示出方位的各向异性，即当一束横波信号入射到各向异性地层（如裂缝性地层）时，入射横波可分裂成质点平行和垂直于裂缝走向的振动，在传播方向上横波以不同速度传播（图3-4-13），这种现象叫横波分裂现象。一般质点平行于裂缝走向振动传播的横波比质点垂直于裂缝走向振动传播的横波速度要快，前者称为快横波，后者称为慢横波。

2. 评价地层各向异性方法原理

1）交叉偶极横波测井仪接收到的偶极横波信号

在以井轴为坐标轴的各向异性介质的井眼中，位于与快横波方向成$\theta$角的偶极子信号源发射的信号$u(t)$，在进入地层后分成两个偶极子信号$u(t)\cos\theta$和$u(t)\sin\theta$（图3-4-14），即质点偏振方向不同的快横波信号和慢横波信号。若从信号源到接收器位置快、慢横波传播因子分别为$g_f$和$g_s$，则到达接收位置时，快、慢横波信号分别为$u(t)\times g_f\cos\theta$和$u(t)\times g_s\sin\theta$。

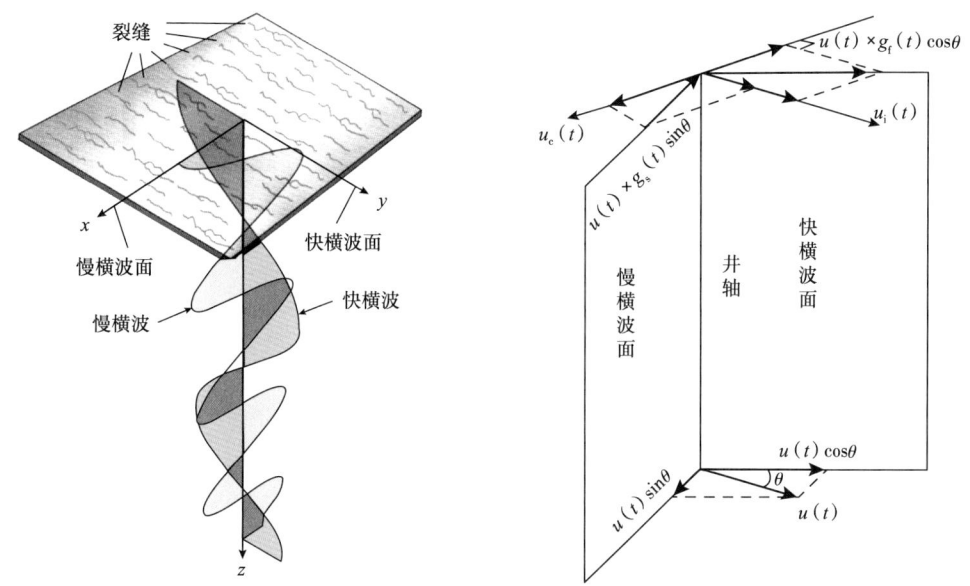

图 3-4-13 偶极横波测井中横波的分裂示意图　　图 3-4-14 分离的横波平行和垂直分量信号示意图

偶极横波测井仪接收器为一四极子接收源，即可当成方向互相垂直的两个偶极子接收器，这样接收方向与发射源发射信号方向一致的接收器接到的平行信号分量为

$$u_i(t) = u(t) \times g_f \cos^2\theta + u(t) \times g_s \sin^2\theta \quad (3\text{-}4\text{-}38)$$

接收方向与发射源发射方向垂直的接收器接收到的垂直信号分量为

$$u_c(t) = [u(t) \times g_s - u(t) \times g_f] \sin\theta\cos\theta \quad (3\text{-}4\text{-}39)$$

从式（3-4-38）、式（3-4-39）可以看出，当 $\theta=0°$ 时，即发射源方向与横波方位（裂缝方向）一致时，$u_i(t)=u(t)\times g_f$，$u_c(t)=0$，则与发射方向一致的接收器接收到信号反映地层快横波传播特征；当 $\theta=90°$ 时，$u_i(t)=u(t)\times g_s$，$u_c(t)=0$，则与发射方向一致的接收器接收到信号反映地层慢横波的传播特征。也就是说，垂直分量信号的振幅或能量为 0 或最小时，平行分量信号反映地层快、慢横波的传播特征。

2）从交叉偶极横波信号中分离快、慢横波

在 DSI 仪器中，有两个互相垂直的偶极子发射源，这样每一个四极接收单元可以接收四条波形 $u_{xx}(t)$、$u_{xy}(t)$、$u_{yx}(t)$、$u_{yy}(t)$，$u_{xx}$、$u_{xy}$、$u_{yx}$、$u_{yy}$ 中第一下标表示发射源发射方向，第二下标表示接收源接收方向。由式（3-4-38）、式（3-4-39）得：

$$\begin{cases} u_{xx} = f_x g_f \cos^2\theta + f_x g_s \sin^2\theta \\ u_{yx} = (f_y g_s - f_y g_f)\cos\theta\sin\theta \\ u_{xy} = (f_x g_s - f_x g_f)\cos\theta\sin\theta \\ u_{yy} = f_y g_f \cos^2\theta + f_y g_s \sin^2\theta \end{cases} \quad (3\text{-}4\text{-}40)$$

根据傅里叶变换特性，在时域褶积关系在频域上变成相乘关系，可用大写字母 $U$ 表示为频率函数，令：

$$U = \begin{bmatrix} U_{xx} & U_{yx} \\ U_{xy} & U_{yy} \end{bmatrix}$$

则：

$$U = R \cdot G \cdot R^{\mathrm{T}} \cdot F \tag{3-4-41}$$

其中：

$$R = \begin{bmatrix} \cos\theta & \sin\theta \\ -\sin\theta & \cos\theta \end{bmatrix}, \quad G = \begin{bmatrix} G_{\mathrm{f}} & 0 \\ 0 & G_{\mathrm{S}} \end{bmatrix}, \quad F = \begin{bmatrix} F_x & 0 \\ 0 & F_y \end{bmatrix}$$

式中：$F_x$、$F_y$ 分别为上、下偶极子发射源强度。

由式（3-4-41）可得反映地层快、慢横波传播特性的传播因子矩阵 $G(\theta)$，即：

$$G(\theta) = R^{\mathrm{T}} U F^{-1} R = \begin{bmatrix} U'_{xx} & U'_{yx} \\ U'_{xy} & U'_{yy} \end{bmatrix} \tag{3-4-42}$$

式中：$U'_{xx}$、$U'_{yy}$ 为平行波列分量；$U'_{xy}$、$U'_{yx}$ 为垂直波列分量。

在理论上，垂直波列分量 $U'_{xy}$、$U'_{yx}$ 振幅或能量应为 0。如果不计上、下偶极子发射源强度的差异，$G(\theta)$ 中各元素满足：

$$U'_{yx}(\theta_0) + U'_{xy}(\theta_0) = -\sin(2\theta)(U_{xx} - U_{yy}) + \cos\theta(U_{xy} - U_{yx}) = 0 \tag{3-4-43}$$

在实际井眼中，由于噪声和其他因素的影响，垂直波列分量 $U'_{xy}$、$U'_{yx}$ 振幅或能量不为 0，在实际计算处理过程中，应逐步计算，寻找使垂直波列分量 $U'_{xy}$、$U'_{yx}$ 的能量最小的角度 $\theta = \theta_0$，使式（3-4-43）等号左侧部分达到最小，这时的 $U'_{xx}(\theta_0)$、$U'_{yy}(\theta_0)$ 表示地层快、慢横波传播特征信号。

偶极横波测井仪器具有两个偶极子声源和八个四极子接收单元，每个深度点可以记录 16 条或 32 条波形。图 3-4-15 是 DSI 测得的交叉偶极波形，两个偶极声源不在同一深度位置（相隔 0.5ft），因此在进行上述计算之前应对波形的深度进行匹配，即上偶极子发射的第二至第八接收器接收的波形与下偶极子发射的第一至第七接收器接收的波形组合，其结果是两个垂直偶极子声源和七个垂直偶极子接收系统在同一深度位置上。

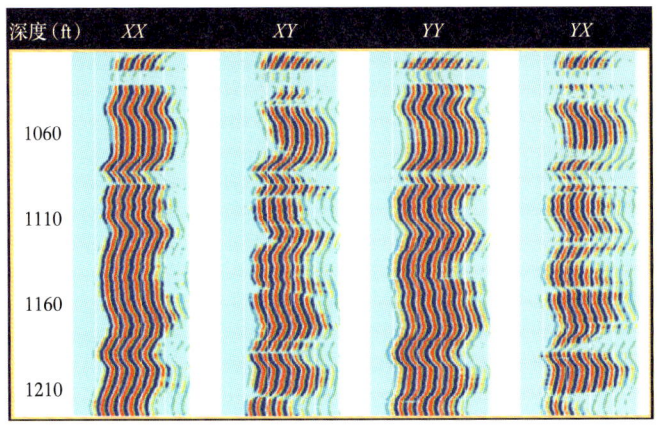

图 3-4-15　DSI 测量的交叉偶极波形

3）快、慢横波提取和快横波方位的确定

利用 STC 分别对分量 $U'_{xx}(\theta_0)$、$U'_{yy}(\theta_0)$ 进行处理，可得到快横波时差 $\Delta t_\text{F}$、慢横波时差 $\Delta t_\text{S}$、快横波到达主时间 $T_\text{tF}$ 和慢横波到达主时间 $T_\text{tS}$。若分量 $U'_{xx}(\theta_0)$ 所对应的时差小于 $U'_{yy}(\theta_0)$，则快横波的方位角为 $\theta_0$，否则快横波方位角为 $\theta_0+90°$。

4）各向异性参数

快、慢横波在速度上和时间上的差异反映地层的各向异性，因此，其地层的各向异性系数为

$$\begin{cases} 时差各向异性系数 = \dfrac{\Delta t_\text{S} - \Delta t_\text{F}}{\Delta t_\text{F} + \Delta t_\text{S}} \times 100\% \\ 时间各向异性系数 = \dfrac{T_\text{tS} - T_\text{tF}}{T_\text{tS}} \times 100\% \end{cases} \qquad (3\text{-}4\text{-}44)$$

3. 实际资料的处理与解释

图 3-4-16 为 TZ103 井处理结果。图中的 ANISO TROPY 曲线为时差各向异性系数曲线，其中 FAST SLOWNESS 曲线为快横波时差曲线，SLOW SLOWNESS 曲线为慢横波时差曲线，YXRYYA、XYRXXA 和 YXRYY、XYRXX 分别为旋转前后的 YX、XY 交叉分量能量占比，GR 为自然伽马曲线，ANISO AZIMUTH 为各向异性方位，AROSE 为各向异性方位玫瑰指向图，最右侧 AMAP 为各向异性大小及方位综合图版。从图 3-4-16 可以看出在 2325m 井段，快慢横波的时差存在一定差异且交叉分量能量占比较高，以及在相应井段，时差各向异性曲线、各向异性方位均存在对应的响应，说明该井段的地层存在较为明显的各向异性。

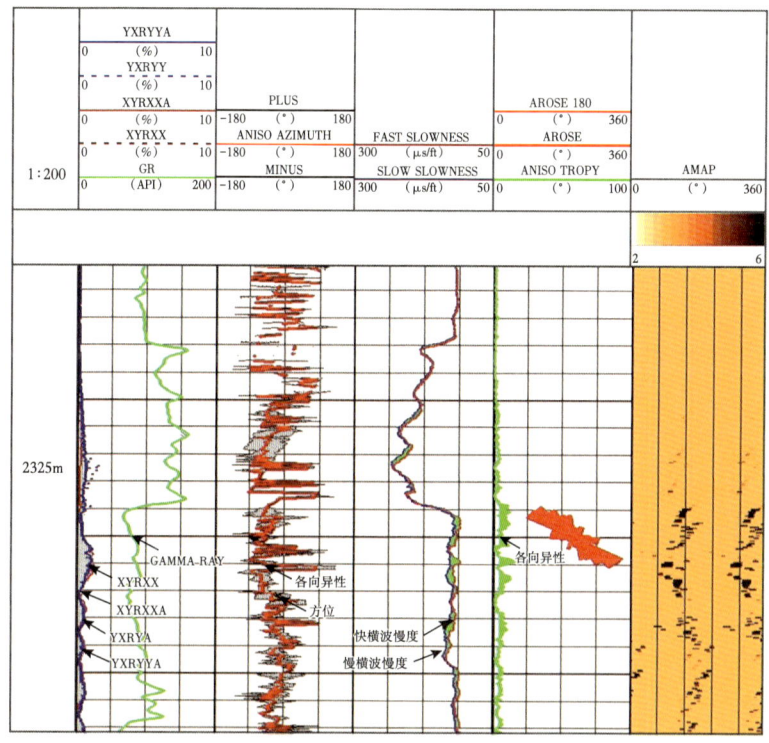

图 3-4-16　各向异性分析图

图 3-4-17 是 S8 井 XMAC 资料地层横波各向异性处理成果图。在该处理井段的上部，快、慢横波时差相差大，各向异性系数大，说明地层各向异性明显。根据 FMI 资料和井径资料，利用诱导缝走向及井眼崩落方向确定地层最大主应力方向为北北东向，与利用快横波方位确定的地层主应力方向一致。

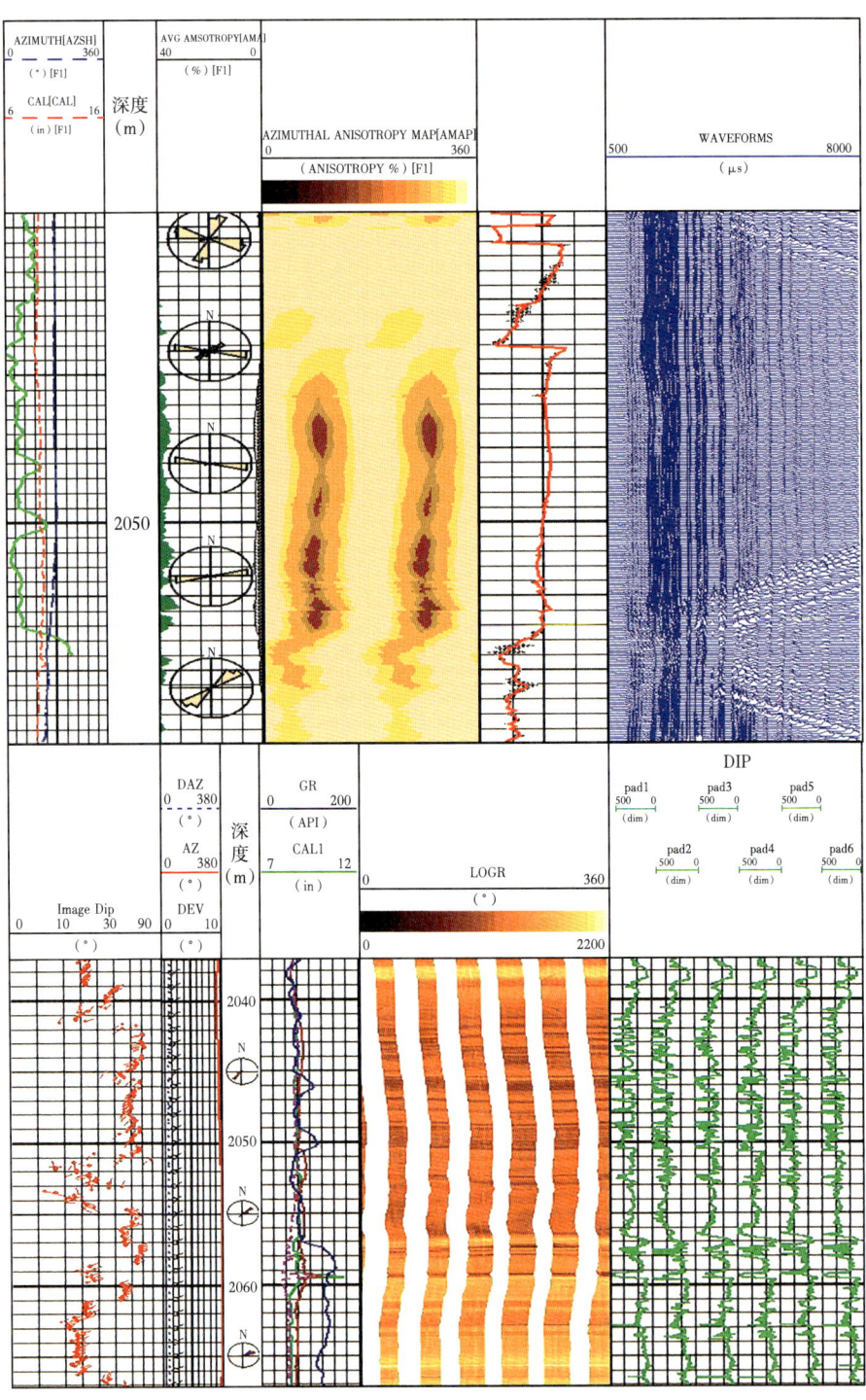

图 3-4-17 地层横波各向异性处理成果图

## 思考题

1. 叙述偶极横波测井和多极子声源测井的基本原理。
2. 叙述偶极子波、四极子波的特点。
3. 叙述裸眼井中声波全波列类型及其特征（硬地层、软地层分别考虑）。
4. 交叉偶极阵列声波测井工作方式有哪些？试分别叙述。
5. 叙述波形信息提取的方法。
6. 简述利用声波全波列测井资料识别岩性、裂缝、油气层的基本方法及原理。

# 第四章 固井质量评价测井

钻井是开采石油天然气的必备环节，当钻头钻到预定深度后，要将套管从井口下到井底附近，然后从套管内将水泥浆挤进井壁和套管外壁间的环形空间，直至水泥固结，这个过程称为固井作业。固井质量好坏直接影响到油气田开发水平：好的固井能够为油气、水井的射孔、压裂、酸化作业及正常生产提供层间的液封能力，使油井的分层开采和水井的分层配注得到保障；而差的固井不能提供层间的液封能力，射孔后所引起的窜槽现象会给油井的试油、投产等工作带来很大的问题，以至于全井报废而造成重大的经济损失。声波测井是广泛用于评价固井作业质量的有效方法。通过寻求固井后给定时间内仪器的检测信号与固井质量之间的关系来评价固井质量。由于声波测井仪的检测信号与周围的介质（套管、水泥和地层）的声学性质有关，因此可以利用声波测井仪的检测信号确定套管、水泥和地层间的声耦合质量。

用来检测和评价固井质量的声波测井方法主要包括声幅测井（或水泥胶结测井 CBL）、声波变密度测井（VDL）、分区水泥胶结测井（SBT）和超声脉冲反射法测井（CET、USI）等。本章主要讨论套管井中波的传播特性及影响因素、声波波型与固井质量关系、套管井中声波测量方法以及应用解释方法。

## 第一节 固井质量检测方法

固井作业时，挤入的水泥浆要返回到井外预定的高度（深度），在天然气井中，甚至要求水泥浆返回井口。固井的目的是将套管在井内的位置固定，另外更重要的是通过水泥将套管外的环形空间封固，以防止井壁上不同深度的渗透层间的串通。

实验证明，水泥的固结是相当复杂而长期的过程，从水泥初凝到凝固过程基本完成需要 8~24h，但在几天、几周，甚至几个月后，水泥石的抗压强度以及声速、密度都在变化。习惯上，水泥和套管外壁的胶结界面称为一界面，水泥石和井壁地层的黏结界面称为二界面。固井作业的工程质量评价应该包括：一界面和二界面胶结良好；水泥石有足够的抗压强度；在套管由于应力释放等原因而发生旋转和纵向位移时，水泥石和套管的黏结不发生破坏。

检查固井质量的测井方法有井温测井、放射性测井和声波测井。井温测井有很多局限性，是一种相当原始、相当粗略但又曾经起重要作用的方法。放射性伽马测井是20世纪50年代后期发展起来的一种通过检测套管外介质密度以检查水泥环分布的测井方法，这种方法的使用一直延续到现在。

声波测井方法最先是1952年开始出现的声幅测井。声幅测井通过测量记录在套管壁中传播的声波幅度信号来检测套管外水泥环胶结状况。随着声波测量仪信号记录方式的改进和数字声波及成像测井方法的发展，随后出现了声波变密度测井、分区水泥胶结测井和超声脉冲反射法测井等方法。声波测井方法可以在固井水泥初凝后的任何时间进行测井，不仅能够评价一界面和二界面的胶结状况，而且还能对水泥环的抗压强度进行估算，因此逐渐形成声波测井中相对独立的重要分支，即在套管井中以评价固井质量即水泥胶结状况为目的的声学检测方法。有统计认为，在套管中以检测固井质量为目的的声波测井的工作量约占声波测井全部工作量的2/3。

## 第二节 套管井中波成分及影响因素

套管井中声波测井主要测量井下声波波形的幅度信号或衰减系数，而声波测井通常只是测量接收探头接收的首波的幅度，目前主要用于检查固井后水泥和套管的胶结情况，所以有时也称为水泥胶结测井。数字记录的声波变密度测井可以得到全波列波型，通过信息提取不仅可提取套管波幅度，也可得到地层波及钻井液导波幅度信息，可用于检查水泥和地层的胶结情况，但测量的波形受套管、水泥环及地层等特性的影响，因此有必要对套管中声波的传播特性进行探讨。

### 一、套管井中声波波形的分析

图 4-2-1 为套管井中声波从发射器到接收器的传播路径。可以看出，声波传播有四种可能途径：(1)沿套管传播的套管波；(2)沿水泥环传播的水泥环波；(3)在地层中传播的滑行纵波与滑行横波；(4)通过钻井液传播的钻井液导波。一般地，最早到达接收器的是套管波，其次是地层波及水泥环波，最晚的是钻井液导波。套管井参数见表 4-2-1。

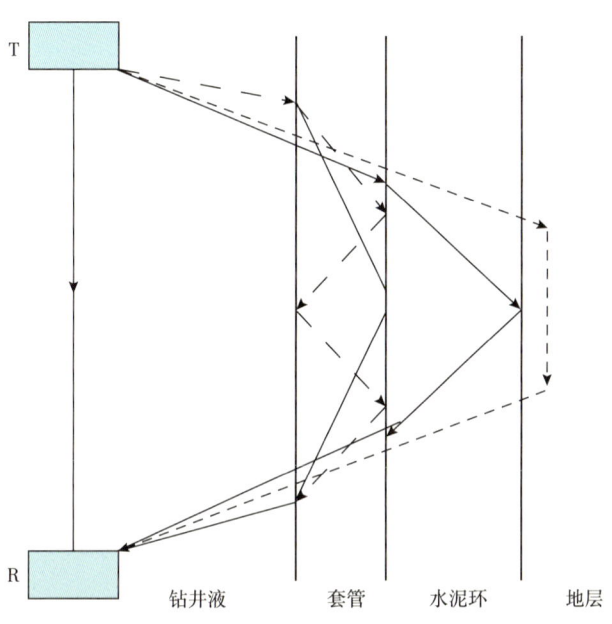

图 4-2-1 套管井中四种声波传播路径示意图

表 4-2-1 套管井各参数数值

| 参数 | 数值 | 参数 | 数值 |
|---|---|---|---|
| 井眼直径（in） | 8.5 | 钢声速（ft/s） | 17544 |
| 套管外径（in） | 7 | 钢时差（μs/ft） | 57 |
| 套管内径（in） | 6.4 | 钻井液声速 $v_1$（ft/s） | 5250 |
| 钻井液环厚（in） | 1.485 | 钻井液时差（μs/ft） | 189 |
| 套管壁厚（in） | 0.4 | 水泥声速 $v_3$（ft/s） | 9000~1600 |
| 仪器外径（in） | 4.64 | 水泥时差（μs/ft） | 111~64 |
| 水泥环厚（in） | 1.48 | 砂岩骨架声速 $v_4$（ft/s） | 18000 |
| 源距 L（ft） | 4 或 5 | 砂岩骨架时差（μs/ft） | 55.5 |

1. 套管波

其波列有套管滑行波（纵波、横波），套管与水泥界面的一次反射波（纵波、横波）、多次反射波。其中多次反射波的能量很弱，可以忽略不计。而套管滑行波与套管—水泥面一次反射波到达接收器的时差只差 0.2μs，对于现有仪器精度，这两种波可看作同时到达，故可视为同一波列。

从发射器到接收器套管滑行波所需声时：

$$\begin{cases} T_1 = \dfrac{2a}{\cos\theta_c}\dfrac{1}{v_1} + \dfrac{L - 2a\tan\theta_c}{v_2} \\ \sin\theta_c = \dfrac{v_1}{v_2} \end{cases} \quad (4\text{-}2\text{-}1)$$

而一次反射波所需声时：

$$\begin{cases} T_2 = \dfrac{2a}{\cos\theta_1}\dfrac{1}{v_1} + \dfrac{2b}{\cos\theta_2}\dfrac{1}{v_2} \\ \dfrac{\sin\theta_1}{\sin\theta_2} = \dfrac{v_1}{v_2} \\ 2a\tan\theta_1 + 2b\tan\theta_2 = L \\ 2a = d - c \end{cases} \quad (4\text{-}2\text{-}2)$$

式中：$T_1$ 为套管滑行波到时；$T_2$ 为套管—水泥面的一次反射波到时；$a$ 为声源到套管的垂直距离；$b$ 为套管的厚度；$c$ 为仪器直径；$d$ 为套管内直径；$L$ 为源距；$\theta_c$ 为临界入射角；$\theta_1$ 为波向套管传播的入射角；$\theta_2$ 为波井孔到套管的折射角；$v_1$ 为波在井筒流体中的传播速度；$v_2$ 为波在套管中的传播速度。

$T_1$ 与 $T_2$ 只差 0.2μs。

对于套管波到达接收器时间在全井段是不变的，只与源距、套管、仪器尺寸有关，则 $T_1$ 可写为

$$T_1 = \dfrac{L}{v_2} + \dfrac{2a}{v_1}\left(\dfrac{1}{\cos\theta_c} - \dfrac{v_1}{v_2}\tan\theta_c\right) = \dfrac{L}{v_2} + \dfrac{2a}{v_1}\left(\dfrac{1}{\cos\theta_c} - \dfrac{\sin^2\theta_c}{\cos\theta_c}\right) = \dfrac{L}{v_2} + \dfrac{2a}{v_1}\cos\theta_c \quad (4\text{-}2\text{-}3)$$

已知：$\sin\theta_c = \dfrac{v_1}{v_2} = \dfrac{5250}{17544} = 0.2992$，$\theta_c = 17.4124°$，$\cos\theta_c = 0.9542$，又 $2a = (d-c)$（in），

则：

$$T_1 = \frac{L}{v_2} + \frac{2a}{v_1}\cos\theta_c = 57L + (d-c)\frac{0.9542 \times 189}{12} = 57L + 15(d-c) \quad (4\text{-}2\text{-}4)$$

对于声幅测井（CBL），源距 $L$=4ft，如果套管内径为 6.4in，仪器直径为 4.64in，则套管波到达时间为：$T_1$=57×3+15（6.4−3.63）=212.5（μs）。

如为任意套管直径，到达时间为：$T_1$=171+15（$d-c$）。

对于声波变密度测井（VDL），源距 $L$=5ft，如果套管内径为 6.4in，仪器直径为 4.64in，则套管波到达时间为：$T_1$=57×5+15（6.4−3.63）=326.55（μs）。

如为任意套管直径，到达时间为：$T_1$=285+15（$d-c$）。

套管波的声强（或幅度）大小与水泥胶结好坏有关。对于一次反射波，设 $\alpha_{12}$ 为钻井液—套管界面的折射系数，$\beta_{23}$ 为套管—水泥界面的反射系数，以套管一次反射波为例，不计介质吸收，声波以入射角 $\theta_1$ 入射到钻井液—套管界面上，入射声强为 $J_0$，在套管内折射声强为 $\alpha_{12}J_0$，它以折射角 $\theta_2$ 入射到套管—水泥界面上，则在套管内反射声强为 $\alpha_{12}\beta_{23}J_0$，以后又折射回钻井液到达接收器，其声强为 $J=\alpha_{12}^2\beta_{23}J_0$。

由于钻井液—套管的折射系数 $\alpha_{12}$ 是固定值，这说明接收套管波声强与套管水泥界面反射系数 $\beta_{23}$ 有关，固井水泥胶结不好，套管与水泥间界面的波阻抗相差大，即 $\beta_{23}$ 就大，记录声强幅度增大。如管外是钻井液或空气，则接收套管波声强幅度将增大 4~5 倍以上。

粗略地看，当套管外有气时（自由套管），对套管中传播的套管波的阻尼较小，套管波有较大的幅度；当套管外为水或者钻井液时，套管外介质对套管的阻尼略有增强，套管波幅度应略减小；当套管外为凝固水泥时，对套管波的阻尼作用最强，因此套管波幅度最小。由此，套管波幅度的大小可确定第一界面水泥胶结质量。

图 4-2-2 是理论计算的套管波幅度与一界面间流体环隙宽度的关系，可看出，随着流体环隙宽度变大，套管波幅度也变大，套管波幅度大小介于一界面完全胶结好（环隙宽度为 0）和自由套管（套管外没有水泥环）之间。

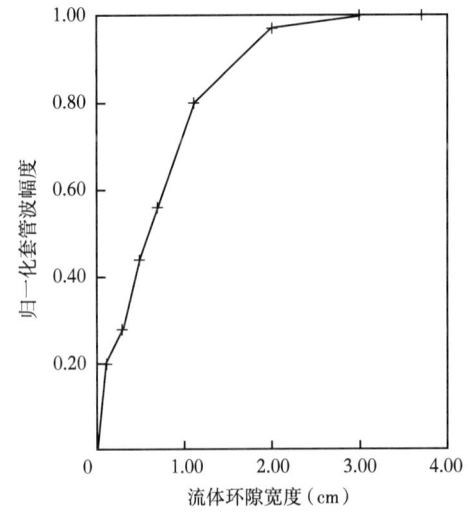

图 4-2-2　套管波幅度与一界面流体环隙宽度的关系（套管波幅度以自由套管波幅度归一化）

2. 水泥环波

在套管与水泥界面上不会出现滑行波，只有一次或几次反射波。由于水泥环中存在微裂隙，水泥胶结不致密，因此一般水泥环的能量很弱，常被其他波列所掩盖，记录的波形很难观察到。

3. 地层波

当一界面和二界面胶结良好时（$v_3 > v_4$），一般出现地层波（滑行纵波和横波），因此出现地层波时说明二界面胶结良好，就可以用地层波幅度的大小来反映二界面的胶结情况。

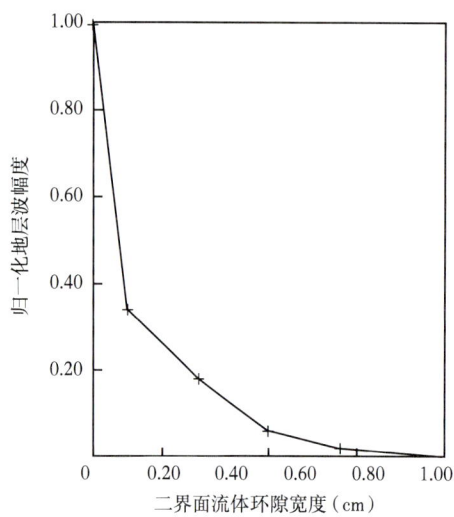

图 4-2-3 地层波幅度与二界面间流体环隙宽度的关系

图 4-2-3 是理论计算的全波波形与二界面流体环隙宽度关系，流体环隙小时，地层波幅度较大，在波形上也容易识别，但当流体环隙较大时，地层波幅度很弱，往往被套管波后续波掩盖，也很难识别。图 4-2-4 是完全胶结好时不同水泥密度的地层波幅度与砂岩地层中泥质含量关系，可以看出，地层波幅度受岩性影响，地层波幅度受水泥密度影响不大，但受泥质影响近似呈指数关系。

在套管井中，地层波到达时间也受岩性的影响，可用裸眼井声波时差曲线上的数值进行适当估计，纵波到达时间的 1.5~1.8 倍范围内可以找到横波。对声波变密度测井曲线，因为横波速度比纵波速度小，传播单位距离所需时间 d$t$/d$h$ 比纵波大，也就是说波形曲线深度轴上的斜率比纵波大，可用此来区分纵波和横波。

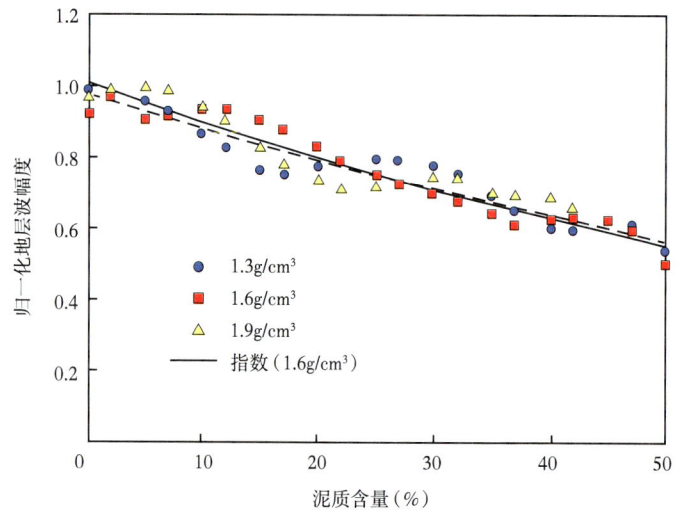

图 4-2-4 完全胶结好时地层波幅度与地层泥质含量的关系
地层波幅度以完全胶结地层波幅度归一化

图 4-2-5 为套管中声波变密度测井（VDL），可看出，当一界面、二界面胶结良好时，地层波非常清晰，且受地层岩性、物性变化影响，地层波的主频（FREQ）变化很快。

**4. 钻井液导波**

沿钻井液传播的波称钻井液波，在源距适当时，最后到达接收器的是钻井液波，钻井液波的特点是在全井段测出的钻井液波到达接收器的时间是不变的，对声波变密度测井来说，到达时间近似为 $T=189\times5=945\mu s$。

实际上，套管井中波动理论数值计算表明，井中是观察不到钻井液直达波的，而对应的是套管与钻井液界面诱导的界面波，即钻井液导波，包括斯通利波和伪瑞利波。

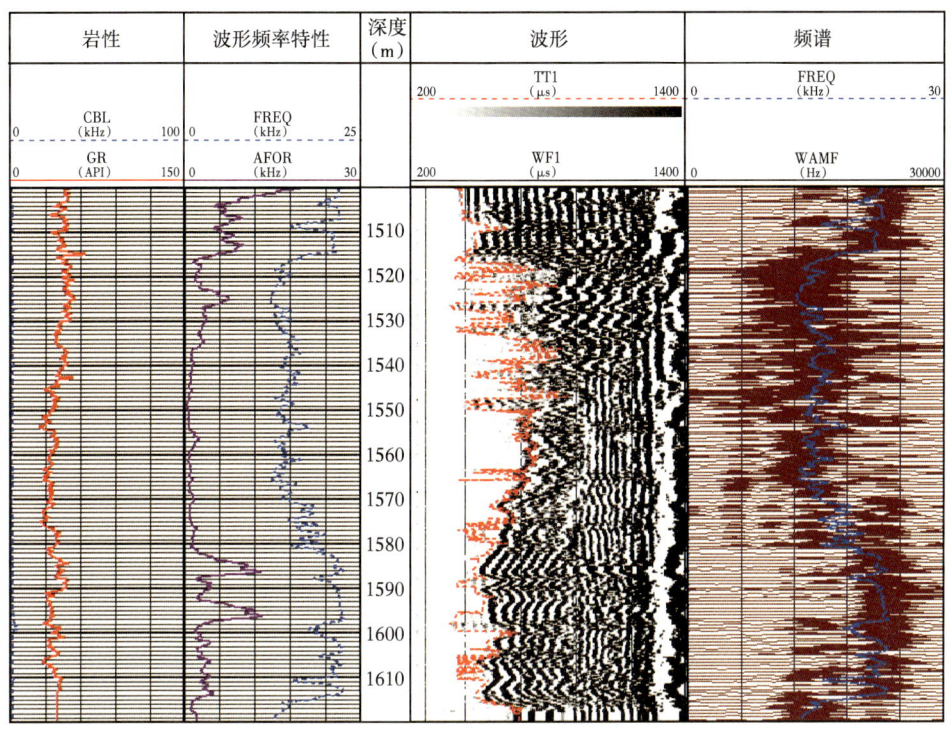

图 4-2-5　套管井中的声波变密度测井成果图

图 4-2-6a 是自由套管情形时数值计算的全波波形，波列中存在套管波、斯通利波和伪瑞利波。图 4-2-6b 是完全水泥胶结时数值计算的全波波形，波列中套管波幅度很小，地层波和斯通利波明显。钻井液导波与一界面、二界面的水泥胶结好坏有关，如图 4-2-7 所示，导波的幅度随流体环隙宽度增大而增大，但对于一界面情形时的关系没有二界面情形时明显。

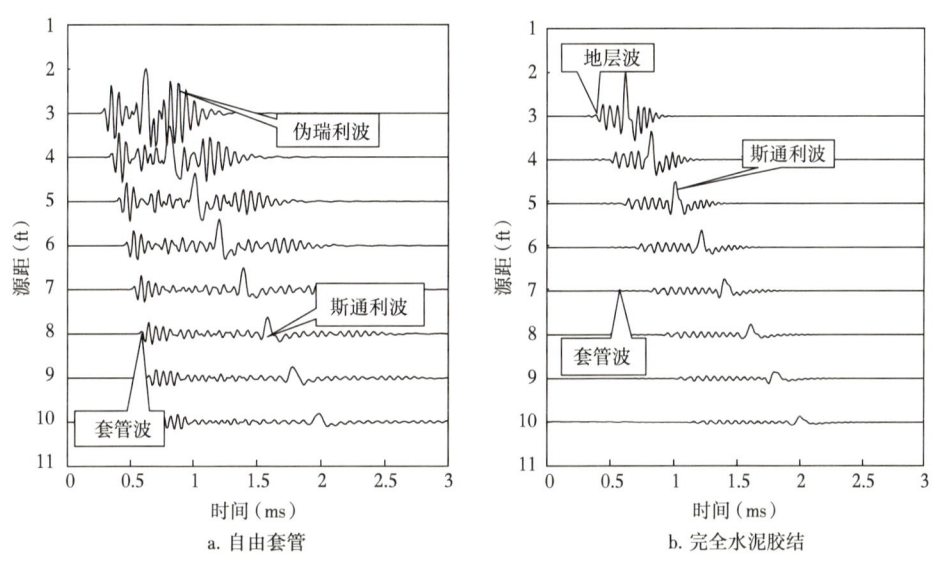

图 4-2-6　套管井中数值计算全波波形示意蓝图
套管外径 5in，源中心频率 14kHz

- 97 -

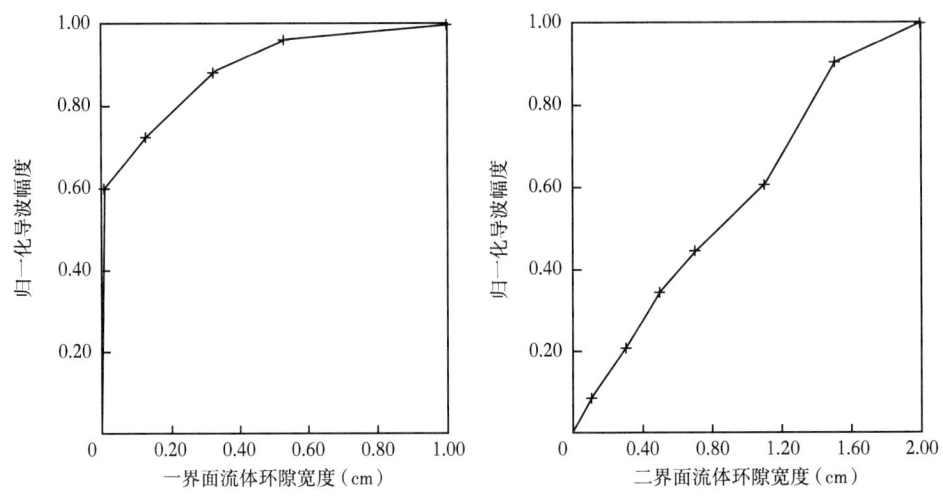

图 4-2-7　一界面、二界面流体环隙与钻井液导波（伪瑞利波）幅度的关系

## 二、套管波的特征及其影响因素

声波从钻井液入射到套管上时，套管是一种均匀各向同性的刚性介质，因此在套管中能激发出纵波和横波，以及由这两种波组合成的各种复合波。声幅测井主要是测量套管波的首波，也是目前油田检查固井质量主要方法之一，因此有必要分析一下套管波的特征，并从某些实验研究的结果和野外工作经验的角度，分析影响套管波幅度的因素。

1. 套管波的特征

把套管展开，看作平面的薄钢板，在外界应力作用下，除了发生传递体积形变外，还可以发生厚度方向传递的剪切形变，则临近表面层的质点受表面层质点运动的影响也发生一定的位移，也就是有一个弹性振动沿薄板的厚度方向传播，又因为滑行纵波是一种不均匀波，即在表面层上质点的位移要稍大些。这样就有两个互相垂直的运动同时发生，即滑行纵波和沿厚度方向的横振动波同时传播。由于薄板厚度远小于声波长，薄板将以一种弯曲模式传播振动。有的文献把这种类型的波称为板波（或 Lamb 波）。套管波就是在无限延伸平板中的纵波，厚度方向尺寸有限，上下两表面无约束而诱发的振动波。

对于声幅测井所测量的套管波来说，应该考虑以下一些特点。

第一，套管波是一种由纵振动和横振动组成的复合波，但主要还是滑行纵波。其传播速度是相当接近于钢管中纵波速度的一个数值。

第二，从接收到的首波（此处的首波并非真正的滑行纵波，而是以近似于滑行波的速度传播的波形成分）来看，首波传播所经过的路径服从费尔玛时间最小原理。即沿钢板壁上各点以和钢板法线成临界角方向折回井内钻井液的声波最先到达接收探头。

第三，套管波到达接收器时间在全井段是不变的，只与源距、套管、仪器尺寸有关，在一般地层中以首波接收。

第四，套管波幅度的大小能反映水泥胶结情况，即反映一界面胶结情况。胶结不好时，套管波幅度增大，胶结好时，幅度变小。

第五，自由套管时，套管波表征套管特性，为波形规则的、幅度较大的波。

以上对套管波传播模式及传播条件和特点的讨论,和井下声波实际传播过程相比,仍然是粗略和近似的。这是因为上面的讨论都是把声波当作连续波来处理的,而井下实际发射的声波是有一定间歇的脉冲声波。此外,上面的讨论是把声波当作平面波来处理的。而井下在井壁附近的声波,只有当波阵面距等效声中心的距离足够远时,才能当作平面波来处理。

2. 影响套管波幅度的各种因素

如前面所述,声波从钻井液进入套管时,在套管壁上以套管波(板波)的形式传播。当套管外为空气或其他声阻抗和套管的钢质材料的声阻抗相差甚大的介质时,声波能量将比较集中的分布在套管内,因而折射到井内的声能量就多,此时套管波的幅度较大。而当套管外为和套管的钢质材料声阻抗相近的介质时,管外介质将分散相当一部分声波能量,套管波的幅度将减小。声幅测井就是依据这一原理来检查水泥和套管胶结情况。

套管波在套管中传播时,套管本身要吸收声波能量,声波在吸收系数为 $\alpha$(或衰减系数)的介质中传播了 $L$ 距离后,其声强变为:$J=J_0 e^{-2\alpha L}$($J_0$ 为声源处的声强)。实验结果表明,套管外完全没有水泥,而是水或钻井液的条件下,钢质套管对声波的吸收约为 2.4dB/m。因此声波在通过 1m 长的套管后,声强变为开始时的 57.5%。

1) 套管直径的影响

套管直径实际上对套管波的衰减无影响,是反映钻井液对声波衰减的影响,也即对套管波原始振幅有影响。

当套管直径变小时,声波换能器与套管之间的距离减小,而信号幅度增大。图 4-2-8 为未胶结套管信号幅度与套管直径的关系。对于浇灌水泥的套管也有同样的关系。

2) 套管厚度的影响

自由套管的厚度对衰减系数影响不明显,当套管外有水泥固结时,衰减系数与套管厚度有关。在水泥抗压强度一定时,随着套管厚度增大,衰减系数减小,即声幅度增加。图 4-2-9 为有水泥胶结时套管厚度与衰减系数的关系曲线。

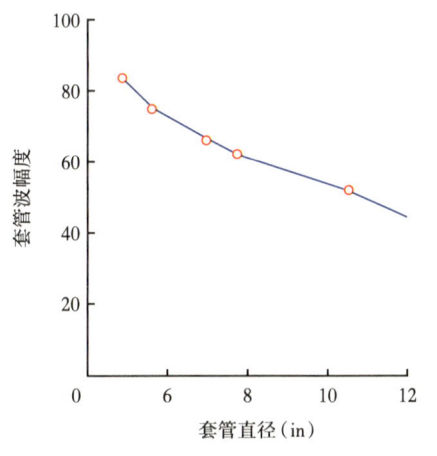

图 4-2-8 套管直径的影响

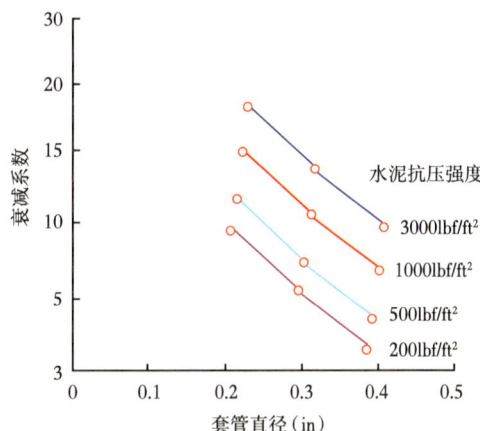

图 4-2-9 衰减系数与套管厚度的关系

自由套管波型对井下情况和仪器等的变化是很灵敏的,常常不是像图 4-2-10 那样典型,而是像图 4-2-11 那样不完全的波形,因此每口井都应记录自由套管波型,这样在固井质量解释中可以有个比较,同时还可消除一些含糊解释。

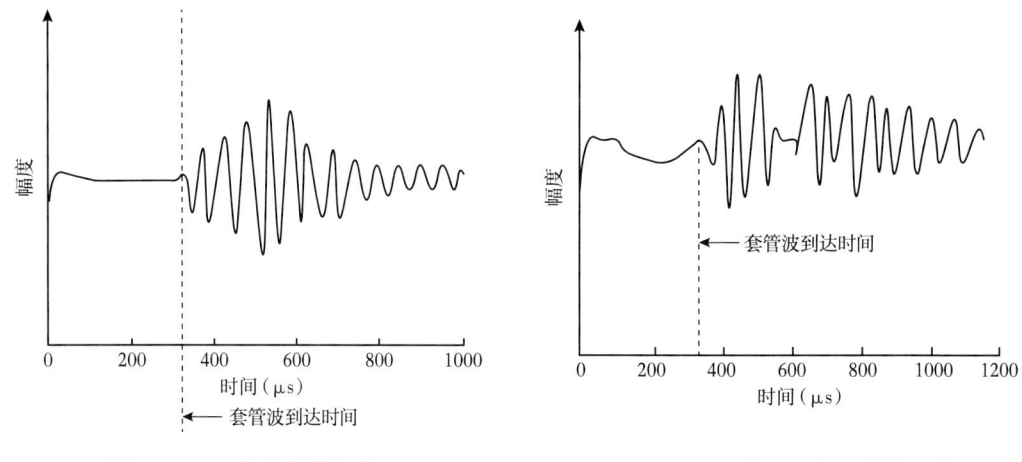

图 4-2-10　自由套管的波形　　　　　图 4-2-11　不典型的自由套管的波形

3）水泥环对套管波幅度的影响

（1）水泥抗压强度的影响。

由于水泥会使套管波能量减少,实验研究表明,套管波衰减系数与水泥的抗压强度有关,抗压强度增大,衰减系数也随之增大。水泥抗压强度就是指水泥抵抗外界压力而不破碎的程度。

图 4-2-12 为管外水泥的抗压强度与套管波衰减系数的关系以及根据套管波首波幅度的百分比计算水泥的抗压强度。

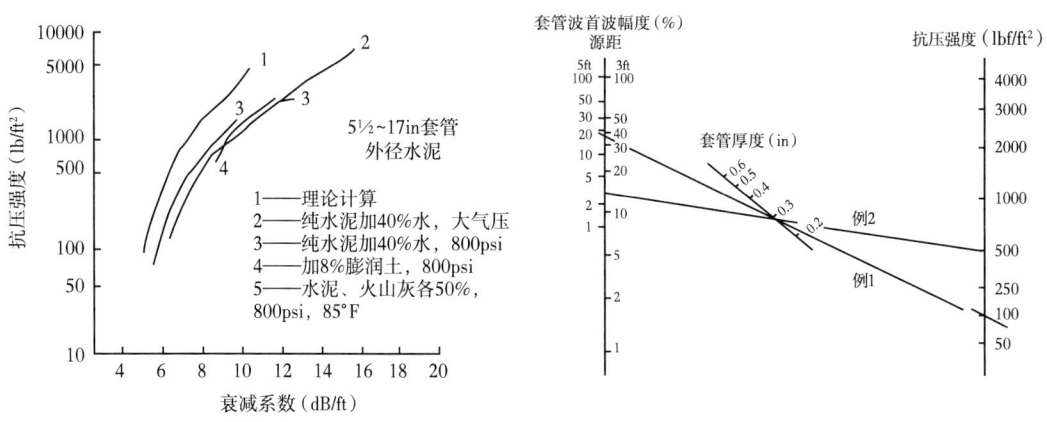

图 4-2-12　根据套管波首波幅度计算水泥抗压强度

根据套管波首波幅度百分数（相对自由套管）,计算水泥抗压强度值与出厂值比较（标定值）,两者相等说明水泥与套管胶结良好。前者小于后者说明可能为套管与水泥胶结不好（有裂隙或窜槽）、水泥不纯、水泥凝固时间（一般为 48h）不够。

（2）水泥环密度的影响。

水泥环的密度越大,水泥环的声阻抗越接近钢质套管的声阻抗值,声波在套管—水泥界面上反射波幅度越小,即套管中声波幅度衰减越大。反之,水泥环的密度越小,套管波幅度衰减也越小。

图 4-2-13 是低密度、高密度水泥固井与自由套管时套管波的幅度比较,可以看出,低密度水泥比高密度水泥套管波幅度大,经计算在一界面流体环隙宽度为 2mm 时,自由套管 / 低密度 / 高密度的套管波幅度比为 1:0.794:0.452,说明在相同条件下,在低密度水泥固井时用套管波幅度评价一界面固井质量要比高密度水泥困难。

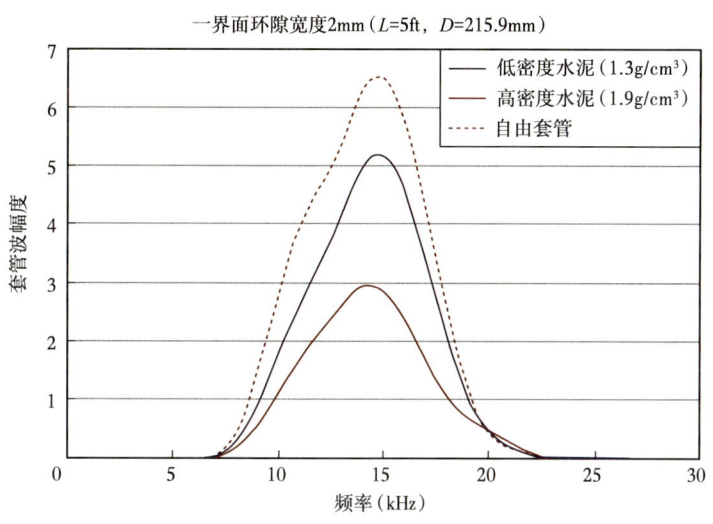

图 4-2-13　低密度、高密度水泥固井和自由套管时套管波比较

目前在低压易漏地层普遍采用低密度水泥浆固井技术。低密度固井时,声耦合要比高密度水泥差,在采用声波全波列测井评价固井质量时,会造成很大的误差。在利用声波资料评价固井质量时必须要考虑低密度水泥固井对套管波幅度的影响。图 4-2-14 给

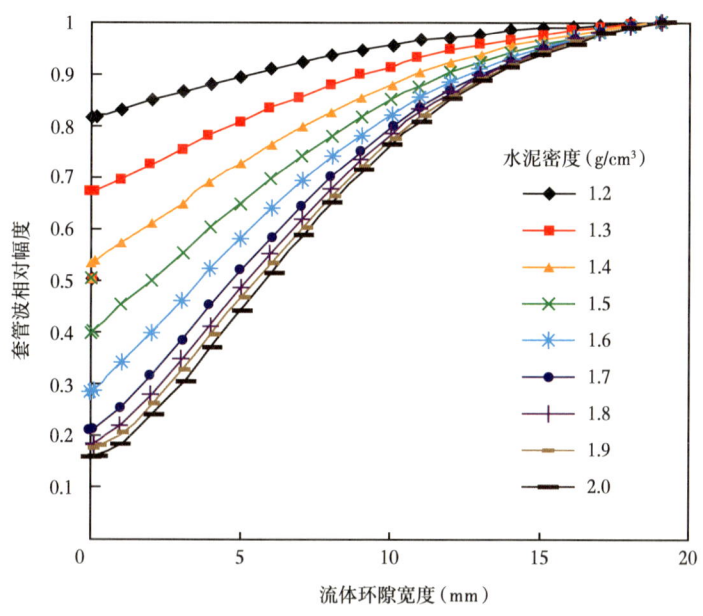

图 4-2-14　不同水泥密度固井的套管波幅度与一界面流体环隙宽度的关系

出了不同水泥密度固井的套管波幅度（以自由套管波幅度为刻度的）与一界面流体环隙宽度的关系，如果低密度水泥固井要按高密度水泥固井质量标准评价，就需要进行套管波幅度校正，水泥密度越低其校正量也越大。

（3）水泥环厚度的影响。

水泥环的厚度增加，也将使套管波的幅度减小。如图4-2-15所示，实验表明水泥厚度小于¾in（1.905cm）时，随着水泥环厚度增大，套管波的衰减系数也增大。当水泥环厚度大于¾in时，衰减系数保持不变。

（4）水泥窜槽的影响。

固井质量要求套管与地层之间的环行空间全部被水泥占有，如有一部分没有水泥或水泥没有胶结，给油水运动形成通道，称为窜槽。水泥窜槽会给油井生产带来不良后果，水层中的水会窜到油层中，影响油层的产油量。

图4-2-16为水泥窜槽模型的实验资料，水泥胶结程度为水泥胶结占套管圆周的百分数，衰减系数百分比（声波胶结指数）为窜槽时套管波衰减系数与完全水泥胶结时衰减系数之比。若水泥没有受到污染和破坏，则可根据衰减系数的百分比估算出水泥胶结程度，从而估计水泥窜槽的程度。

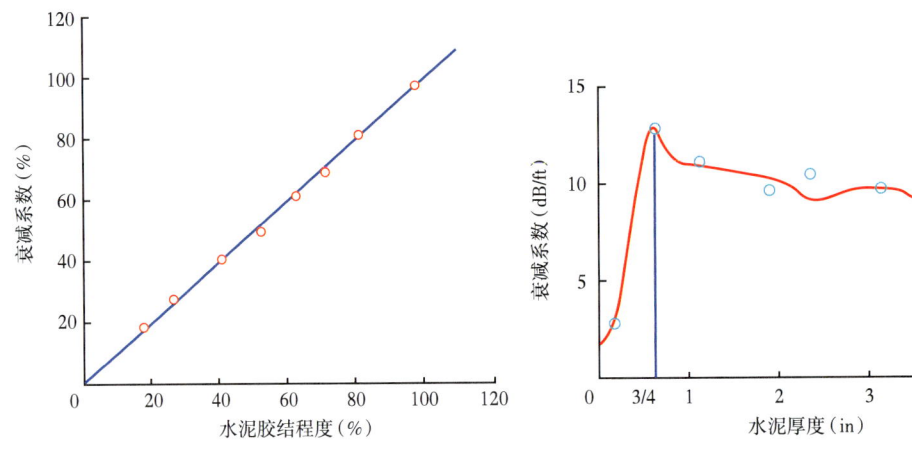

图4-2-15　水泥厚度对套管波衰减系数的影响　　图4-2-16　水泥窜槽的影响

4）地层特性对套管波幅度的影响

地层特性对套管波没有明显的影响，图4-2-17是不同岩性时自由套管井中计算的理论波形，可看出套管波首波的幅度相差不大，但后续波却相差很大，地层越硬，后续波幅度越大，延续时间越长。

另外，在碳酸盐岩地层中，由于地层纵波速度大于套管纵波速度，导致地层波有可能比套管波先到达，所以很难区分出套管波和地层波，往往把地层波当作套管波，得到较大幅度值（图4-2-5中6190~6290m井段CBL值）。在固井质量评价中一般把这种地层称为高速地层。

3. 测量时间对套管波幅度的影响

水泥灌入套管外的环形空间，将逐渐凝固，一般水泥候凝时间越长，固结越好。因此测量时间对套管波幅度的影响，实际上是水泥固结候凝时间对套管波幅度的影响。对于一般水泥，固井后 18~22h，水泥即可固结（但并未达到最大强度），相应的套管波幅度要在 24h 后才趋于稳定。

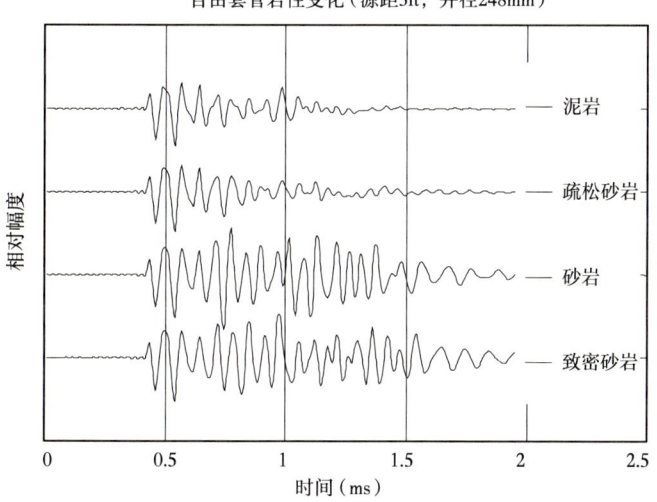

图 4-2-17　地层岩性对套管波的影响

图 4-2-18 为固井后测量时间与声幅实验关系，对于渗透性砂岩层段水泥环凝固较快，声幅测量值在约 20h 后就趋于稳定，且幅度较低。对于非渗透性层段（泥岩），水泥环凝固时间长，约在 50h 后声幅测量值才趋于稳定，稳定后套管波幅度也较高，可见在非渗透性层段，凝固后水泥环的密度和强度都不大。

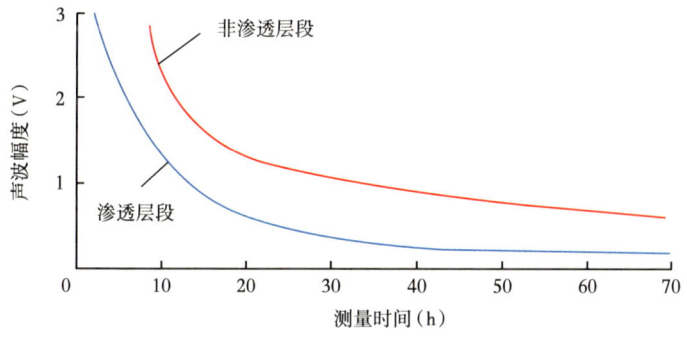

图 4-2-18　固井后测量时间和声幅的关系

影响水泥凝固时间的因素很多，如水灰比、缓凝剂、井内温度、压力及水泥中杂质等。图 4-2-19 为水泥块测量的波形与水泥候凝时间关系，水泥候凝 40h 后，声波幅度趋于稳定。对于现场 G 级水泥，实验考察结果显示在固井后 40~48h 进行声幅测量比较合适。

影响套管波大小的因素除了套管特性、水泥胶结情况、地层特性外，还与测量仪器性能有关（如偏心倾斜、声功率、频率等因素）。考虑到衰减影响，声幅测井一般采用 4ft、5ft 的短源距，频率为 20kHz 的测井仪。

综上所述，影响套管波幅度的因素相当复杂，现有的声幅测井只能判断套管外水泥的胶结情况。至于水泥环和地层的胶结情况、窜槽位置在套管外的空间分布情况等都不是目前声幅测井所能解决的问题，要采用其他声波固井质量评价方法，如 SBT、USI 等方法。

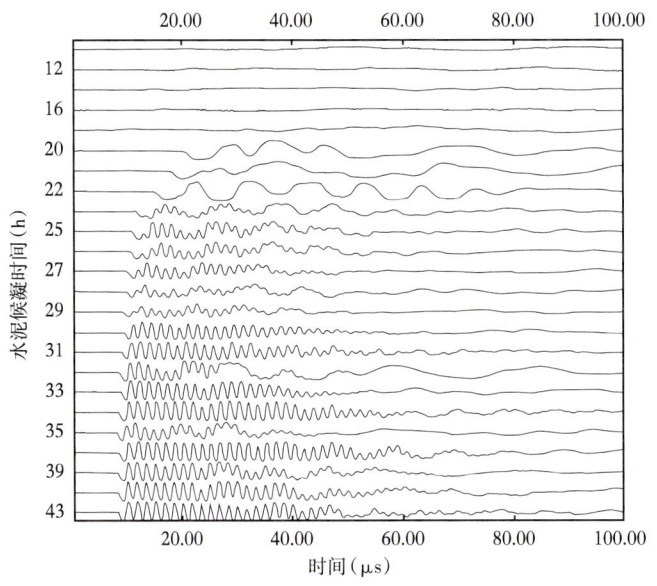

图 4-2-19　水泥块测量的波形与水泥候凝时间的关系

水泥浆配方：水灰比 54.7%，缓凝剂 0.5%，养护温度 80℃

合理地使用声幅测井曲线——能比较清楚地说明水泥和套管的胶结情况——应该在固井前和固井后都测声幅测井曲线，根据前后两次测得曲线的对比，可以得出水泥环和套管胶结情况的结论。

## 三、套管井声波波型与固井质量的关系

将套管外水泥胶结分成下列几种典型类型，以便进一步了解声波波型与固井质量的关系。几种典型类型包括：(1)管外无水泥胶结，为自由套管；(2)仅套管与水泥胶结、水泥与地层无胶结；(3)套管与水泥、水泥与地层部分胶结；(4)低速地层套管与水泥、水泥与地层胶结良好；(5)高速地层套管与水泥、水泥与地层胶结良好。

1. 自由套管

如图 4-2-20 所示，无水泥胶结的自由套管测的波形有以下一些特征。

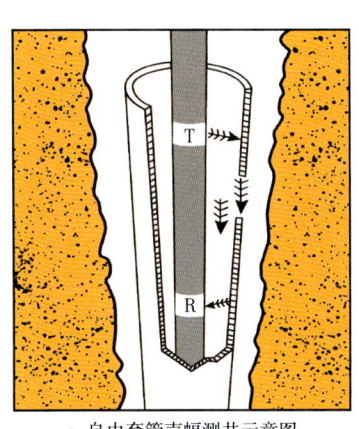
a. 自由套管声幅测井示意图

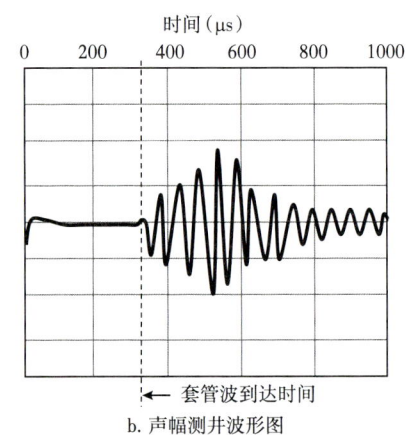
b. 声幅测井波形图

图 4-2-20　自由套管的波形

（1）当源距为 5ft 时，在 420μs 左右出现套管波，自由套管的套管波幅度最大，在固井声幅测井中，以它为标准来刻度其他水泥胶结情况的套管波幅度。

（2）可以根据波形的周期计算套管波的中心或传播主频频率，记录的波形显示出套管波有单一波形频率。

（3）整个波的包络线有高的振幅和能量。

（4）波形持续相当长的时间。

（5）无地层波，约在 945μs 处出现钻井液导波。

2. 仅套管与水泥胶结

当套管与水泥胶结良好，水泥与地层无胶结（这种情况称为二界面胶结不好）时的波形曲线如图 4-2-21 所示。

（1）在 420μs 左右出现套管波，由于套管与水泥胶结良好，部分声能量透射到水泥中，因而套管波幅度大大减小。

（2）在套管波后有小的波动起伏，一般认为是水泥波。由于它的能量太小，通常不被注意，另外水泥波与套管波有相位差，引起波的干涉，给识别造成困难，有时就无显示。

（3）由于水泥与地层未胶结，在它们中间有个环形流体层耦合很差，只有少量声能进入环形流体层，再进入地层的声能就更少了。因此在波型曲线中无地层波。

（4）最后出现的是钻井液导波。

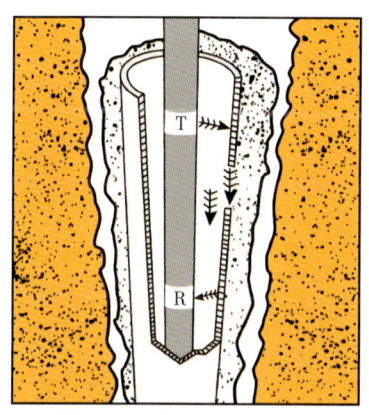 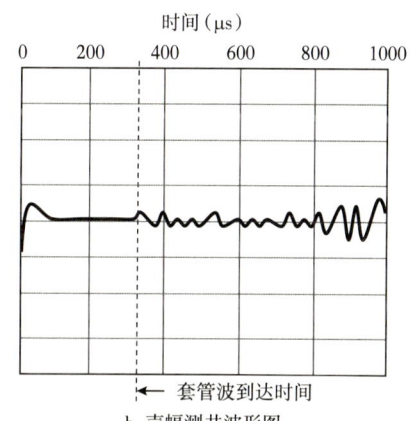

a. 仅套管与水泥胶结时的声幅测井示意图　　b. 声幅测井波形图

图 4-2-21　仅套管与水泥胶结的波形

3. 部分胶结

当套管与水泥、水泥与地层部分胶结时其波型曲线如图 4-2-22 所示。

（1）在 420μs 左右出现套管波，套管波幅度比自由套管情况下的幅度小，比套管与水泥胶结良好情况下的幅度大。这是因为部分套管是自由振动的。

（2）后续波有地层波，地层波到达时间与声波在地层中的传播速度有关。但地层波的幅度并不高，这是由于水泥与地层部分胶结良好，只有部分声能在地层中传播的缘故。储层井壁上附有滤饼，对水泥与地层胶结是不利的。水泥固结后会吸收滤饼的水分，滤饼干后收缩，与水泥分离开，造成水泥与地层胶结不好。

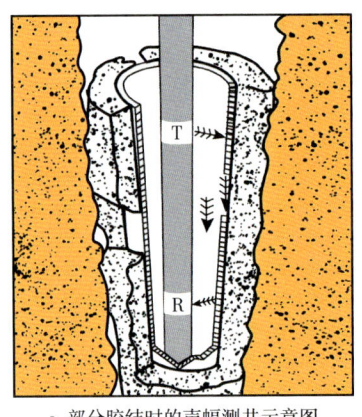 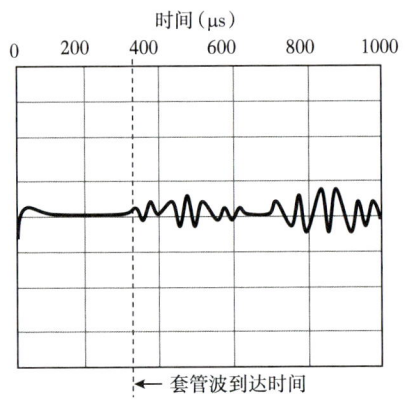

a. 部分胶结时的声幅测井示意图　　　　b. 声幅测井波形图

图 4-2-22　部分胶结良好的波形

部分胶结也就是前面讲的窜槽，它对油井生产是不利的，是否要挤压作业第二次挤水泥，需看附近是否有油水层，是否能分隔开。

另外，有的油井套管与水泥、水泥与地层都胶结很好，但是由于注水泥时井筒加压，套管膨胀。当撤去压力套管就收缩还原，套管脱离水泥，在套管与水泥之间形成微裂隙环形空间。此微裂隙不会造成流体窜流，但是影响套管与水泥、水泥与地层的声耦合。测出的波形曲线与图 4-2-21 类似，即套管振动受到微裂隙的约束，套管波幅度不大；同样传到地层的能量也受限制，故地层波的幅度也不大。

区别是微裂隙还是部分胶结（或窜槽），可以在套管加压条件下再进行一次声幅测井，与未加压的声幅测井曲线比较，如果套管波幅度变小，说明存在微裂隙环形空间。如套管波幅度变化不大或无变化，说明是存在窜槽。

4. 套管与地层都胶结良好

当套管与水泥、水泥与地层都胶结良好时其波型曲线分两类。

1）低速地层

当地层波速度不太高时，在井内测井的波形曲线如图 4-2-23 所示。

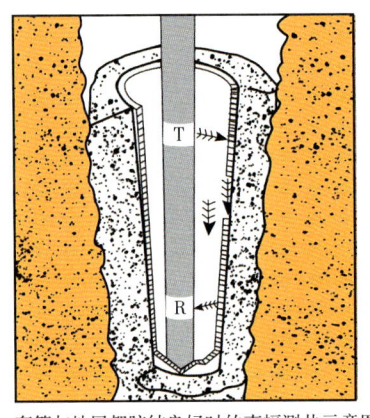 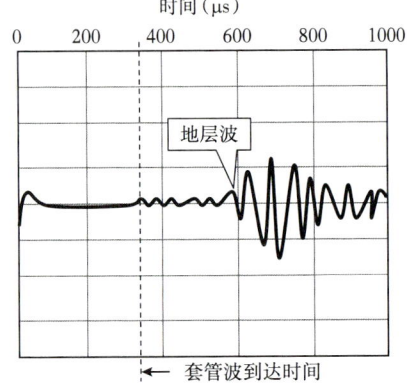

a. 套管与地层都胶结良好时的声幅测井示意图　　　　b. 声幅测井波形图

图 4-2-23　胶结良好时的波形（低速）

- 106 -

由于套管、水泥、地层之间的声耦合很好，大部分声波能量传入地层中，剩下很少能量在套管中传播，因此在420μs附近出现的套管波幅度很小。固结的水泥抗压强度越高，套管波幅度就越小。

大部分声能进入地层中，因此地层波幅度较大。从波形图上还可看到钻井液波叠加在地层波末端上，当示波仪扫描时间小于钻井液波出现时间时，看不到钻井液波。

2）高速硬地层

当地层波速度比套管波速度高时，且套管和地层都胶结良好，大部分声波能量透射到地层中，声波在地层中滑行后折回到井内为接收器所接收。接收器接收的波形如图 4-2-24 所示，首先接收到地层纵波，其次是地层横波。这种情况下，地层纵波比套管波先到达，套管波叠加在地层纵波上。

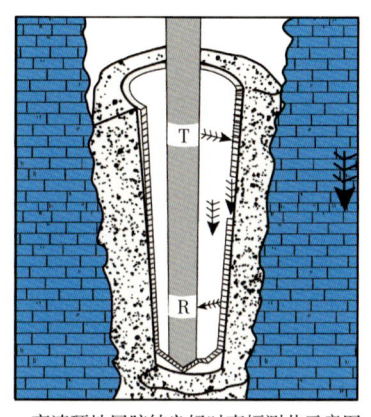
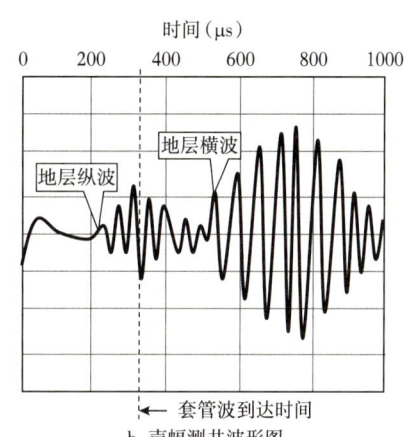

a. 高速硬地层胶结良好时声幅测井示意图　　b. 声幅测井波形图

图 4-2-24　胶结良好时的波形（高速）

图 4-2-25 按相似比原理实验模拟不同水泥胶结时波形对比图，可以看出，套管波与地层波出现及变化与上面分析的四种水泥胶结结果一致，但后面的钻井液导波幅度变化与水泥胶结情况也有密切的关系。因此可用套管波、地层波及钻井液导波的幅度变化确定水泥的固井质量。

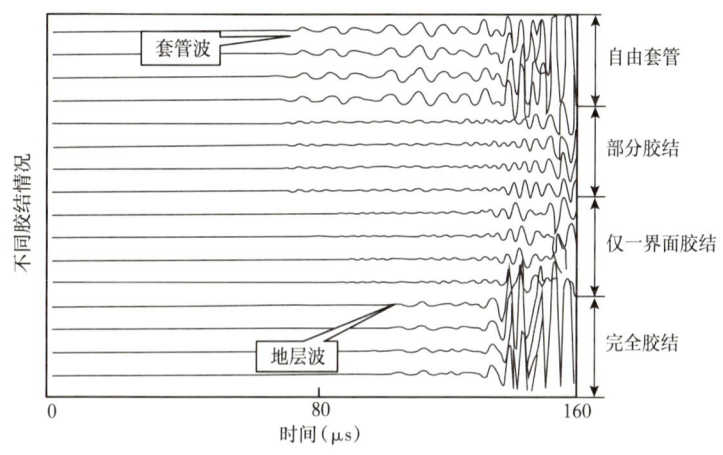

图 4-2-25　不同水泥胶结情况变源距实验波形对比图

同时通过实验发现（图 4-2-26），在同样的声源条件下，地层波与套管波的频率是不同的，套管波的主频高于地层波主频，并且两者的频段基本上是分开的，这对套管波、地层波幅度信息提取是非常有利的。

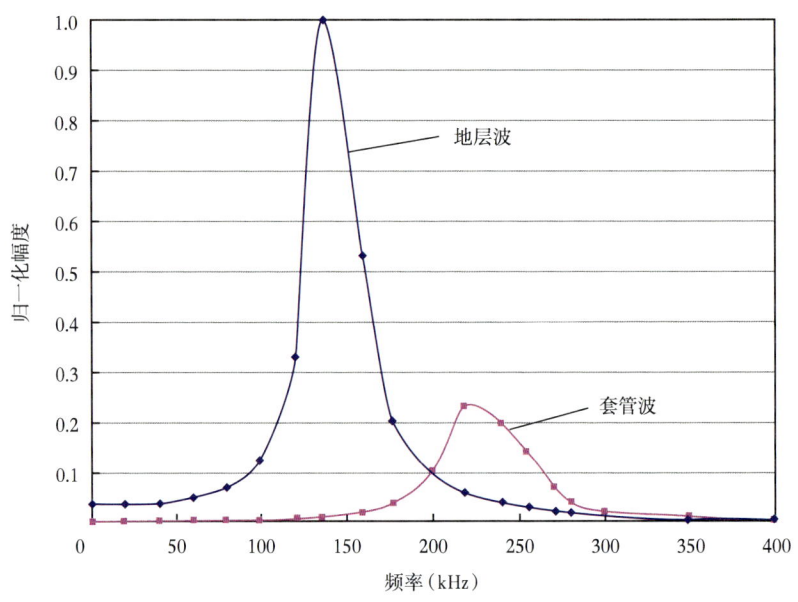

图 4-2-26　实验测量的完全胶结地层波与一界面存在环隙时的套管波幅度比较

## 第三节　固井声幅测井主要方法及应用

固井质量声幅测井（acoustic amplitude logging），是通过测量井下声波信号幅度的衰减变化来认识地层特点以及水泥胶结情况的一种测井方法，主要用于检查固井后水泥—套管和水泥—地层的胶结情况，同时，水泥返高、水泥抗压强度和套管破裂等有关固井工程质量问题都是十分重要的评价内容。目前用于评价固井质量的测井主要有水泥胶结测井（CBL）、声波变密度测井（VDL）和分区水泥胶结测井（SBT）等。

CBL/VDL 仪器为单发双收结构，源距分别为 4ft 和 5ft，发射源频率为 20kHz 左右，记录声波通过井内流体沿套管壁及地层传播的波形。利用源距为 4ft 的接收器记录套管波幅度，幅度衰减的程度取决于套管与水泥环的剪切耦合情况，胶结好时套管波幅度较小，套管外是流体时波的幅度较大，由此可计算出套管外水泥胶结状况，也称水泥胶结测井。用源距为 5ft 的接收器记录全波形的变密度（用调辉方式表示的波形幅度），也称声波变密度测井，能更好地识别套管波和地层波。通常用变密度波形评价水泥与地层的胶结情况和协助探测窜槽及气侵现象，这种方法具有直观和处理简单、受钻井液影响小等优点。但它无方位分辨率，对微环隙过于敏感，对仪器居中要求较高。

分区水泥胶结测井仪是分区测量水泥的胶结质量。阿特拉斯公司 SBT 仪工作频率为 100kHz，采用 6 个扇形分区覆盖整个井眼，以一种缠绕方式对水泥胶结整体进行定量测量，即纵向和横向（沿套管圆周）两个方向上测量声信号来评价水泥的胶结质量。这种测量可提供补偿衰减测量，可推出套管外 60°范围内的水泥胶结质量，由于采用贴套管壁测量、极板间的短源距和早窗口及补偿测量技术使 SBT 不受仪器偏心、井眼流体、快地层等因素的影响，在重油或气侵流体井眼中、快地层中、温度和压力有变化及适度的引起偏心等情况下，可以进行定量的水泥评价，在实验室模拟窜槽证明 SBT 检测窜槽覆盖面的读数达到 15°之小。康普乐（Computalog）公司 SBT 仪工作频率为 80~120kHz，井周上采用 8 个扇形分区（只是测量纵向上传播的声信号），可推出套管外 45°范围内的水泥胶结质量，在实验室模拟窜槽中可检测出 6°窜槽覆盖面。这样弥补了传统的声波固井质量测井 CBL/VDL 无方位分辨率的测量不足，同时对微环隙的影响有所改善。

## 一、水泥胶结测井

### 1. 方法原理

水泥胶结测井下井仪器由单发单收声系和电子线路短节组成。声系采用频率为 20kHz 的压电陶瓷晶体作为发射器和接收器，在有的仪器中也采用磁致伸缩材料制作发射器。源距为 4ft 或 1m。可以近似认为，发射换能器发出声波，其中以临界角入射的声波，在钻井液与套管的界面上折射，产生沿这个界面在套管中传播的滑行波（即套管波），套管波又以临界角折射进入井内钻井液到达接收换能器被接收。

仪器测量记录套管波的第一个波峰的幅度值（以 mV 为单位），得到沿井身连续的套管波首波的幅度，即为水泥胶结测井曲线。套管波幅度值的大小除了取决于套管与水泥胶结程度外，还受套管尺寸、水泥环强度和厚度以及仪器居中情况的影响，这些已在前面讨论过。

若套管与水泥胶结良好，这时套管与水泥环的声阻抗差较小，声耦合较好，套管波的能量容易通过水泥环向外传播，则套管波能量有较大的衰减，测量记录到的水泥胶结测井值就很小；若套管与水泥胶结不好，套管外有钻井液存在，套管与管外钻井液的声阻抗差很大，声耦合较差，套管波的能量不容易通过套管外钻井液传播到地层中去，则套管波能量衰减较小，水泥胶结测井值很大。从而利用水泥胶结测井曲线值可以判断固井质量。

### 2. 水泥胶结测井曲线的特征

图 4-3-1 为水泥胶结测井的曲线图。

从水泥胶结测井曲线中可以看出：

（1）管外无水泥时曲线幅度最大，同时可以看到测井曲线呈等间距的负尖峰显示，这是因为声波在套管接箍处能量损耗增大的缘故；

（2）在套管外水泥胶结不好处，曲线幅度为高值；

（3）在套管外水泥胶结良好处，曲线幅度为低值。

### 3. 水泥胶结测井的应用

在声幅测井中，把无水泥固结的套管端称为自由套管，自由套管中的套管波声幅最大，在有水泥固结的套管端，套管波的声幅明显下降。因此，对套管波的幅度或衰减测量可以显示水泥与套管的胶结情况，以及指示水泥的返高。

1）确定水泥面

水泥面在声幅测井曲线由低幅度向高幅度过渡的半幅点处。

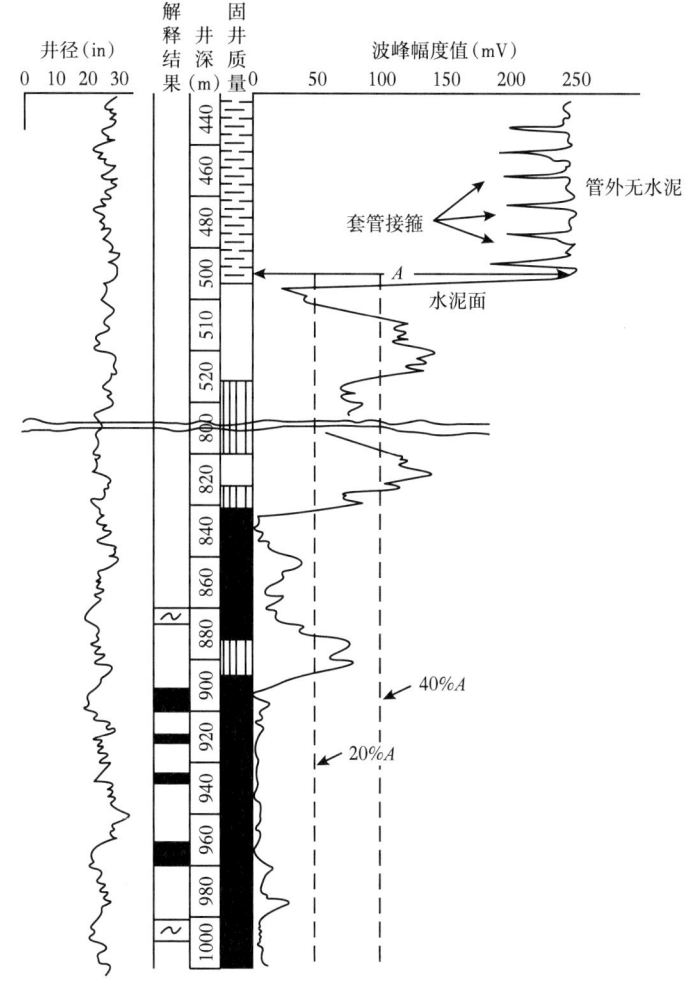

图 4-3-1 固井声幅测井曲线

2）检查固井质量

研究结果表明，套管波幅度除了受水泥环胶结状况的影响外，还会受钻井液性能、仪器源距、套管直径、套管厚度、水泥配比、水泥环厚度和水泥固结时间等因素的影响。因此，在声幅测井资料的应用中，都是采用相对幅度或相对衰减的方法来评价水泥胶结质量。

（1）相对幅度法。

相对幅度为

$$相对幅度 = \frac{解释井段声幅}{自由套管声幅} \times 100\% \quad (4-3-1)$$

自由套管声幅值由水泥返高面以上的井段测得。通常，相对幅度越小，固井质量越好；反之相对幅度越大，固井质量越差。根据实验结果和实际经验，可将固井质量划分为三个等级：相对幅度小于 20% 的井段水泥胶结良好；相对幅度大于 40% 的井段水泥胶结不好；相对幅度为 20%~40% 的井段水泥胶结中等。

显然，该解释标准中的好、中、差的界线并不是绝对的，它只是一个统计标准，仅供解释时参考。

根据相对幅度定性判断固井质量固然是水泥胶结测井解释的依据，但不能机械地生搬硬套，还要参考井径等曲线，同时还要了解固井施工情况，如水灰比、水泥上返速度和使用的添加剂类型等，必须综合各方面的资料，才能得出准确可靠的判断。

（2）水泥抗压强度法。

定义声幅测井的幅度衰减系数为

$$\alpha = \frac{20}{L} \lg \frac{A_0}{A} \, (\text{dB/ft}) \qquad (4\text{-}3\text{-}2)$$

式中：$\alpha$ 为衰减系数，表征套管外水泥固结后造成的套管波衰减；$L$ 为源距，ft；$A_0$ 为自由套管波幅度；$A$ 为测量层段的套管波幅度。

利用幅度衰减系数可以计算出水泥抗压强度。图 4-3-2 为各种套管尺寸的水泥胶结测井解释图版，若计算的水泥抗压强度与水泥出厂的抗压强度相同，则表明水泥与套管胶结良好。要注意的是，目前水泥胶结测井解释图版没有考虑水泥的类型和水泥密度，对于低密度水泥，需要对套管波幅度进行校正。

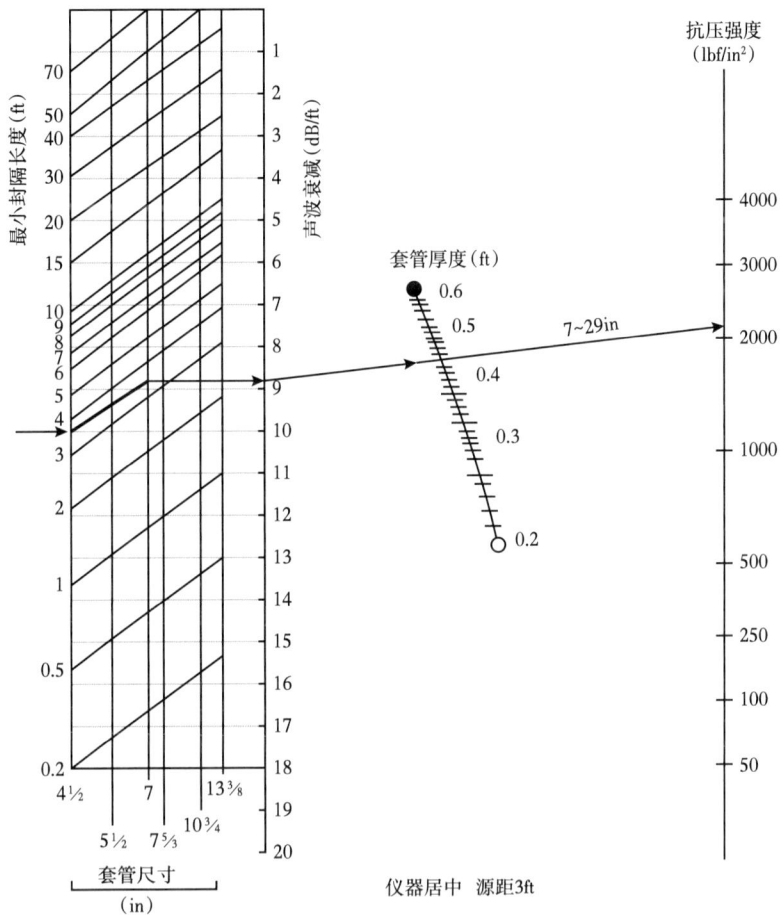

图 4-3-2 水泥胶结测井解释图版

（3）胶结指数法。

相对幅度法是以自由套管中的声幅作为参考值来评价水泥胶结质量，这种方法在一定程度上消除了井内钻井液及套管尺寸的影响，但是对所用水泥型号、配比、水泥固结时间的影响则无法消除。胶结指数法将对上述影响有所改善。

令整个测量井段中衰减系数的最大值为 $\alpha_0$，并认为 $\alpha_0$ 对应的井段是完全胶结好的井段。对于衰减系数为 $\alpha$ 的井段。其胶结指数为

$$\beta = \alpha/\alpha_0 \qquad (4\text{-}3\text{-}3)$$

完全胶结好的井段应有 $\beta=1$。考虑到水泥厚度，测量误差等因素，通常认为 $\beta > 0.8$ 的井段为胶结良好井段。

（4）最小封隔长度法。

胶结指数方法比单纯衰减系数要优越，它通过比值可以消除环境参数或井下条件引起的误差，但是胶结本身还不足以评价各个地层的封隔情况，还必须考虑胶结井段的最小封隔长度。

地层有效封隔所必需的最小封隔长度取决于套管的尺寸，图 4-3-3 是根据现场生产井的观察和封隔测试实验得到的。图 4-3-3 表示胶结指数为 0.8 时最小封隔长度与套管尺寸的关系，套管直径越大，要求的最小封隔长度也越长。从图中可得到，当套管直径为 7in，最小封隔长度约为 3m；当套管直径为 8.5in，最小封隔长度约为 4m。

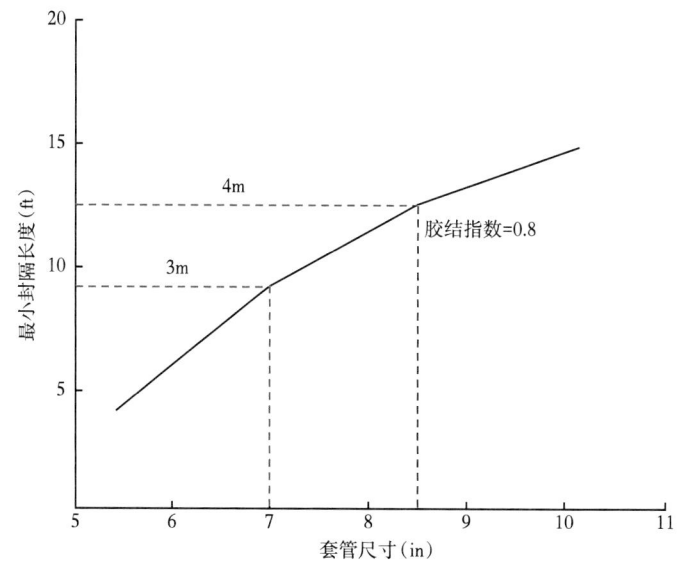

图 4-3-3　最小封隔长度与套管尺寸的关系

3）检查套管接箍

在无水泥胶结井段有等间距的负尖峰，此即套管接箍显示。由于套管波在两根套管相接的缝隙处能量衰减，故以负尖峰显示。

4）测定套管断裂位置

在无水泥胶结井段可以测定套管断裂位置。在套管断裂处套管波衰减大，出现明显负尖峰。

5）判别管外气层

在水泥胶结井段，若套管外有高压气层，由于气侵，则在气层部位可能完全没有水泥胶结，为气体填充。由于气体与套管的波阻抗差别很大，折射到气体中的声波能量很小，这样测的套管波幅度很大，接近没有水泥井段的声幅值。

6）检查补挤水泥效果

如图 4-3-4 所示，第一条声幅测井曲线（红线）表明在 7850~7900ft 之间的泥岩层段水泥胶结质量不好，该井下部生产层射开投入生产时都出水。据分析水是从上部含水砂层来的。以后对泥岩层射孔补挤水泥。第二次固井声幅测井曲线（绿线）表明，补挤水泥井段固井质量良好。将上部水层封堵了，这口井就产纯油。

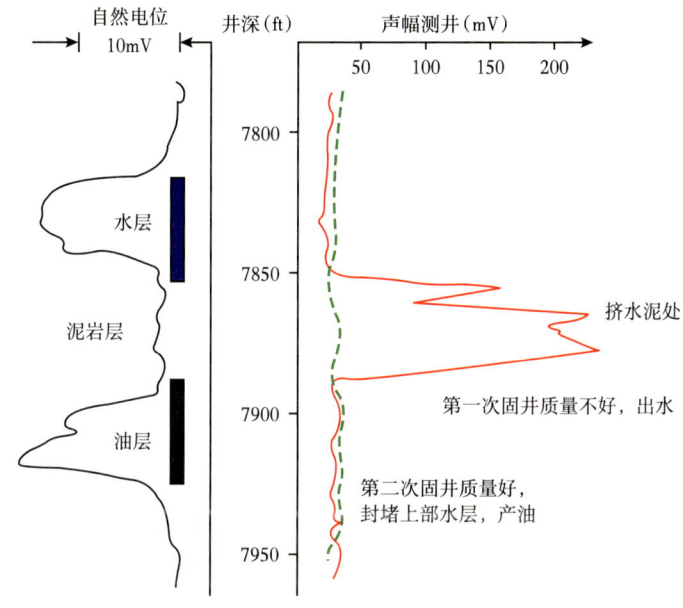

图 4-3-4　检查补挤水泥效果

4. 水泥胶结测井存在的问题

1）仪器偏心影响

仪器偏心时，声波沿不同的路径到达接收器，此时记录到的首波到达时间不同，可造成到达时间提前、套管波幅度减小以及后续波失真等情况。实验表明，当仪器偏离中心 0.25in 时，首波幅度将减小 1/2。因此，测井时应使仪器居中测量。可以采用在仪器上安装扶正器来解决由于仪器偏心造成的影响。

2）记录套管波首波幅度的局限（头半周）

水泥胶结测井测量的是套管波的首波幅度。首波幅度的大小主要取决于水泥与套管外壁的胶结程度，因此只能解决一界面（套管外壁与水泥环的界面）的问题，而水泥环与井壁（水泥环与地层）之间是否胶结良好，即二界面的问题是无法解决的。窜槽有可能是水泥与地层胶结不好引起的。可根据地层波幅度变化来研究水泥与地层的胶结情况。

3）水泥微环隙影响

微环隙是指套管外壁与水泥之间存在极小的环空间，一般只有 0.1mm 厚。产生微环隙的原因有以下三种。

第一，热致微环隙：在水泥凝固时释放热量，使套管受热膨胀。固井后，温度降低，套管收缩，从而导致的环空间隙，这就是热致微环隙。

第二，工程致微环隙：它分两种情况，一是在固井过程中由于某种原因需要加压作业，完工后，压力取消，出现微环隙；二是固井后，由于再次钻井，水泥环受震动而产生微环隙。

第三，次生微环隙：由于固井前后静液柱压力变化产生的微环隙。

微环隙不足以引起流体窜流，但对声耦合有影响，造成套管波幅度与部分胶结相同。解决办法有下面两种：一是套管内加压测声幅测井（可能造成压裂套管、水泥环）；二是采用超声脉冲反射法测井。

## 二、声波变密度测井

声波变密度测井是为了解决二界面胶结情况而提出的。

其井下仪器为单发单收系统，源距为5ft或1.5m（一般与水泥胶结测井一起测量）。实际上为声波波列测井，可以接收到套管波、水泥环波、地层波以及钻井液导波。

1. 测量原理

声波变密度测井以调辉方式记录整个波形（模拟信号），通过对波形按幅度大小以灰度等级来显示（数字信号）。

声波变密度测井利用单发单收声系进行全波列测量，在1ms的时间间隔内，能够测量套管波、地层波和钻井液导波等。图4-3-5为采用全波调辉方式记录的声波变密度测井，声波接收器按时间顺序将声信号转变成电信号，地面测量线路将波型负半周期限制或截断，保留交变信号的正半周期，加到示波器的$Z$轴上用来控制示波器电子束的强弱。正半周幅度越大，示波器电子束越强，荧光屏光点就越亮；反之，光点就暗。用70mm胶卷的摄影机把光点拍下来，亮点在胶片上成为黑点，暗点成为灰点，负半周胶卷未曝光为白点显示。胶卷移动以一定的比例与下井仪器移动同步，这样成为黑白间互的线条组声波变密度测井记录。

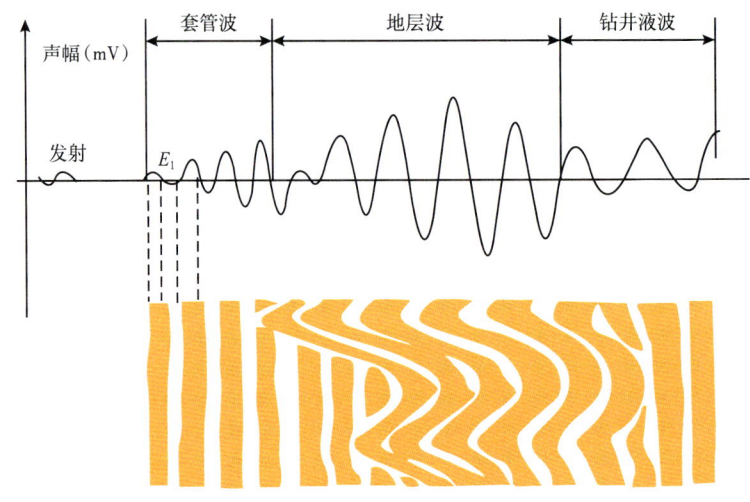

图4-3-5　采用全波调辉方式记录示意图

2. 声波变密度测井资料解释

下面简单介绍一下应用声波变密度测井如何判断套管与水泥、水泥与地层之间的胶结情况。

（1）自由套管井段。

在自由套管井段，大部分声波能量沿套管传播，传到地层中的声波能量非常小（图4-3-6）。因此，全波列波形中套管波幅度很大，地层波很弱或完全没有。

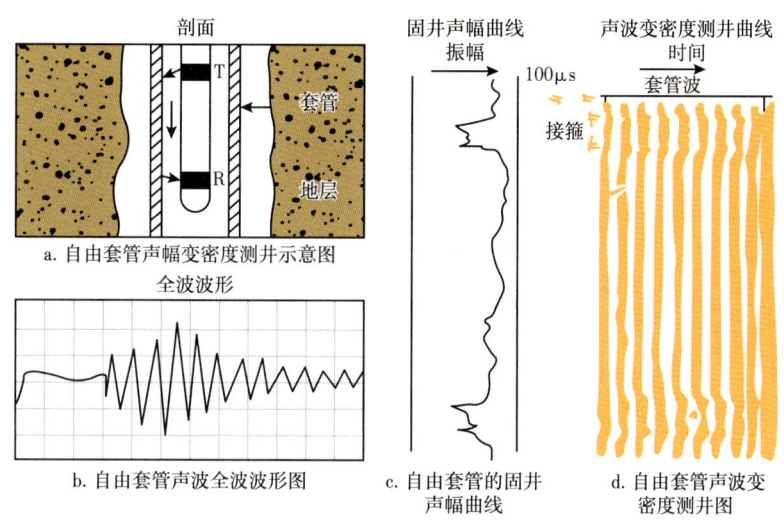

图 4-3-6　自由套管示意图

变密度曲线左端套管波为黄白反差明显呈整齐的直线条；右端地层波为黄白模糊不清的曲线条或缺失，表示地层波很弱。如果没有地层波则为套管波后续波，右端呈黄白间隔的直线条。固井声幅曲线为高幅值。

（2）仅套管与水泥胶结良好，水泥与地层胶结不好（图4-3-7）。

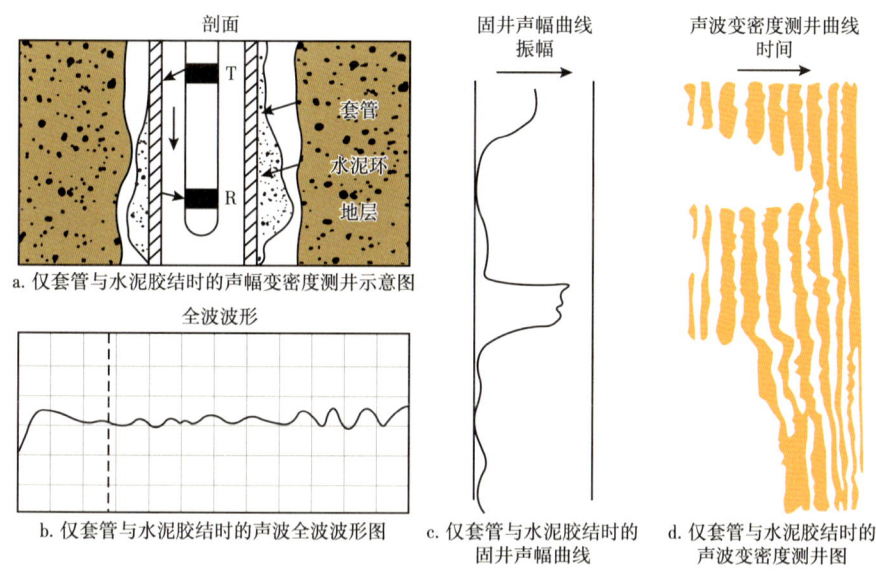

图 4-3-7　仅套管与水泥胶结示意图

声能从套管传递给水泥,水泥使声能衰减,很少传递给地层。因此:

①全波列波形中套管波幅度弱,地层波也非常弱或没有。

②声波变密度测曲线左端套管波为黄白模糊不清的直线条;右端地层波为黄白模糊不清的曲线条。

③固井声幅曲线为低幅值。

(3)部分胶结(图4-3-8)。

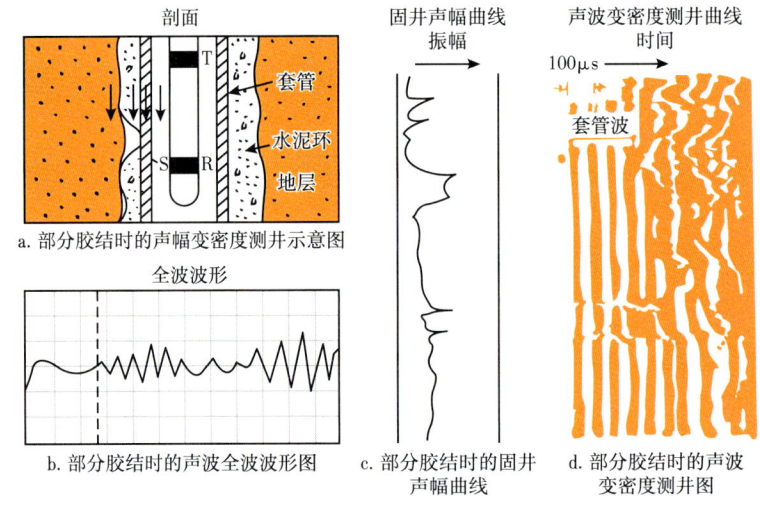

图4-3-8　部分胶结示意图

声能一部分留在套管中,但也有相当大能量透射到地层中,因此:

①全波列波形中套管波幅度中等,地层波也呈中等强度。

②声波变密度测井曲线左端套管波为黄白间隔直线条;右端地层波为黄白间隔的曲线条。

③固井声幅测井曲线为低—中等幅值。

(4)套管与水泥、水泥与地层都胶结良好(图4-3-9)。

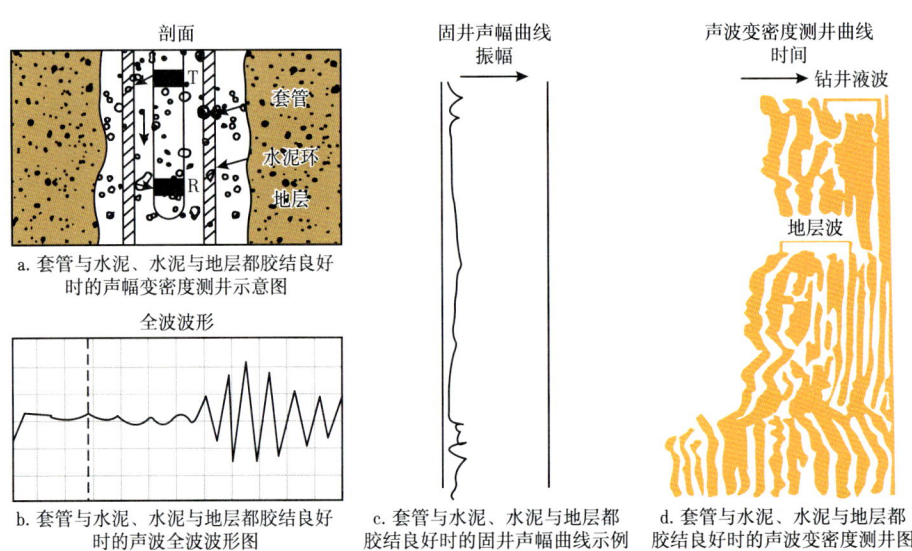

图4-3-9　套管与水泥、水泥与地层都胶结良好示意图

这时可以把套管、水泥和地层看成一个整体，声能由套管传到水泥再传到地层。因此：

①全波列波形中套管波幅度很弱，地层波很强。

②变密度曲线左端套管波为黄白模糊不清直线条或缺失；右端地层波为黄白反差明显的曲线条。

③固井声幅曲线为低幅值。

3. 检查窜槽

有时声幅测井曲线都是低幅度显示，表示上下两层之间的套管与水泥胶结良好，但是下部生产层射开投产时竟出水。据分析是从上部含水砂岩来的，怀疑上下两层之间井段水泥与地层胶结不好，经声波变密度测井后发现套管波、地层波都很弱，证实上述看法。

4. 检查压裂效果

为了增产需要，对低产油层需要进行压裂。经压裂后，地层存在大量的裂缝，声波传播其能量衰减很大，传播时间也增大，通过压裂前后两次声波变密度测井对比，可检查压裂效果。

压裂前地层致密地层波幅度大，变密度黑白反差明显；压裂后裂缝发育地层波幅度小，变密度灰白模糊显示，弯曲率也大。

另外，在声波变密度测井图（辉度图）中，套管接箍也有显示，显示出"人字形"的条纹线。

# 三、CBL/VDL 数字处理与解释

目前大多数油田采用数字记录 CBL/VDL 的全波列波形（4ft 和 5ft），因此可采用数字处理提取套管波、地层波及钻井液导波的幅度信息，获得一界面胶结指数、二界面胶结指数和导波特征值等参数，并结合评价标准，得到固井质量评价剖面。

1. 波形频谱分析

通过对实际测井资料的分析发现，对于国产仪器所测的声波变密度测井资料，全波列中的套管波和地层波的频率范围非常接近或相互叠加，因此仅仅采用滤波方法，是很难在频域上区分套管波和地层波的。因此可采用频域滤波与时域开窗（根据套管波固定到达时间和裸眼井声波时差计算地层波首波到达时间）相结合的方式来提取套管波、地层波的特征值。

图 4-3-10 为某井波形频谱分析效果图。如图 10-3-10a 所示，井段 1（40~48m）的声幅为全井段最大值，分析认为该井段为自由套管，套管波能量较强；井段 2（1854~1862m）的声幅曲线值很低，地层波首波清晰，可以认为全波列中的初至波为较纯的地层波。如图 4-3-10b 所示，套管波主频为 16.6kHz；如图 4-3-10c 所示，地层波主频为 14.6kHz。该井所记录波形的长度为 1720μs，纵观全井段的全波频谱，选择地层波的频段参数为 10~16kHz。

2. 固井质量评价参数

1）一界面胶结指数

为了定量评价一界面固井质量，定义一界面胶结指数 $m_1$ 如下：

$$m_1 = 1 - \frac{A - A_{\min}}{A_{\max} - A_{\min}} \qquad (4\text{-}3\text{-}4)$$

式中：$A$ 为波形中套管波的幅度；$A_{\min}$ 为完全胶结段套管波幅度；$A_{\max}$ 为自由套管井段套管波幅度。

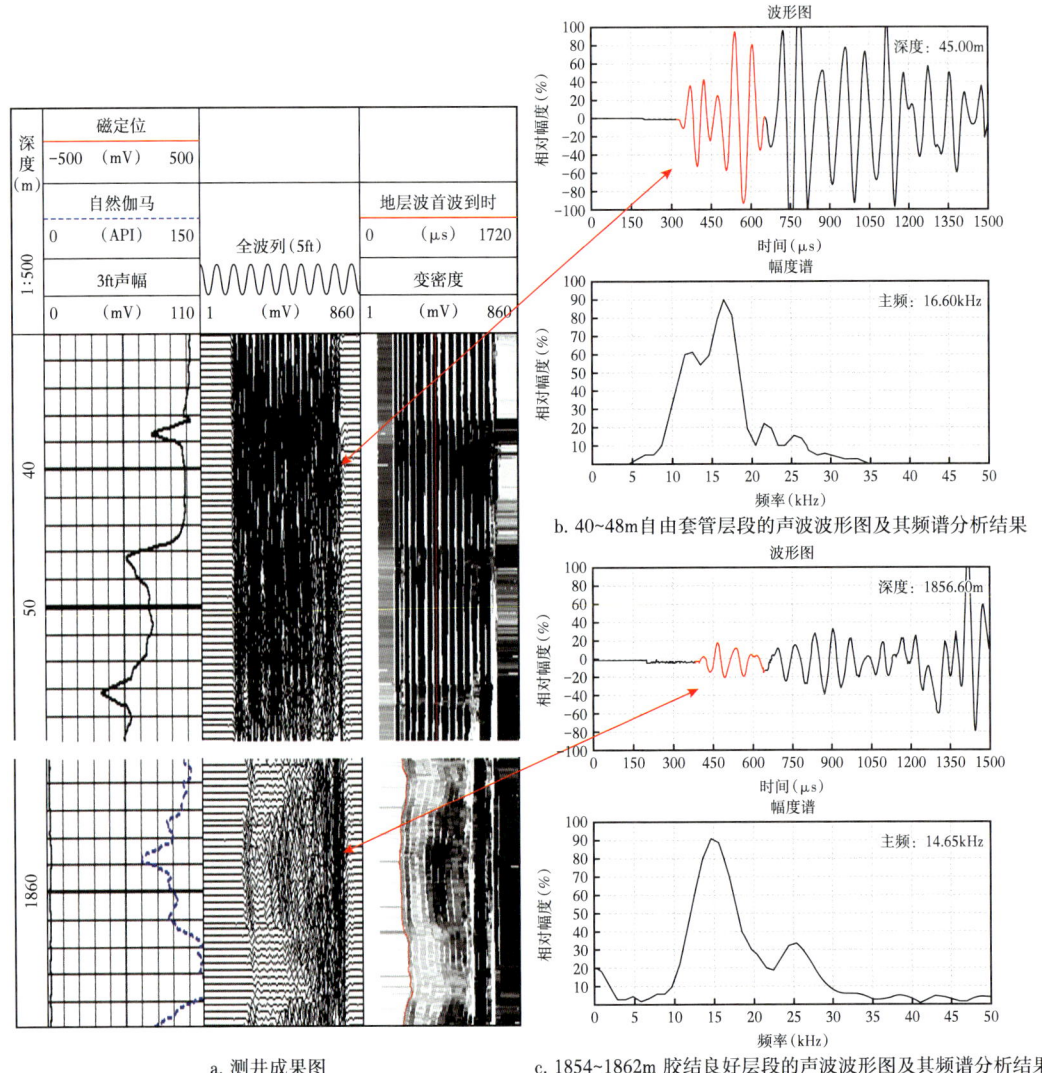

图 4-3-10 波形频谱分析结果

前面的理论分析表明，不同直径的套管波幅度有很大差异，而且不同源距测得的波形幅度也有很大差异，因此在计算一界面胶结指数时，$A_{\max}$ 和 $A_{\min}$ 都要选用同直径套管、同源距条件下的参考值，最好是通过计算同一井中同管径套管井段的自由套管段和完全胶结段来得到。

2）二界面胶结指数

地层波的能量与振幅有关，振幅越大则能量越强，地层波振幅 $A$ 为

$$A = \sqrt{\frac{1}{N}\sum_{i=1}^{N}W_i^2} \qquad (4\text{-}3\text{-}5)$$

式中：$W_i$ 为波形样点幅值；$N$ 为地层波开窗长度。

二界面胶结指数可定义为

$$m_2 = \frac{A}{A_{\max}} \qquad (4\text{-}3\text{-}6)$$

式中：$A$ 为地层波在时窗内的波形能量；$A_{\max}$ 为完全胶结段地层波的波形能量。

式（4-3-6）没有考虑到地层波声衰减的影响。由于地层的声衰减与泥质含量密切相关，即泥质含量增加，地层波衰减增大，地层波减弱；反之亦然。利用自然伽马曲线可以确定地层的泥质含量，进而利用泥质含量计算地层波的声衰减量，再对地层波能量进行补偿，可在一定程度上消除岩性对二界面胶结的影响。

3）伪瑞利波特征值

随着环隙大小的变化，伪瑞利波的幅度有很大变化，波形持续时间也有变化，且由图 4-3-10b、c 可看出，伪瑞利波的极大值能有效地反映一界面、二界面的胶结状况，因此可提取伪瑞利波均方根幅度 REMX 作为特征值。自由套管段，REMX 值极大；完全胶结段，REMX 值极小。

伪瑞利波均方根幅度 REMX 为

$$\text{REMX} = \sqrt{\frac{1}{N}\sum_{i=1}^{N}W_i^2} \qquad (4\text{-}3\text{-}7)$$

式中：$W_i$ 为波形样点幅值；$N$ 为伪瑞利波开窗长度。

3. 固井质量评价标准

通过前面的分析，影响 CBL/VDL 非固井质量因素较多且存在时难以消除，因此在测井时应该尽量避免上面的情况。而用 CBL/VDL 资料评价固井质量是一个复杂的过程，其评价标准是关键。以前国内大多油田用固井声波幅度定性评价固井质量，定量评价时也是简单利用固井声波幅度，即把固井声波幅度变为相对固井声波幅度 BI（目的层段与完全胶结层段固井声波幅度差除以自由套管层段与完全胶结层段固井声波幅度差），根据统计我国大部分油田评价标准为：BI＜20% 时胶结良好；20%≤BI≤40% 时胶结中等；BI＞40% 时胶结差。

上面的评价标准在实际应用时发挥很大的作用，但由于 CBL 资料的缺陷和技术的局限不能评价二界面。根据理论波形和实际资料分析，确定的 CBL/VDL 固井质量评价标准见表 4-3-1。但在判断某井段是否窜槽时，除求出一界面胶结指数和二界面胶结指数外，还需参考最小封隔长度才能确定该井段是否会窜槽。

4. 资料处理解释

图 4-3-11 是对塔河地区 XX1 井低密度水泥固井质量评价的实例。该井所用水泥密度约为 1.4g/cm³，由于固井水泥密度低，声波变密度测井图中地层波较明显，但套管波

幅度仍可观察到，这与高密度水泥固井胶结好时声波波形有所差异。经套管波幅度校正后，一界面固井质量显示胶结良好（黑色充填）；而二界面固井质量在中等（黑白间隔竖条）和良好之中，主要由地层波相对幅度来评价。通过对其中的目的层进行射孔试油，试油后出油，不存在窜槽现象，证实了解释结果的有效性。

表 4-3-1 固井质量评价标准

| 一界面胶结指数 | 二界面胶结指数 | 固井质量 |
| --- | --- | --- |
| 0.8~1 | 0.8~1 | 好 |
| 0.5~0.8 | 0.5~0.8 | 中等 |
| <0.5 | <0.5 | 差 |

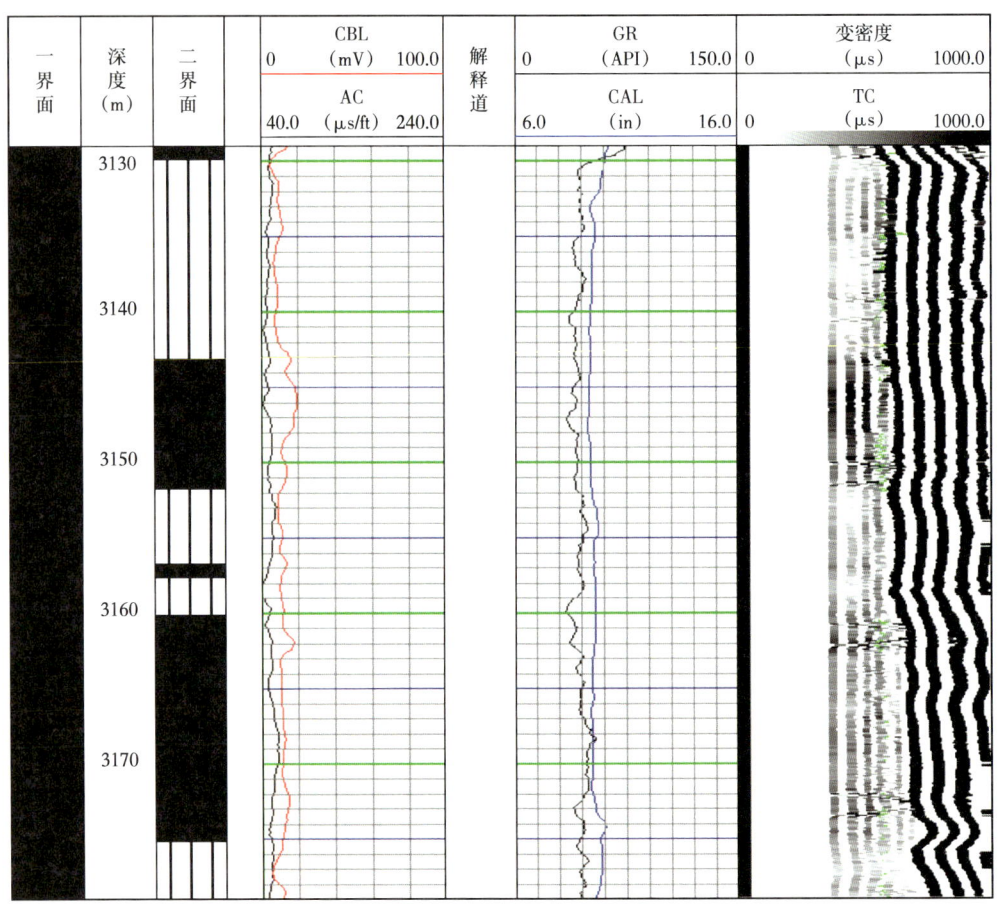

图 4-3-11 塔河地区 XX1 井低密度水泥固井质量评价图

图 4-3-12 是长庆油田 XX1 井水泥固井质量的评价图，第 2 道为自然伽马曲线；第 2 道为 3ft 声幅和裸眼井纵波时差。从自然伽马曲线来看，该井段岩性变化大，造成地层波幅度变化也大，说明需要做岩性校正。第 3 道为 5ft 全波列波形；第 4 道为变密度图和地层纵波到达时间；第 5 至第 7 道分别为一界面声波胶结指数、二界面声波胶结指数和环空水泥胶结系数；第 8、第 9 道分别为一界面、二界面计算固井质量评价结

论与现场评价结果比较。从该段固井质量评价结果来看，一界面水泥胶结良好（黑色充填），二界面大部分胶结良好，一部分胶结中等（黑白间隔竖条）。计算固井评价结果与现场解释结果基本一致，但更精细、更合理。

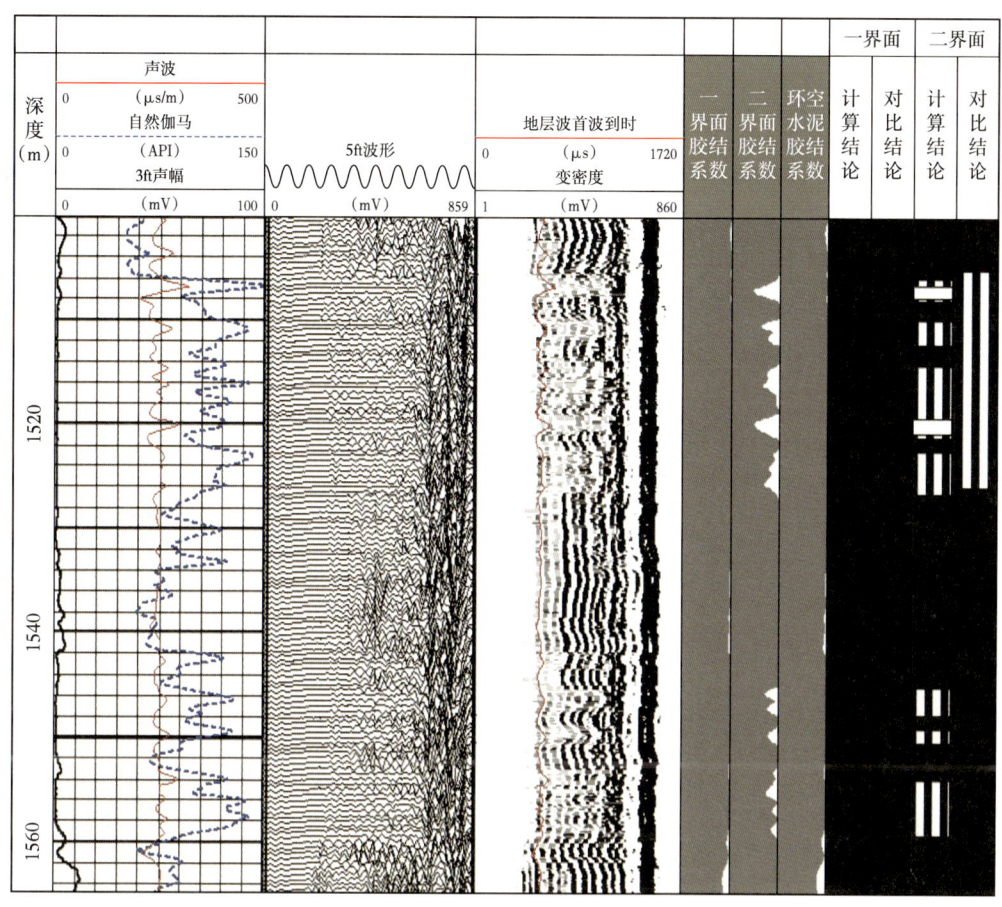

图 4-3-12　长庆油田 XX1 井固井质量评价图

## 四、分区水泥胶结测井

水泥胶结测井（CBL）和声波变密度测井（VDL）测量的声波信号是井周围的平均结果，没有周向分辨能力，不能评价水泥胶结的周向差异状况。分区水泥胶结评价仪（SBT）是贝克阿特拉斯公司第二代径向固井评价仪，改进了固井评价方法，试图克服早期测井仪在提供套管周围垂向、径向水泥胶结质量定量评价方面的局限性。这里以阿特拉斯的分区水泥胶结测井仪为例进行介绍。

1. 分区水泥胶结测井仪的测量原理

1）声系

如图 4-3-13 所示，分区水泥胶结测井仪有六个推靠器，每个推靠器上装有一个极板，每个极板上装有一对接发声波探头。分区水泥胶结测井仪在工作时利用推靠臂把六个测量极板推靠到套管内壁上去，使超声波探头直接与套管内壁紧密接触耦合。每相邻四个极板构成螺旋状双发双收衰减测量系统，六个极板组合而成的六个双发双收补偿声衰减测量系统把管外环形空间分为六等份，分别考察水泥胶结质量，实现测量的高分辨率、360°全方位覆盖。超声波探头中心频率为100kHz，接发探头的源距为6in，形成的六对补偿声系的接收探头间距也为6in，测量点为两接收探头的中间。

图 4-3-13 分区水泥胶结测井仪的六极板展开示意图

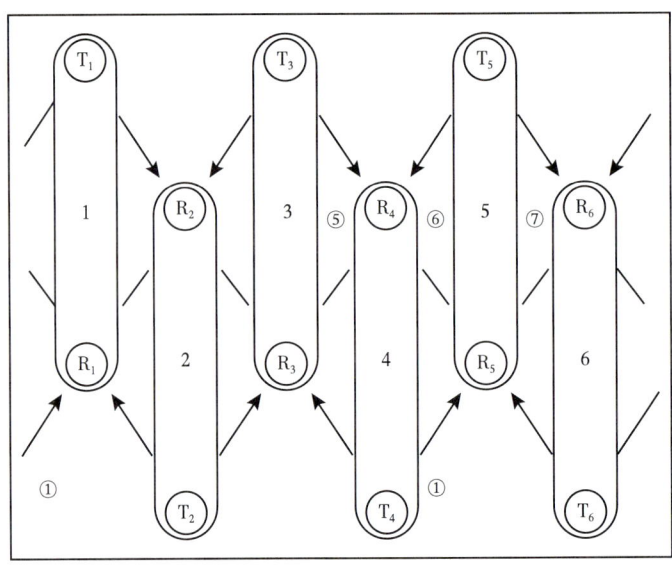

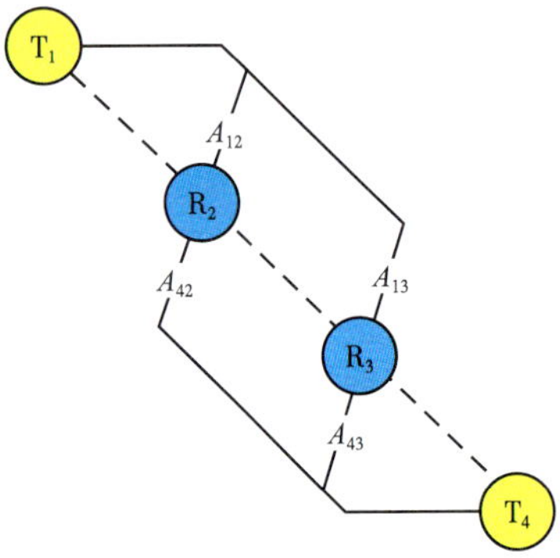

图 4-3-14 分区水泥胶结测井仪测量原理示意图

2）测量原理

分区水泥胶结测井仪共有六个扇区，这里以第一扇区的测量为例分析分区水泥胶结的声衰减测量原理。在第一扇区中，四个邻近探头形成的补偿声系结构如图 4-3-14 所示。

在图 4-3-14 中，当 $T_1$ 发射，$R_2$、$R_3$ 接收到的套管波的幅度分别为 $A_{12}$ 和 $A_{13}$，套管波的衰减系数为

$$\alpha_1 = \frac{20}{l} \lg \frac{A_{12}}{A_{13}} \qquad (4\text{-}3\text{-}8)$$

式中：$l$ 为 $R_2$、$R_4$ 的间距，$l=6\text{in}=15.24\text{cm}$。

当 $T_4$ 发射，$R_3$、$R_2$ 接收到的套管波的幅度分别为 $A_{43}$ 和 $A_{42}$，其衰减系数为

$$\alpha_2 = \frac{20}{l} \lg \frac{A_{43}}{A_{42}} \qquad (4\text{-}3\text{-}9)$$

两个接收探头的接收灵敏度、带宽及各种性能随温度的变化等不完全相同，$\alpha_1$ 和 $\alpha_2$ 不能反映地层声衰减的真实情况，因此补偿声波衰减系数为

$$\text{ATC}_1 = \frac{\alpha_1 + \alpha_2}{2} = \frac{10}{l} \lg \frac{A_{12} A_{43}}{A_{13} A_{42}} \qquad (4\text{-}3\text{-}10)$$

式（4-3-10）中，只要认为换能器的响应是线性的，补偿声波衰减系数就只与地层的声波衰减有关，而与换能器的性质无关。例如，若$R_2$较$R_3$接收灵敏性高，则$A_{12}$增大，$A_{42}$增大，$A_{13}$减小，$A_{43}$减小，那么$\alpha_1$增大，$\alpha_2$减小，因此$ATC_1$与$R_2$、$R_3$的灵敏性无关。

类似可获得其他扇区的补偿声波衰减系数，这样可得到曲线$ATC_i$（$i$=1，2，…，6）。

2. 分区水泥胶结测井的测量内容和成果显示

1）分区水泥胶结测井的测量内容

（1）平均声波衰减系数$AT_{av}$：

$$AT_{av} = \frac{1}{6}\sum_{i=1}^{6} ATC_i \qquad (4-3-11)$$

（2）最小声波衰减系数$AT_{min}$：

$$AT_{min} = \min\{ATC_i\} \quad (i = 1, 2, \cdots, 6) \qquad (4-3-12)$$

$AT_{av}$和$AT_{min}$的差异反映了水泥胶结的周向不均匀性。若较长井段连续出现明显差异，则有可能存在水泥窜槽。

（3）平均声幅$AM_{av}$：

$$AM_{av} = A_0 \times 10^{-0.15AT_{av}} \qquad (4-3-13)$$

式中：$A_0$为自由套管声幅，由实验确定；$AM_{av}$相当于理想条件下的声幅测井曲线。

由于$A_0$可由实验确定，$AM_{av}$需要结合$AT_{av}$计算，而$AT_{av}$是从水泥胶结测井中获取的，从而建立了分区水泥胶结测井与声幅测井曲线的对比联系。因此，声幅测井解释中的一些经验和评价标准可做参考之用。

（4）相对方位（RB）：反映第一扇区中点相对于井眼底线的相对方位角，可用于确定水泥窜槽的方位。

（5）5ft标准源距的声波变密度测井：主要用于评价水泥环与地层界面的胶结质量。

2）分区水泥胶结测井的成果显示

图4-3-15为分区阵列图，它们包括以下内容。

（1）水泥图（变衰减测井图）：采用五级灰度显示水泥的胶结程度，最浅灰色代表最低一级水泥胶结程度或地层坍塌；黑色代表衰减系数达到了与水泥抗压强度规定值所对应的衰减值80%（与套管尺寸、重量有关）。

（2）六条补偿衰减系数曲线，显示六个方位的套管波的衰减大小。

（3）仪器方位曲线，可确定沟槽的位置。

图4-3-16为分区水泥胶结测井主测井显示图（类似常规声波固井质量测井），包括：

第1道显示自然伽马和套管接箍曲线；

第3道显示最小衰减系数曲线、平均衰减系数、振幅（mV）曲线；

第4道显示声波变密度测井或波形特征曲线图。

最小衰减系数曲线与平均衰减系数差值（阴影部分），反映了水泥环中存在的窜槽大小。

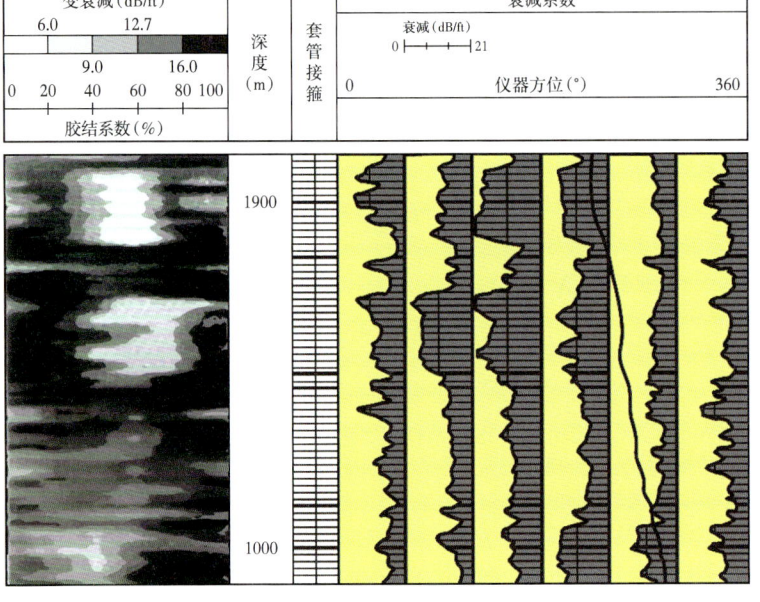

图 4-3-15　分区水泥胶结测井分区阵列图

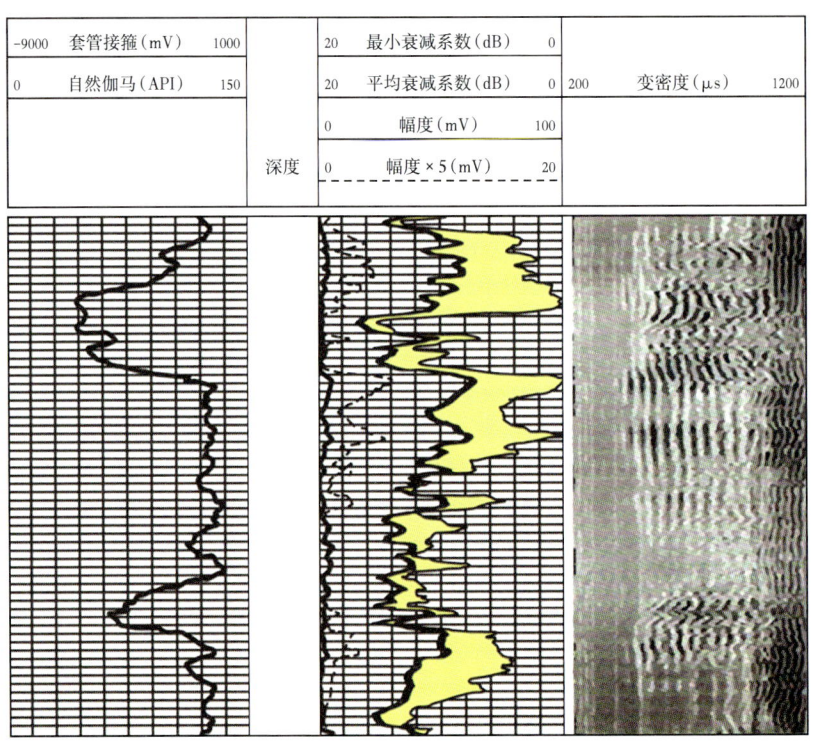

图 4-3-16　分区水泥胶结测井主测井显示图

3. 分区水泥胶结测井测量资料与解释

1）消除套管接箍信号影响

在套管接箍处，由于接箍缝隙的作用，分区水泥胶结测井衰减系数测井曲线总是出现异常跳动。这种跳动不利于固井质量评价工作。

一般情况下，这种异常跳动显示以中心点为轴心向上下两侧迅速衰减的正向余弦波的形式。为了消除套管接箍信号，可采用下式关系式来模拟：

$$S = Y\left(1 - \frac{|H - H_0|}{W}\right)\cos\left(\frac{H - H_0}{W}\frac{3\pi}{2}\right)F \qquad (4\text{-}3\text{-}14)$$

式中：$S$ 为套管接箍信号；$Y$ 为套管接箍信号的净最高幅度；$H$ 为计算点深度；$H_0$ 为套管接箍信号最高幅度点的深度；$W$ 为计算窗的窗宽；$F$ 为套管接箍信号形状因子。

然后，从衰减系数测井曲线上消除套管接箍信号的干扰：

$$\text{SAT} = \text{ATC} - S \qquad (4\text{-}3\text{-}15)$$

式中：ATC（$\text{ATC}_1 \sim \text{ATC}_6$）为计算的衰减系数曲线。

2）水泥环胶结系数确定

研究结果表明，归一化的水泥环衰减系数与胶结指数的关系符合理论上的线性关系，因而认为归一化的水泥环衰减系数就等于胶结系数。因此在现场固井质量评价中，可用下式来求水泥环的胶结系数 BIST：

$$\text{BIST} = \frac{\text{AT}_{av} - \text{AT}_{fp}}{\text{AT}_{ec} - \text{AT}_{fp}} \qquad (4\text{-}3\text{-}16)$$

式中：$\text{AT}_{av}$ 为测量点平均衰减系数，dB/ft；$\text{AT}_{fp}$ 为自由套管井段的衰减系数，dB/ft；$\text{AT}_{ec}$ 为完全胶结井段的衰减系数，dB/ft。

3）水泥环抗压强度确定

实验表明，当水泥环与套管外壁紧密接触时，其衰减系数与管外水泥的抗压强度关系密切。在实际评价应用中，对于不同的套管壁厚，可以用阿特拉斯公司分区水泥胶结测井解释图版定量评价水泥固井质量，即由平均衰减系数 $\text{AT}_{av}$ 值用如下公式求出水泥环的抗压强度：

$$S_t = 48.5 \times \left[(t + 0.1)(\text{AT}_{av} - \text{AT}_{fp})\right]^{2.5} \qquad (4\text{-}3\text{-}17)$$

式中：$S_t$ 为水泥抗压强度（CMT），psi；$t$ 为套管厚度，in；$\text{AT}_{av}$ 为目的层的声波衰减系数，dB/ft；$\text{AT}_{fp}$ 为自由套管的声波衰减系数，dB/ft。

固井工程中，若不存在微环隙和严重钻井液污染，则水泥抗压强度越大，相应胶结强度也越大。这样通过求解水泥抗压强度就可以评价水泥胶结程度。

4）水泥环沟槽宽度和方位确定

由 SBT 的 $\text{AT}_{av}$-$\text{AT}_{min}$ 差异和水泥胶结成像图可以直观地识别水泥沟槽。但 $\text{AT}_{av}$-$\text{AT}_{min}$ 差异大小与水泥沟槽大小的关系并不一一对应。理论上，其关系可用分段线性函数表示：

$$\Delta\text{AT} = \text{AT}_{av} - \text{AT}_{min} = \begin{cases} \text{AT}_{ec}\dfrac{\theta}{45°} & (\theta \leqslant 45°) \\ \text{AT}_{ec}\dfrac{360° - \theta}{315°} & (\theta > 45°) \end{cases} \qquad (4\text{-}3\text{-}18)$$

式中：$\text{AT}_{av}$ 为平均衰减系数；$\text{AT}_{min}$ 为最小衰减系数；$\text{AT}_{ec}$ 为胶结良好（完全胶结）井段的声波衰减系数；$\theta$ 为水泥沟槽宽度，(°)。

另外，在用水泥胶结成像图定性解释水泥沟槽宽度后，也可以用下式精确地确定水泥沟槽的宽度 $\theta$：

$$\theta = 360° \times \left(1 - \frac{AT_{av}}{AT_{ec}}\right) \quad (4-3-19)$$

在现场解释中，必须注意上述两式的应用前提：

（1）衰减系数差异明显，即 $\Delta AT = AT_{av} - AT_{min} > 2dB/ft$，且不是由仪器各扇区衰减系数测量误差引起的。

（2）$AT_{av}$ 降低不是由钻井液污染引起的；衰减系数差异是由环向胶结不均匀引起的。

（3）沟槽方位由下式来确定：

$$DCH = (DAZ + RB + 180°) - m \times 360° \quad (4-3-20)$$

其中：

$$m = \begin{cases} 0 & (DAZ + RB < 180°) \\ 1 & (180° \leqslant DAZ + RB < 540°) \\ 2 & (DAZ + RB \geqslant 540°) \end{cases} \quad (4-3-21)$$

式中：DCH 为沟槽方位；DAZ 为极板方位；RB 为仪器方位；$m$ 为沟槽方位系数函数。

图 4-3-17 是康普乐公司分区水泥胶结测井资料解释结果，与阿特拉斯公司分区水泥胶结测井不同的是康普乐公司分区水泥胶结测井没有采用补偿衰减系数，而是直接用套管波最大与最小幅度差来识别沟槽。1486m 以浅套管波明显，一界面胶结不好。整个井段地层波较清晰，说明二界面胶结良好。

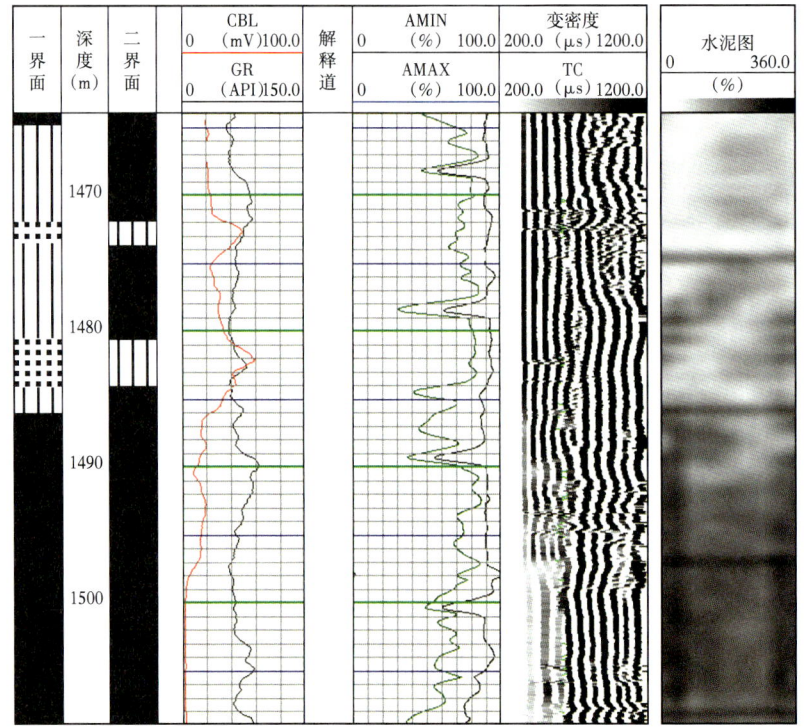

图 4-3-17　西北某井康普乐公司分区水泥胶结测井资料解释成果图

# 第四节 超声脉冲反射法测井

第三节所述固井声幅测井介绍的是发射探头与接收探头分离的声波反射法测井，测量的声信号属于沿界面传播的滑行波，因此受流体微环的影响突出，阿特拉斯公司分区水泥胶结测井只能部分改善流体微环的影响。超声脉冲反射法测井（简称超声测井）是为了克服流体微环或微裂隙对测量结果影响而提出。超声脉冲反射法测井主要采用自发自收的方式测量声信号来评价水泥的胶结质量，主要方法有水泥胶结衰减测井（BAL）、水泥评价测井（CET）、超声成像测井（USI）等。近来中国石油集团测井有限公司（CPI）也在原江汉测井研究所研制的超声水泥胶结测井（UCT）的基础上推出了MUST（多参数超声工程测井仪），开始进行商用推广应用。

CET（或UCT）是最先采用超声脉冲反射法来评价水泥胶结质量的测井方法之一，像超声成像测井（USI或MUST）都是在这基础上发展起来的。本节只是对CET、USI测井方法作简单的介绍。

## 一、超声脉冲反射法测井原理

超声脉冲反射法测井测量采用门记录方式，在门电路中用第Ⅰ门记录（旅行时间）套管—水泥界面（二界面）的反射波，用第Ⅱ门记录水泥—地层界面（三界面）的反射波。由于套管、水泥、地层的声阻抗不同，更主要的是水泥胶结好坏大大影响水泥声阻抗，使得超声波在二界面、三界面反射回的声能是不同的，根据接收器接收的各界面反射声能就可以判断水泥胶结的好坏。

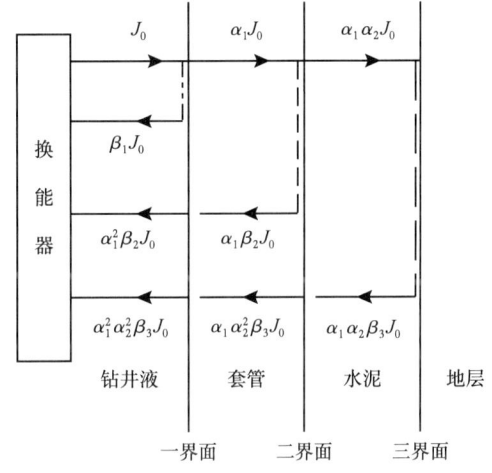

图 4-4-1 超声测井模型

图 4-4-1 为超声测井模型图，设 $\alpha_i$、$\beta_i$（$i=1、2、4$）分别为三个界面折射系数和反射系数。$r_1$、$r_2$、$r_3$ 分别为钻井液、套管、水泥对超声的衰减系数，$R_1$、$R_2$、$R_3$ 分别为声波在三种介质传播的单程路径，$v_1$、$v_2$、$v_3$ 分别为三种介质中声波传播速度，如入射波声强为 $J_0$，则接收器接收到的一界面、二界面、三界面的一次反射波的声强 $J_1$、$J_2$、$J_3$ 及其往返所需时间见表 4-4-1。

表 4-4-1 不同界面反射波特征

| 接收波类型 | 一界面反射波 | 二界面反射波 | 三界面反射波 |
|---|---|---|---|
| 不计衰减时的声强 | $\beta_1 J_0$ | $\alpha_1 J_0$ | $\alpha_1^2 \alpha_2^2 \beta_3 J_0$ |
| 有衰减时的声强 | $J_1 = \beta_1 J_0 e^{-4\eta R_1}$ | $J_2 = \alpha_1^2 \beta_2 J_0 e^{-4(\eta R_1 + \eta R_2)}$ | $J_3 = \alpha_1^2 \alpha_2^2 \beta_3 J_0 e^{-4(\eta R_1 + \eta R_2 + \eta R_3)}$ |
| 声波往返所需时间 | $t_1 = \dfrac{2R_1}{v_1}$ | $t_2 = \dfrac{2R_1}{v_1} + \dfrac{2R_2}{v_2}$ | $t_3 = \dfrac{2R_1}{v_1} + \dfrac{2R_2}{v_2} + \dfrac{2R_3}{v_3}$ |

图 4-4-2 是超声测井记录门声幅。对于不同水泥胶结情况有以下特点。

（1）自由套管。套管外是钻井液，声波能量很少传到套管外，因此用第Ⅰ门记录的二界面反射波声强 $J_2$ 很大，而第Ⅱ门记录不到三界面的反射波。

（2）仅套管与水泥胶结。套管内的声能传递给水泥，第Ⅰ门记录的二界面反射波声强 $J_2$ 较小。由于水泥与地层胶结不好，声能传不到地层，因此第Ⅱ门记录的三界面反射波声强 $J_3$ 较大。

（3）套管与水泥、水泥与地层都胶结好。套管内的声能传递给水泥，第Ⅰ门记录的二界面反射波声强 $J_2$ 较小。水泥与地层胶结好，水泥中的声能就传递到地层中去，第Ⅱ门记录的三界面反射波声强 $J_3$ 也较小。

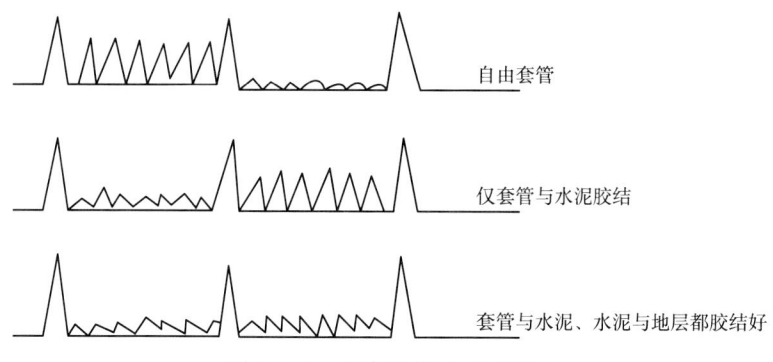

图 4-4-2　超声测井记录门声幅

图 4-4-3 为自由套管时 UCT 记录的波形和功率谱，其中波形幅度与功率值是归一化的。可以看出，第Ⅰ门的波形幅度较高，第Ⅱ门的波形波幅度为低值；在功率谱中，频率约在 475kHz 处功率值突然变低。

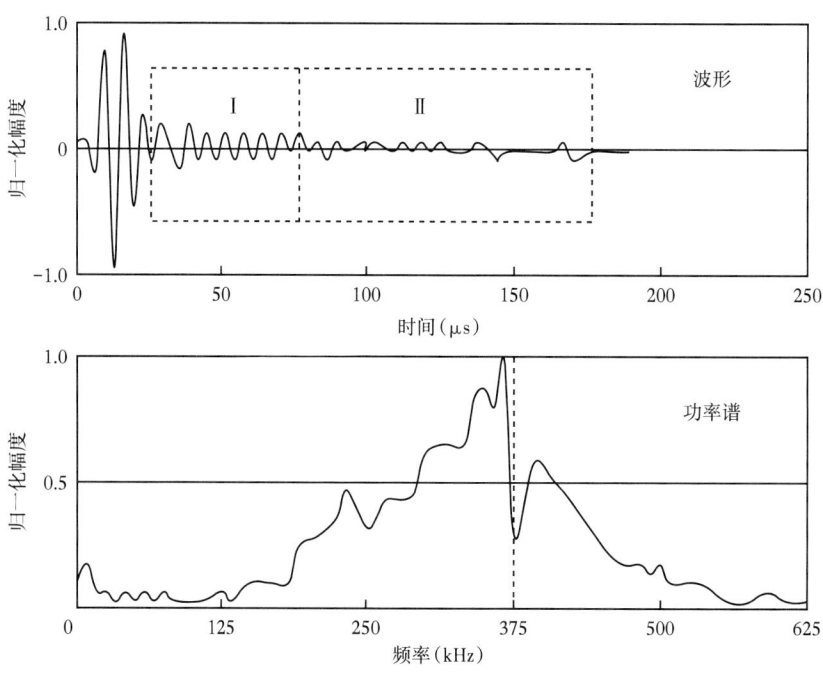

图 4-4-3　自由套管时 UCT 记录的波形和功率谱

图 4-4-4 为完全水泥胶结时 UCT 记录的波形和功率谱，其中第Ⅰ门和第Ⅱ门的波形幅度都较低；同时在功率谱中，频率约在 475kHz 处功率值不会突然变低。因此利用两个门记录的二界面、三界面波形幅值高低和功率谱的形状可评价水泥胶结的好坏。

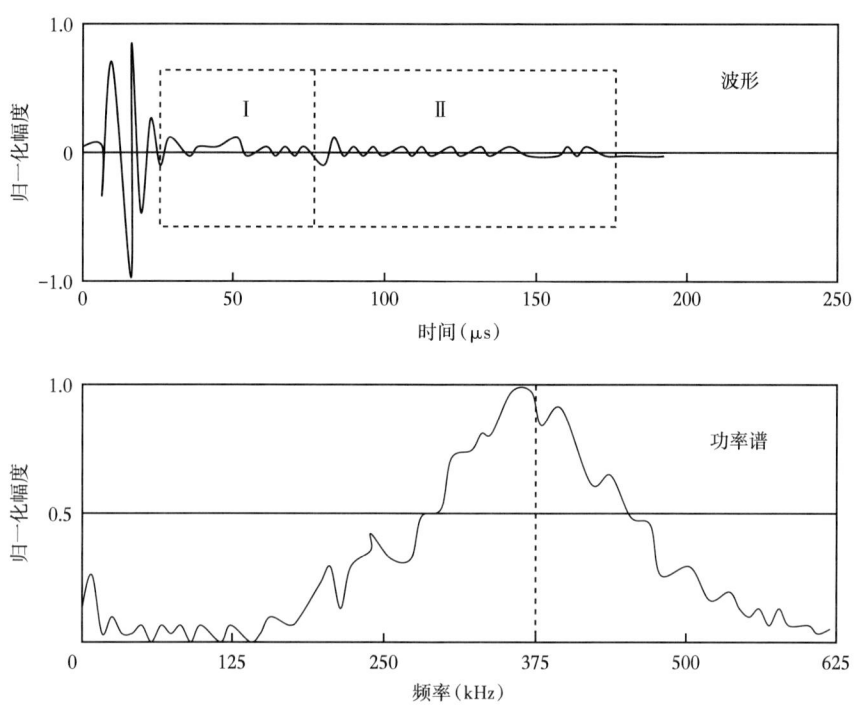

图 4-4-4　自由套管时 UCT 记录的波形和功率谱

## 二、水泥评价测井仪器简介

图 4-4-5 是 CET 测量原理结构图。声系有八个声波换能器，采用螺旋式排列，可以对套管进行扫描，在 360° 的圆周上形成 45° 的扇形面，超声波换能器可同时以自发自收的方式垂直接收井壁的八个反射信号。根据垂直的反射系数（见第一章），反射信号的强弱完全由界面的两种介质的波阻抗决定。

CET 仪器中，8 个测量晶体纵向排列在 2ft 的距离上，每个探头的外径为 4in 或 4.475in，另外还有第 9 个晶体装在最下部，它把传播时间转换成距离（精度 0.1mm），由此可以确定仪器的相对方位，并得出相距 45° 的 8 个视半径值，并进一步计算出 4 个套管直径和一条平均井径，最后计算其椭圆度（最大直径和最小直径的比值），作为衡量套管变形、损坏、崩塌的一个较灵敏的指标。

由于是垂直发射接收声信号，CET 声波波长（约 7.5mm）仍然远大于流体间隙宽度，不影响声耦合（一般间隙小于 1/4 波长，就不会引起声波传播的变化）。

CET 与 CBL、VDL 相比，有以下特点：

（1）用八个换能器可以进行沿径向的水泥胶结评价；

（2）确定管外流体的抗压强度；

(3)可以消除微环的影响；

(4)可以消除环境影响：快速地层到达波、天然气效应、双套管等；

(5)可以确定井眼的几何信息：套管椭圆度、损坏程度等。

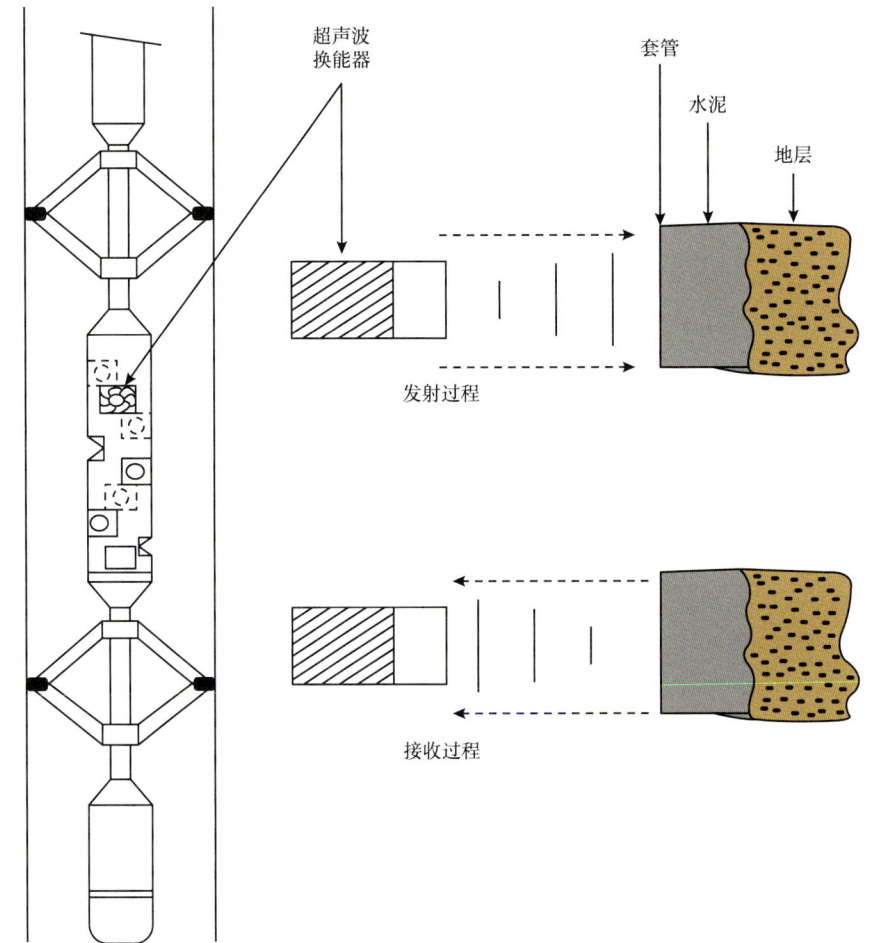

图 4-4-5　CET 测量原理结构示意图

## 三、超声成像测井简介

USI 为斯伦贝谢公司的新一代高分辨率超声成像测井，主要用于水泥胶结评价。USI 在套管井中应用包括水泥胶结质量评价和 360°方位的套管质量检查。套管内部及其厚度的准确声波测量结果可以提供一种像地图一样的包括套管内部和外部损坏以及套管变形的测井图。对反射超声波的分析可以提供套管外面物质的声阻抗。固井图可以直观地指示出固井质量的好坏。本部分仅针对 USI 用于固井质量评价的内容进行介绍，详细介绍见第 5 章。

1. USI 测量原理简介

水泥胶结评价的测量原理与现有超声波测井仪的测量原理相似。面向平面的换能器发射较短的声波脉冲，在套管中激发套管壁厚谐振，然后再由同一换能器接收发射脉冲或回波，然后再对其进行分析和解释。

像 CET 仪一样，USI 仪对在反射脉冲中所含有的壁厚谐振信号进行分析，但是该分析是以不同的方式完成的。CET 仪有 8 个固定的换能器，它们呈螺旋排列，方位 45°，并且每个换能器只能探测一小段的套管。USI 仪只有一个旋转换能器，它探测整个套管。

CET 和 USI 这两种测井仪可以提供方位分辨率的测量结果以便探测各方位上水泥胶结质量。CET 和 USI 径向声波脉冲把套管和水泥间微循环空间对水泥胶结质量评价的影响减小至最小。

USI 换能器先发射出（频率在 195~650kHz）超声波脉冲，然后转换到接收方式。超声波脉冲通过井内流体传播，然后撞击套管内壁。大部分超声脉冲的能量被套管发射回换能器，剩余的能量折射进入套管，然后在套管和环形空间表面以及套管和井壁表面之间经过多次发射，在每个发射界面，一部分能量被发射，另一部分能量被折射，这取决于界面的声阻抗。

实际上在井中，由于套管和井内流体的声阻抗基本是常数，所以套管内的信号的衰减速率取决于套管外物质的声阻抗。换能器现在作为接收器，它探测高幅度的反射信号，其后跟着的是按指数衰减的信号，其峰到达的时间是该信号传播到套管所需时间的两倍。

为了从 USI 采集的资料得到可靠的信息，开发出一种称为 T4 处理的新技术。这种以频率为基础的新处理技术需要三个阶段：测井仪实际测量阶段，制作模型阶段和刻度阶段。CET 是采用传统的能量窗口处理方法，而 USI 数据 T4 处理技术为了测量出下列参数，直接从基本的谐振响应得到声阻抗：

（1）水泥的声阻抗 $Z_{水泥}$（不管套管与地层间的物质是什么，都统统看作为水泥）。

（2）套管厚度 $TH_{套管}$。一般来说，套管壁的自然谐振频率近似地与套管的壁厚成反比。

（3）套管的内半径。通过确定发射脉冲波峰和回声主峰之间的时间。使用流体特性测量结果（FPM）把这个时间转换成套管的内半径，以便在考虑到换能器自身尺寸的同时计算出钻井液的声波传播速度。

（4）套管检查。根据声波传播时间和套管厚度测量结果可计算出套管的内半径。波形的最大幅度是套管内表面粗糙度的定性指示。

在测量阶段，通过快速傅里叶变换，将返回的时基信号转变成频率域，以便进行处理。通过对根据角频率导出的群延迟谱进行分析可以找到基本的套管谐振，并确定出它的特性。

在处理阶段，一个非常短的"标准化窗口"被放在套管发射首波的中央，这样可以在没有套管谐振影响的情况下选择发射首波。由这个标准化窗口建立起来的系统响应可用于对压力和温度对换能器的影响以及钻井液特性变化所引起的谱变化进行补偿。较长的"处理窗口"（包括反射首波和谐振信号的前部）可用于确定基本套管谐振的特性，以便初次评价套管的厚度和环形空间物质的声阻抗。

T4 模型处理是从初步评价的套管厚度和声阻抗开始的，然后产生一个脉冲响应谱，再对该谱进行标准化处理，最后得出一个"标准处理"。该模型的群延迟的计算及标准化方法和实际测量阶段所用方法一样。再得出一套新的特征参数（$TH_{套管}$ 和 $Z_{水泥}$）。将这些参数与测量得出的参数进行对比，如果它们不匹配，再重复上述步骤产生一套新的参数，然后再进行对比，这种重复处理对比过程直至用模型得出的参数与测量得出参数匹配为止（通常需要三次重复处理对比）。然后再对 T4 处理得到的平面结果做套管表面非平面性影响校正。

2. USI 显示和成像

根据不同的应用有多种显示方式。较差的情况用红色表示。例如，红线可以表示仪器不居中、最小幅度、最大内半径、最小套管厚度、气指示等。在图像上红色强度的增加表示这种较差情况的增多，像低幅、金属损失以及在水泥胶结评价图上显示存在气等情况。

USI 测量数据有几种显示：

（1）液体特性显示：有流体速度曲线（FVEL），流体的声阻抗曲线（AIBK）和参考刻度器板的厚度曲线（THBK），用于选择固井测井参数的直观显示。

（2）水泥胶结评价显示：胶结测量结果和套管侧面剖面；合成胶结指示和声阻抗的最小、最大和平均值；两种水泥胶结质量评价成像，一个带阻抗门槛，另一个不带阻抗门槛。

（3）腐蚀显示：套管剖面，套管反射系数（AWBK），套管内半径（IRBK），厚度成像（THBK），内、外半径曲线，平均和最大厚度曲线。

（4）综合显示：水泥胶结质量评价和腐蚀测量结果以及处理提示符；套管接箍指示。

USI 水泥胶结质量评价、腐蚀评价和综合显示提供了圆筒状套管的平面成像。

（5）声阻抗成像：有两种声阻抗显示：一种是线性比例，另一种是带声阻抗门槛，这个门槛值相当于气和钻井液的声阻抗。这些门槛根据情况的不同会发生变化，例如，较低的声阻抗指示为具有较低的流体截止值和重钻井液（具有较高的流体门槛截止值）。

（6）幅度成像：由每个波形的主回声的幅度得出的幅度成像表示套管内表面的反射性。根据在给顶深度上的最大值对这个成像进行标准化，所有的点都以那个给定的深度的最大幅度的衰减形式来显示。标准化的最小幅度（AWMN）和最大幅度（AWMX）曲线也在图上显示出来。

图 4-4-6 是 USI 测量成果，第 1 道为仪器偏心 ECCE（in）；第 2 道为套管接箍（CCL），黑色为射孔；第 3 道为内半径曲线，平均效果；第 4 道为原始声阻抗成像；第 5 道为套管反射成像；第 6 道为胶结成像综合显示，蓝色代表液体，绿色代表钻井液，黄色代表已胶结，红色代表微环；第 7 道为带门槛值的声阻抗成像。

3. USI 测井成像特点

（1）克服了平均声路法流体间隙的影响和高速地层的影响；
（2）能确定全井周水泥胶结的好坏；
（3）克服了平均声路法窜槽的方位问题；
（4）选择频率高，有利于波形分辨钻井液—套管、套管—水泥、水泥—地层的反射波，但存在衰减问题；
（5）选择频率低，能改善钻井液的衰减，但不利于波形的分辨；
（6）由于套管、水泥尺寸小，超声波传播时间短，容易引起波之间的叠加。

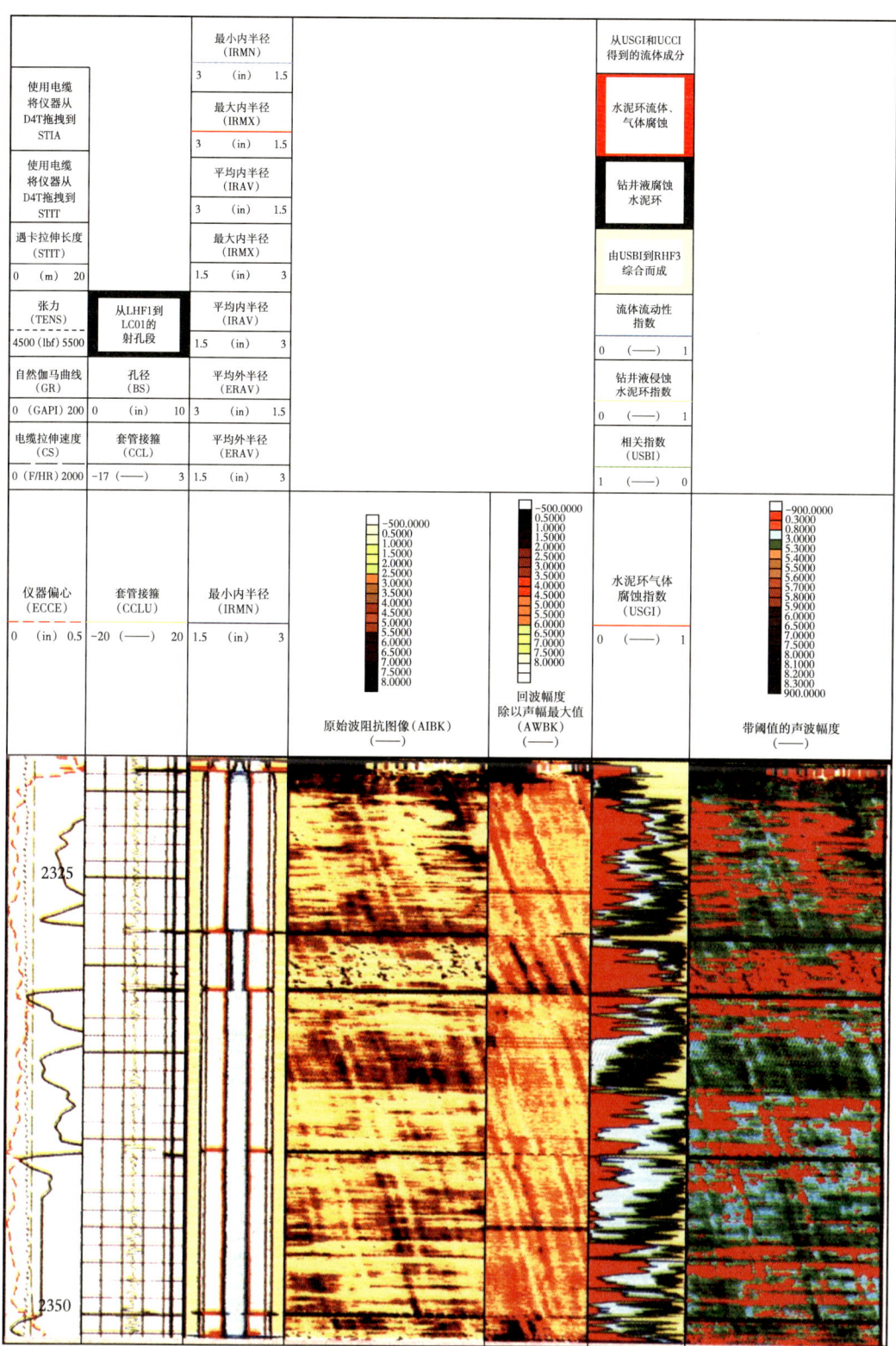

图 4-4-6 USI 测量成果图

## 思考题

1. 套管井中声波类型有哪些？并简单叙述各自特征。
2. 套管波的影响因素有哪些？
3. 对比分析 CBL/VDL/SBT 的工作原理（声源频率、声系、源距、记录波形、评价对象）。
4. 叙述如何利用 VDL 资料评价固井质量（工作原理、分四种情况评价）。
5. 对比分析 CBL/VDL 和 SBT 在评价固井质量方面的优缺点。
6. 简述声幅测井的影响因素。
7. 叙述 USI 的工作原理及应用。

# 第五章　超声成像测井

井壁及井壁附近的直观图像是储层评价的重要依据，通过地球物理方法和仪器获得井下直观图像是开展井下地球物理勘探的有效手段。超声成像测井是最早能够在井下获得井壁直观图像的测井方法，1956年提出的可以获得井壁二维展开图的井下声波电视为超声成像测井在井下应用提供了基础。

井周超声成像测井仪可以比较直观地反映地层的一些物理特性，如裂缝分布、岩性界面、孔洞的发育和分布情况，寻找破碎带，以帮助确定有利的油气藏地段。在套管井中，可以检测射孔部位、分布情况及射孔质量等。由于井下作业和地下水的腐蚀等原因，可能会造成套管变形和腐蚀破损，影响油井的正常生产。井周超声成像测井图像可为修井作业提供重要信息资料，如寻找套管破损位置，估计套管变形和破损程度等，这些资料将为套管修复作业提供重要依据。

本章主要叙述超声成像测井的基本原理、仪器构成及应用等内容。

## 第一节　超声成像测井基本原理及仪器

超声成像测井的测量方法主要包括基于超声脉冲波垂直入射于井孔内壁的脉冲回波法及基于超声脉冲波斜入射于井孔内壁的透射法，前者超声换能器采用自发自收方式，后者超声换能器采用一发多收或者多发多收方式。在此主要分析换能器采用自发自收方式的垂直入射超声回波测量方法。

### 一、超声成像测井基本原理

超声成像测井的基本工作原理是当超声波在非均质介质中传播时，遇到波阻抗不连续的界面，就会发生超声波反射现象。这样，可以测量反射信号的幅度和从发射到接收到回波信号的时间。在仪器被上提运动的同时，换能器围绕井周旋转，形成一条以螺旋轨迹变化的扫描测量数据序列，处理后获得沿井壁展开的回波幅度或到达时间图像。超声成像测井所测得的图像实质上是井壁介质声学界面与其声学参数分布的图像表述。

超声成像测井的声波换能器固定在可以绕井周旋转的机械结构上。换能器兼有发射和接收的双重作用。用一定时间间隔和宽度的电脉冲激发换能器，换能器将向井壁发射超声波脉冲束，当遇到套管或者井壁时，则产生反射，并沿着与入射波相反的方向回到换能器，并被同一换能器接收下来，形成回波，可以从接收到的回波信号中提取回波幅度和回波时间。反射回来的声波信号的幅度大小，取决于套管或井壁的情况。一般来说，光滑致密的表面比粗糙的表面反射信号强，与探头表面平行的井壁比与探头表面倾斜的井壁反射信号强。同时，也可以从回波时间信息中获得有关井径和裂缝的资料，可以根据这些资料来解决如套管变形评价的问题。

测量时，马达带动换能器以一定的角速度旋转，仪器上提，即换能器由下而上作螺旋式运动，在运动过程中换能器进行连续测量，完成对整个井壁的探测。如图 5-1-1 所示，将回波幅度和回波时间信号传输到地面采集控制系统，对其进行一系列处理后，按井周 360° 方位显示成像，可得到整个测量井壁的成像图。图中色彩的明暗与回波幅度大小及回波时间对应。

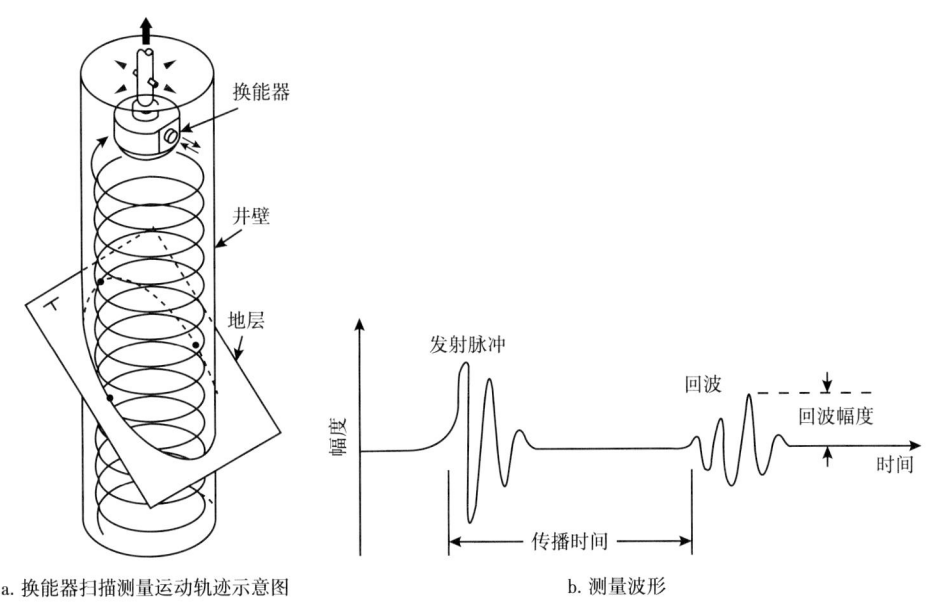

图 5-1-1　井壁声波成像测井扫描测量示意图

超声成像测井仪器的主要设计参数有换能器直径 $d_T$、仪器旋转速度 $n$、声波发射重复频率 $f_r$。仪器的主要应用参数包括井眼直径 $d$、测井速度 $v$ 等。由此，可得到仪器的纵向采样间隔 $S_z=v/n$，周向采样间隔 $S_r=\pi dn/f_r$。一般认为，只有当 $S_z$ 和 $S_r$ 均小于 $d_T/2$ 时，才不至于漏失水平和垂直裂缝。

## 二、超声成像测井仪器

1. 数字井周成像测井仪

数字井周成像测井仪（digital circumferential borehole imaging log，DCBIL）是贝克阿特拉斯公司推出的用于测量井壁或者套管直观图像的声波成像测井仪器。其工作原理是脉冲回波换能器发射高频声波脉冲，用同一换能器接收反射回波信号，测量反射回波的幅度和时间。反射波的幅度受井眼表面情况的影响，传播时间反映从声波换能器到井壁的距离。声波换能器固定在旋转部分，通过旋转测量可以实现对全井眼 360° 的扫描，从而生成关于回波幅度和回波时间的图像。

回波幅度图像反映井眼表面的特征，高反射性特征的地层在图像上表现为白色，低反射特征的地层则显示为黑色，处于二者之间的值以灰度表示，灰度值与测量到的幅度值成比例关系。该图像对于探测诸如裂缝等低反射特征尤为有效。反射波的幅度也受到钻井液衰减、仪器偏心和井眼粗糙度等影响。

回波时间图像对井眼几何形状、粗糙度和仪器位置敏感,通过对钻井液时差的测量,处理回波时间可用于得到比较精确的井眼半径。回波时间图像的灰度与仪器到井壁的距离成比例,较大的井眼对应较暗的灰度。回波时间的测量也受到钻井液时差、仪器偏心和井眼粗糙度等因素的影响。

DCBIL 每周采样点为 250/125,扫描速度为每秒 11 圈,使用了两个聚焦换能器,每一个既作为发射又作为接收,分别是 38.1mm 和 50.8mm,工作频率 250kHz;通过内部的磁通门或者专门的方位测量短节测量换能器的方位,仪器内部 250kHz 压电陶瓷换能器对流体速度进行测量;在测速为 10ft/min 时,垂向分辨率可达 60 次扫描/ft;8in 井眼中,径向分辨率为每英寸 10 个采样点。

2. 超声成像测井仪和超声井眼成像测井仪

斯伦贝谢公司超声成像测井仪(USI)和超声井眼成像测井仪(UBI)是与 MAXIS-500 测井系统配套的井下超声测量仪器。USI 主要用于套管井,UBI 主要用于裸眼井。USI、UBI 的结构十分相似,主要区别在于使用不同的换能器以适应不同的井眼条件,所采集数据的处理方法也不相同。如图 5-1-2 所示,UBI 使用了聚焦型换能器,直径为 44mm,工作频率为 250kHz 或 500kHz,在 250kHz 工作频率时声斑直径小于 9mm,具有好的聚焦特性,对应的成像分辨率也比较高;USI 使用了扁平型低分辨率平面宽带超声换能器,直径为 25.4mm,在 200~700kHz 工作频率范围内辐射声束的声斑数据为 30mm,可见分辨率明显低于 UBI 仪器。

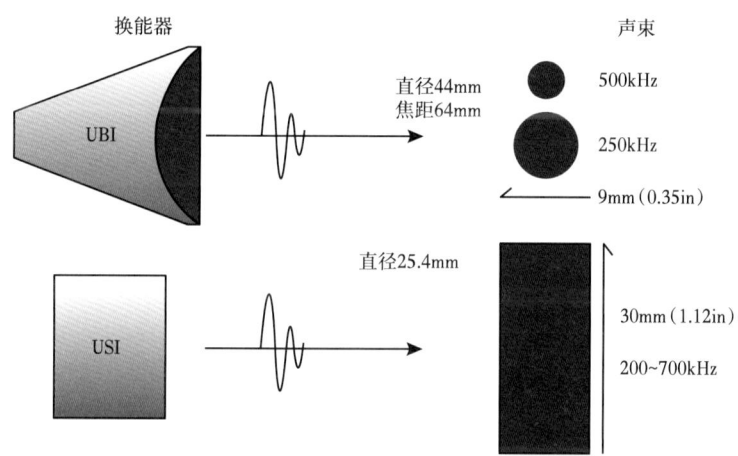

图 5-1-2　UBI 和 USI 换能器特性示意图

如图 5-1-3 所示,USI 测量原理是脉冲发射法,换能器发射高频声波脉冲,同一换能器接收反射回波信号,测量得到反射回波的幅度和时间。可拆卸的超声换能器固定在旋转部分,通过旋转测量实现对全井眼 360° 的扫描,从而形成回波幅度和回波时间的图像。

根据不同的井眼直径,UBI 和 USI 可有四种不同尺寸超声旋转头供选择。换能器有两种工作位置,如图 5-1-4 所示。如图 5-1-4a 所示,通过换能器旋转可测量套管腐蚀、变形、水泥胶结等;如图 5-1-4b 所示,通过对靶板发射信号的测量可得到井内流体的声学参数。

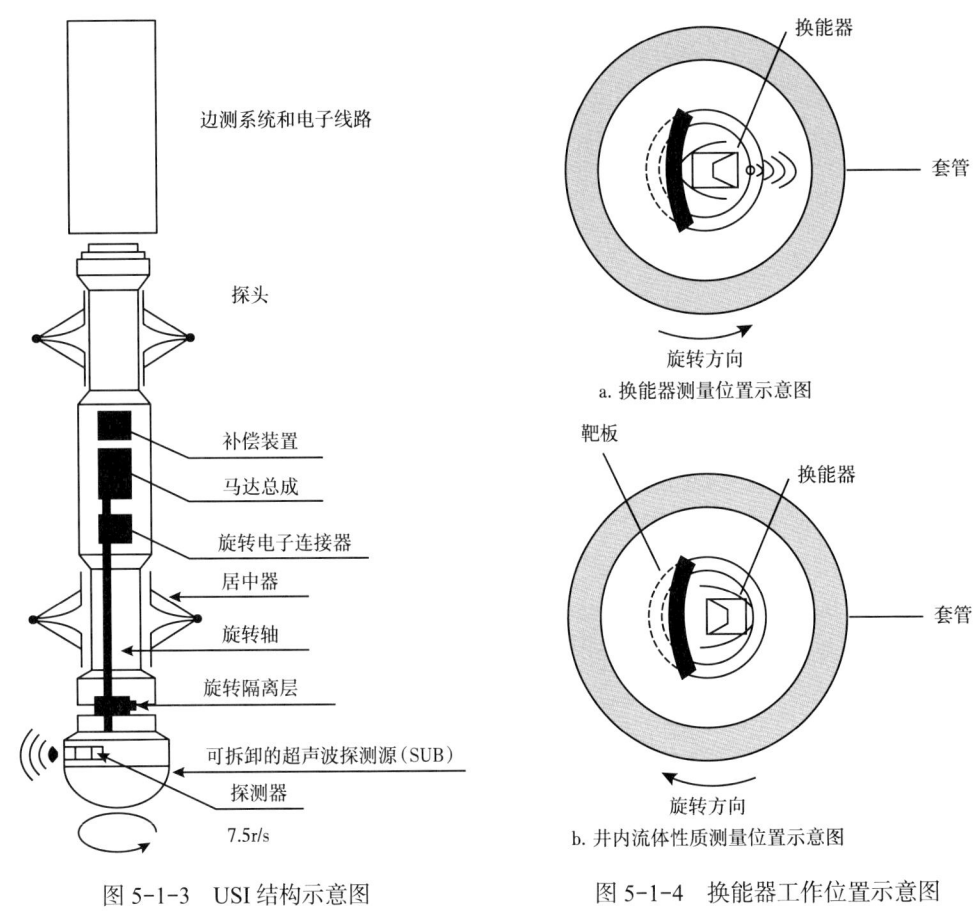

图 5-1-3 USI 结构示意图　　　　图 5-1-4 换能器工作位置示意图

# 第二节　换能器特性及成像影响因素分析

换能器是超声成像测井仪器的关键部件，其主要技术指标包括中心频率、带宽、聚焦特性（波束指向特性）、声电转换效率（发射功率、接收灵敏度）等。测井仪器通常工作于井下高温环境，因此，换能器的温度特性也是极为重要的技术指标之一。通过轴线声场和指向性的实验测量能够明确超声测井换能器的主要性能指标。

## 一、换能器特性

超声换能器辐射面轴线方向上的声压分布并不随着离开超声换能器辐射面的距离增加而单调递减，通过对超声换能器的轴线声场进行测量，得到换能器的远近场临界距离和幅度响应特性，为仪器设计和资料的分析提供依据。图 5-2-1 为通过实验测量得到的归一化的超声换能器轴线声场，可以看出，实验所测超声换能器的远近场临界距离在 3.25cm 附近，在小于远近场临界距离时，轴线声场波形幅度随着距离的增大而增大；在大于远近场临界距离时，轴线声场波形幅度随着距离的增大而减小，这种在轴线声场上的幅度变化规律会导致实际井下的测量结果随着超声换能器的位置变化而变化。

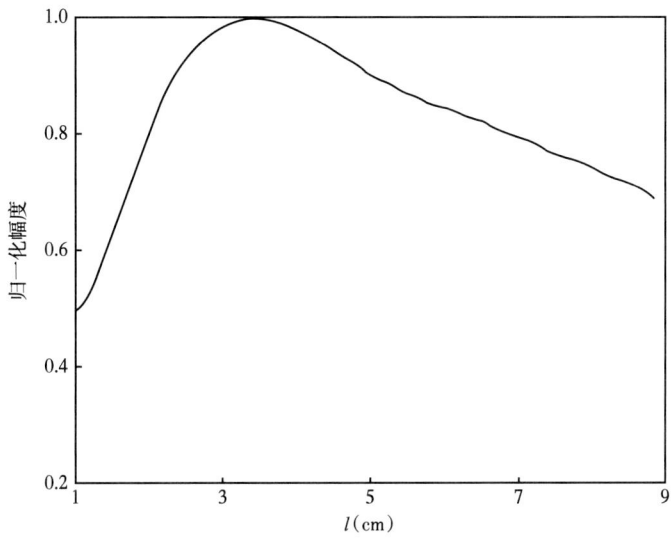

图 5-2-1 归一化的超声换能器轴线声场

超声换能器的指向性是反映换能器特性的重要指标,对成像测量的分辨率有重要的影响。换能器指向性的实验测量是对其声学性能进行评价的有效方法。超声换能器指向性描述的是声源在自由场内辐射声波时在远场同一距离不同方向上辐射声压的分布情况,用指向性函数来表示。指向性函数 $D(\theta)$ 定义为

$$D(\theta) = \frac{(p_a)_\theta}{(p_a)_{\theta=0}} \quad (5\text{-}2\text{-}1)$$

式中:$\theta$ 代表不同的方位角度;$p_a$ 为声压幅值。

图 5-2-2 为归一化处理后的超声换能器的指向性曲线,可以看出,所测量换能器的主瓣角宽较小,聚焦特性较好。通过指向性曲线可以计算出主瓣 3dB 角宽大致在 12°,计算表达式为

$$\theta = (A-1)\Delta\theta \quad (5\text{-}2\text{-}2)$$

式中:$\theta$ 为主瓣角宽;$A$ 为不小于幅值最大值 $\frac{\sqrt{2}}{2}$ 倍数据点的个数;$\Delta\theta$ 为实验测量步长。

## 二、超声成像测井影响因素

超声成像测井的影响因素主要包括井壁介质特性、钻井液性质、换能器与井壁间的距离等。

**1. 井壁介质特性**

井壁介质是影响超声成像测井的基本因素,由声强反射系数和声强透射系数表示井壁介质对声强的影响关系。图 5-2-3 为声波在两种介质中的反射和折射示意图。

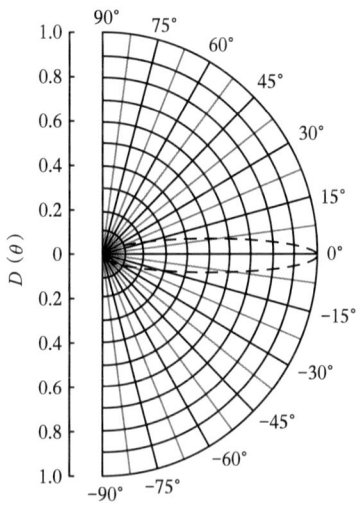

图 5-2-2 归一化处理后的超声换能器指向性曲线

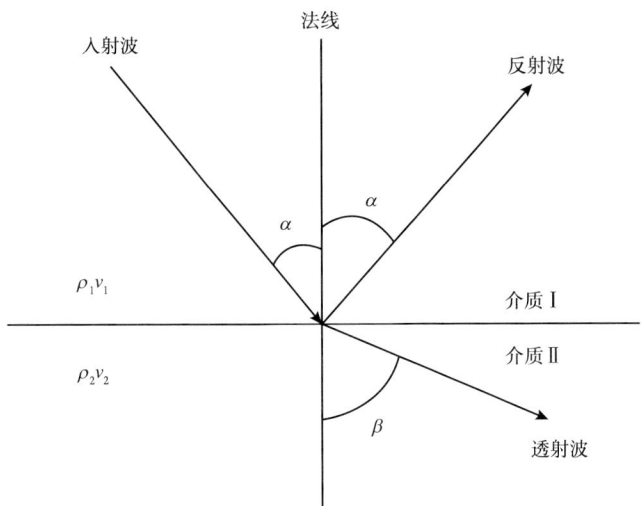

图 5-2-3 声波在两种介质中的反射和折射示意图

声强反射系数为

$$R = \left( \frac{Z_2 \cos\alpha - Z_1 \cos\beta}{Z_2 \cos\alpha + Z_1 \cos\beta} \right)^2 \qquad (5\text{-}2\text{-}3)$$

声强透射系数为

$$T = \left( \frac{2Z_2 \cos\alpha}{Z_1 \cos\beta + Z_2 \cos\alpha} \right)^2 \frac{Z_1}{Z_2} \qquad (5\text{-}2\text{-}4)$$

式中：$R$ 为声强反射系数；$T$ 为声强透射系数。$Z_1$ 为入射波所在介质的声阻抗，$Z_1=\rho_1 v_1$；$Z_2$ 为折射波所在介质的声阻抗，$Z_2=\rho_2 v_2$；$Z_1/Z_2$ 为声耦合率；$\alpha$ 为入射角；$\beta$ 为折射角。

$Z_1$ 与 $Z_2$ 差异大，声耦合不好，声波透射率低，反射率高；$Z_1$ 与 $Z_2$ 差异小，声耦合好，声波透射率高，反射率低。

对于垂直入射，$\alpha$ 为 0°，$\beta$ 接近 0°，声强反射系数和透射系数分别为

$$R \approx \left( \frac{Z_2 - Z_1}{Z_2 + Z_1} \right)^2 \qquad (5\text{-}2\text{-}5)$$

$$T \approx \left( \frac{2Z_2}{Z_1 + Z_2} \right)^2 \frac{Z_1}{Z_2} \approx \frac{4Z_1 Z_2}{(Z_1 + Z_2)^2} \qquad (5\text{-}2\text{-}6)$$

对于裸眼井中常见的泥岩、砂岩、石灰岩和白云岩，其声强反射系数按此顺序依次增大，超声幅度成像图则由暗变亮。如果井壁存在裂缝、孔洞等，因其充填有流体，则反射系数更低，回波幅度更小，成像图更暗。

2. 钻井液性质

影响成像的另一个重要因素是钻井液性质。声波传播过程中，钻井液的内摩擦和热

传导等因素对超声信号造成吸收作用，钻井液中固相颗粒可对超声产生散射作用，这些因素都可造成声波衰减。钻井液性质均匀，悬浮颗粒的直径在2μm以下，钻井液密度不要过大，这些因素都有利于获得高质量的超声成像数据。在超声成像测井中，一般可测得钻井液的声速，用以分析或校正钻井液的影响。

3. 换能器与井壁间的距离

换能器与井壁间的距离也是影响回波幅度的一个因素。换能器与井壁间的距离越大，衰减越大。为了校正换能器与井壁之间的距离对回波幅度的影响，可以根据反射波的传播时间测量得到声波井径，以分析或校正井眼影响。同时，可以通过实验的方法测得不同条件下回波幅度与换能器和井壁间的距离的关系，以对测量结果进行校正。如图5-2-4所示，对纵波速度为3333.7m/s、反射系数为0.7151的一种砂岩材料进行实验，测量得到超声换能器与井壁间的距离对回波幅度的影响。

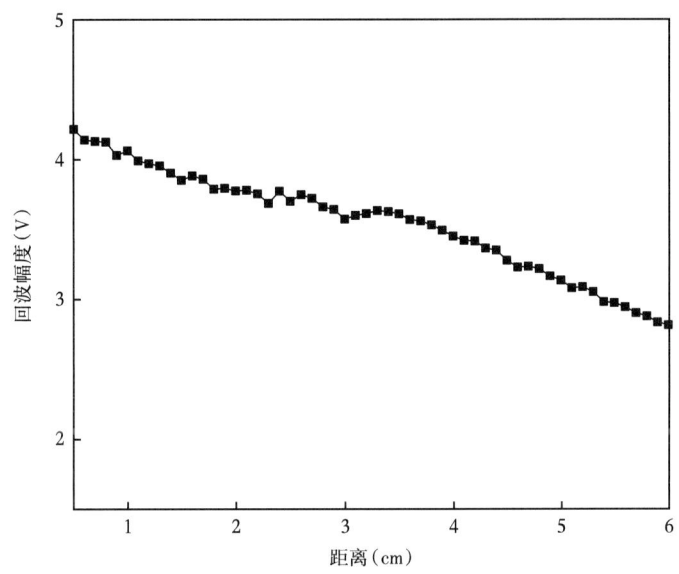

图5-2-4　超声换能器与井壁间的距离对回波幅度的影响

另外，仪器在实际工作中并不能总是居中于井眼，超声换能器的辐射声束与反射面之间难以保持垂直，这些都对超声成像测井的测量结果造成影响。可以结合数值模拟和实验室测量得到各个影响因素的影响系数，在对超声成像测井测量数据处理时进行对应的校正可取得较好的成像结果。

## 第三节　超声成像测井应用

超声成像测井在裸眼井及套管井中都有比较广泛的用途，可以在裸眼井中判断地层岩性，探测井壁岩层的裂缝、孔洞等，在套管井中可检查套管的状态及射孔的质量。

（1）判断地层岩性。泥岩和煤层波阻抗小，反射系数也小，图像为暗的显示；致密砂岩、石灰岩和白云岩波阻抗大，反射系数大，图像为亮的显示；孔隙性岩石介于二者之间。

（2）确定地层面或裂缝面。图 5-3-1 表示不同地层界面或裂缝所对应的井壁测量图像，可见，地层界面或裂缝与井壁的交线形态取决于这些面的倾斜方向和倾角大小。当地层界面或裂缝与井眼垂直时，测量的图像中显示的是一水平直线；水平时，显示垂直直线；斜交时，显示倒"S"形曲线；当井壁上有孔洞等存在时，图像中显示为暗色斑点，暗点面积越大孔洞越大。地层界面交线两侧的亮度可能会有不同，其差别取决于界面上下的岩性；裂缝面的交线则是在亮度大体上均匀的同一岩性中呈明显的暗色，交线的宽度反映裂缝宽度。

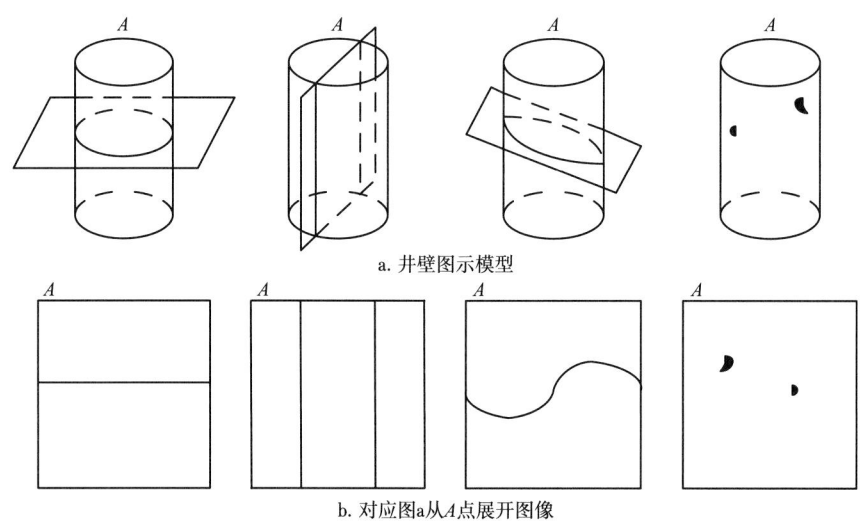

图 5-3-1　不同裂缝对应井壁成像图像示意图

（3）确定地层面或裂缝面的产状。根据地层面或裂缝与井壁交线的最低点在图像上的方位确定地层面或裂缝面的倾斜方位，根据交线最高点至最低点的距离（按深度比例读数）$H$ 与该处井径 $d$ 的比值确定地层面或裂缝面的倾角 $\theta$：

$$\theta = \arctan \frac{H}{d} \qquad (5\text{-}3\text{-}1)$$

（4）检查射孔质量。套管上的射孔孔眼成像为明显的黑点，黑点面积反映孔眼大小，黑点分布反映孔眼组合方式，若黑点互相连接则表示射孔时套管破裂。根据孔眼深度、孔眼密度（每米孔数）、孔眼清晰程度及套管破裂情况，可评价射孔质量。图 5-3-2 为超声成像测井对射孔孔眼进行检测的成像图，第 2 道中深度为 XX35 附件的暗色条带对应的是套管接箍。

（5）检查套管破损情况。在井下作业过程中，下井仪器及作业工具可能与套管产生摩擦和碰撞从而造成套管破损，套管在长期服役过程中也可产生腐蚀破损。套管破损可能造成非开采层位的流体流向套管内，或套管内的流体流向地层，或者大量泥砂涌向套管内，影响生产。因此，检查套管腐蚀和破损情况也是超声成像测井的一项重要功能。在超声成像测井图中，套管破裂的幅度成像为黑色条纹，条纹越粗，破裂越严重。图 5-3-3 为超声成像测井对套管破损进行检测的成像图，清晰反映了套管破损的形状及损坏部位。

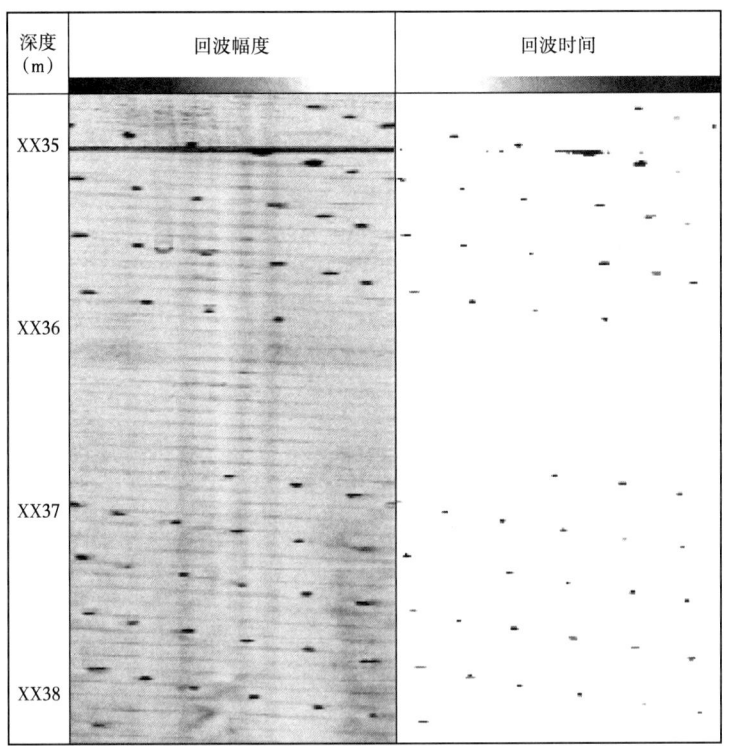

图 5-3-2 超声成像测井对射孔孔眼的成像图

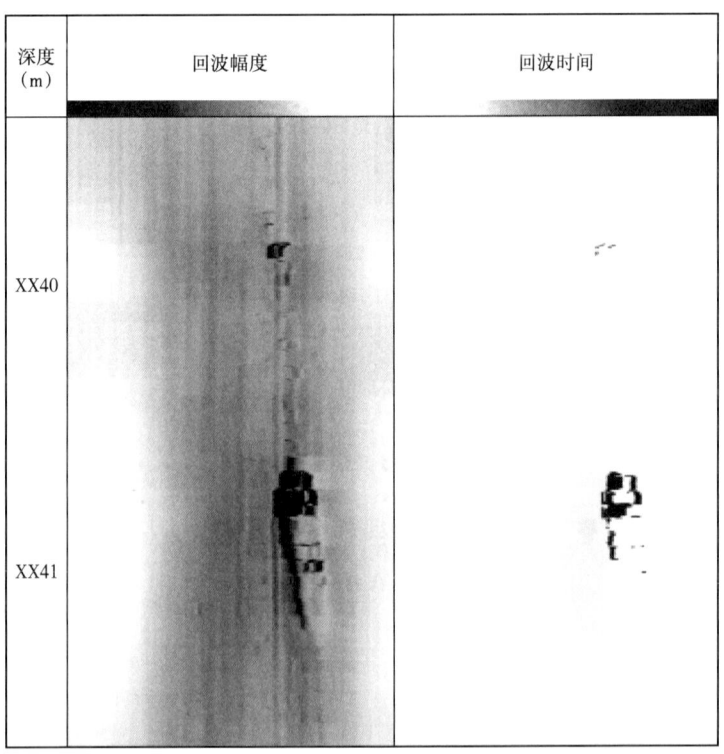

图 5-3-3 超声成像测井检查套管破损情况的成像图

## 思考题

1. 简述超声成像测井发展历程及特点。
2. 简述超声成像测井基本工作原理。
3. 测井超声换能器类型与特性有哪些?
4. 简述超声成像测井中影响成像质量的主要因素。
5. 简述超声成像测井应用。

# 第六章 远探测声波测井

常规声波测井的探测深度通常为 1~2m，无法对井壁外更深的隐蔽储层做出有效评价。探测范围更远、成像精度更高的技术方法和测量手段一直是测井界的不懈追求。为此，地球物理测井学家们设计了一种与常规滑行波测井截然不同的测井方法，即采集、处理和解释井外裂缝、洞穴等地质构造反射声波的远探测声波测井。该方法自问世以来历经几十年发展，已成为测井学科非常重要并且必不可少的一种关键方法。本章从远探测声波测井测量模式、处理方法及基本应用三个方面进行详细介绍。

## 第一节 远探测声波测井测量模式

声波测井仪器在井内激发高频声波信号（1~20kHz），声能量主要沿着井壁传播产生折射纵、横波和多种类型的面波（斯通利波、伪瑞利波和弯曲波等），但通过加大声源辐射功率可使更多能量透过井壁进入地层深处，当其遇到裂缝、洞穴或储层边界等波阻抗与地层存在差异的地质构造时，将以反射波形式回传到井孔被接收换能器记录。采用数字信号处理方法，从接收记录中提取这部分反射波，并对其做偏移成像，可获得井外反射体的位置、方位和形态等参数，这是远探测声波测井的基本原理。实际测量证明，远探测声波测井的径向探测范围可覆盖 3~50m，分辨率为 1m 左右，大大拓展了测井技术的探测范围。

远探测声波测井原理基本与声波测井相同，如图 6-1-1 所示。远探测声波测井主要包括两种测量模式：单极纵波远探测声波测井和偶极横波远探测声波测井。受纵波、横波反射波固有特征差异和不同厂家声波测井仪器参数差异这两类差异影响，上述两种测量模式具备不同的探测距离和不同的探测分辨率。传统的基于单极子声源和单极子接收器所构成的单极纵波远探测模式不具备对井外反射体的方位分辨能力。后续对单极子接收器做出改进，将单个圆环状接收器改为环绕井孔一周的多个圆管状或片状方位接收器，这样便能分别接收来自井外不同方位的反射波，从而具有了对反射体的方位分辨能力。采用四分量偶极子声源和偶极子接收器的偶极横波远探测模式具有一定的方位分辨

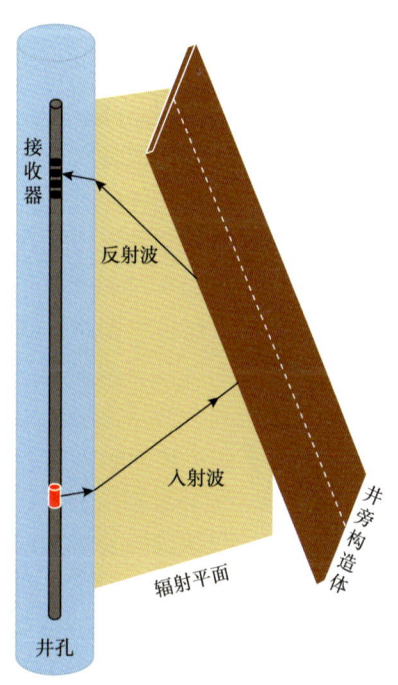

图 6-1-1 远探测声波测井原理示意图

能力并且因为横波频率更低使得探测距离更深。目前，人们利用远探测声波测井方法已实现了对井外 50m 范围内裂缝或洞穴的识别和评价，正在向井外径百米范围探测的目标迈进。

远探测声波测井的实现和进步关键在于两点：一是仪器本身的性能，二是采集波形的信号处理方法。针对第二点，信号处理方法主要包括一套反射波提取方法及一套偏移成像方法。反射波提取的目的是"去伪存真"，压制或消除各种类型的噪声，从而突显出代表裂缝、洞穴的反射波信号。它包含一系列噪声压制方法，一部分是针对测井观测系统和测井测量环节所研发的方法，另一部分是从地震勘探等其他领域引入进来又加以优化完善的方法。偏移成像的目的则是对反射波偏移归位，获得显示地下裂缝洞穴这些反射体准确位置的图像。偏移成像技术包括很多种，其中克希霍夫偏移成像技术因处理效率高在油田现场全井段广泛应用，而基于全波动方程的逆时偏移在获得较高成像精度的同时存在海量计算和数据存储问题，可考虑应用于包含储层的重点层段。

## 一、单极纵波远探测声波测井

单极纵波远探测声波测井采用单极子声源发射声波，然后采用单极子接收器接收反射波，反射波通常以纵波反射波为主，有时会包含能量较弱的横波反射波和纵—横波转换波。单极子接收器由沿井轴方向排列的多个圆环换能器构成，用于接收来自井外地层中的反射波，不具备对裂缝等反射体的方位分辨能力；后续改进的单极子方位接收器能够在接收反射波之外，还能识别其方位，从而具备了对反射体的方位分辨能力。

1. 不具备方位分辨能力的单极纵波远探测声波测井

测井仪器中的单极声源辐射声波，沿仪器轴向排列的 8 个或 13 个阵列接收器接收来自沿井壁滑行传播的井孔模式波，以及井外地层中反射体的反射纵波。仪器在井孔内上提或下放的测井过程中，通常每隔 0.1524m 采集 8 道或 13 道波形数据。单极纵波远探测测井资料包含 8 组或 13 组共偏移距道集的波形数据。这便是单极纵波远探测方法采集波形的原理。下面将回顾单极纵波远探测声波测井的发展历程。

20 世纪末，中国学者开始远探测声波测井研究和仪器研制工作。2005 年，中国石油大港油田测井公司柴细元团队在楚泽涵教授的指导下研制成功第 1 支专门用于井外反射体探测的下井仪。通过加大源距、增加发射功率和阵列接收等方式首次在井下获得清晰的反射波信号，这是中国声波测井发展的一个重要的里程碑。如图 6-1-2 所示，该仪器采用了两组低频大功率发射探头：一组由 2 个拼条换能器组成的主频为 8kHz 的发射探头，另一组由 4 个拼条换能器组成的主频为 10kHz 的发射探头，这种设计目的是促使发射探头将更多的声波能量辐射进入地层深处。此外，采用 8 组宽频高灵敏度接收探头，形成接收阵列。每个接收探头均包含 4 个宽频带、高灵敏度的方位接收换能器。该仪器在塔里木油田缝洞型碳酸盐岩储层实施现场应用。结果表明，该仪器能探测井旁 3~10m 的高角度裂缝和大尺度的溶蚀孔洞。2006 年，在李宁的组织带领下，首次提出井下反射波叠前逆时偏移成像方法。2009 年 6 月，肖承文团队依据该方法成功在轮东 2 井 6720m 深度处距井壁 8~22m 发现了缝洞体，并经酸化压裂后的导流曲线证实，该井试油获高产工业油气流。进一步在哈得 24、新垦 6 等 30 余口重点井开展规模应用，基本解决了井壁外 30m 范围内的裂缝、断层和溶蚀孔洞的探测问题。之后，在张国珍、李国欣组织的中国石油测井攻关项目推动下，利用远探测声波测井识别发现井外隐蔽储层的应用研究迅速在国内外展开。

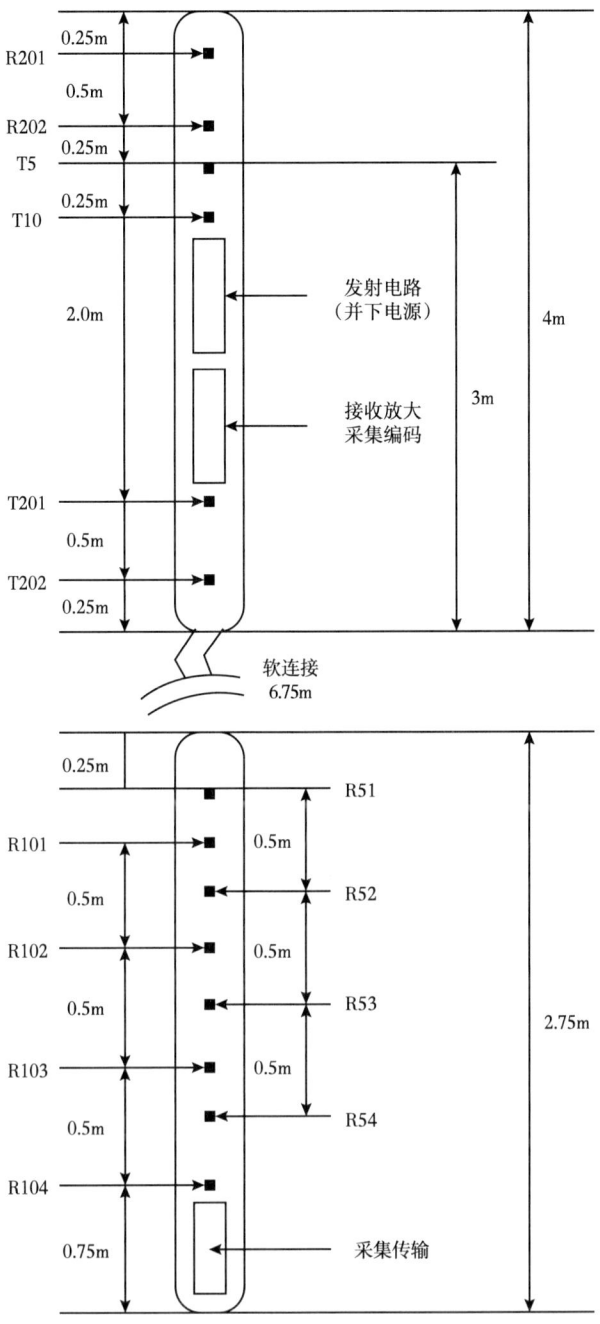

图 6-1-2 长源距声波与反射波测井仪结构示意图
此图上部为仪器的上半段，下部为仪器的下半段，中间用 6.75m 的软连接部分进行连接

单极子声源通常采用如图 6-1-3a 所示的圆管结构的压电振子，其在沿径向膨胀和收缩的振动过程中始终保持圆管状的对称外形不变，在水平方向的辐射指向性基本为一圆面，如图 6-1-3b 所示。单极子声源主要向井外地层中均匀辐射纵波能量，当这些能

量触碰到裂缝等声阻抗不连续界面时将产生反射纵波反传回井孔,单极子接收器也将接收来自井外各个方位的综合反射信息。因此,基于这种方法原理设计的单极纵波远探测技术及装备不具备对井外反射体的方位分辨能力。

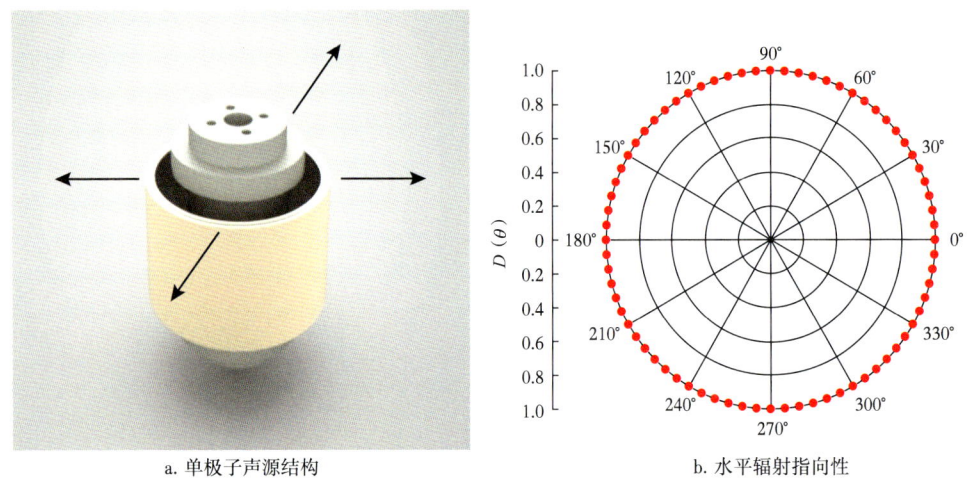

a. 单极子声源结构　　　　　　　　b. 水平辐射指向性

图 6-1-3　单极子声源结构及水平辐射指向性示意图

### 2. 方位单极纵波远探测声测测井

方位单极纵波远探测声测测井仪器的单极圆环状声源和接收器的设计方案从根本上限制了仪器的周向分辨能力,难以准确描述井旁地质构造的方位信息,亟须研发具有方位识别能力的远探测声波测井技术,以精确描述复杂油气藏非均质特性。Yamamoto 等(2000)对斯伦贝谢公司的 BARS 仪器展开了改良工作。改良后的仪器包括四个相隔 90°方位的接收器阵列,这在一定意义上完成了对井外裂缝方位的识别。2006 年,斯伦贝谢公司在 BARS 仪器基础上研发了适用于三维远场声波测井仪器 Sonic Scanner,该仪器采用 13 组接收站,每个接收站又包括环绕一周的 8 个方位接收器,从而具备了一定的方位分辨能力。2012 年,中国石油和中国石油大学(北京)合作研发了三维声波测井仪器(3DAC)。如图 6-1-4 所示,3DAC 由两个单极发射换能器阵、一个正交偶极发射换能器阵、另一个方位发射换能器阵和八个接收站构成,对应不同发射换能器的最小源距分别为 7m、6.4m、3.2m 以及 0.9m。其中每个接收站都是一个八阵元接收器,用于接收来自不同方位的声波。该仪器具备方位单极发射—方位单极接收测井模式,对井外反射体具备较好的方位分辨能力。

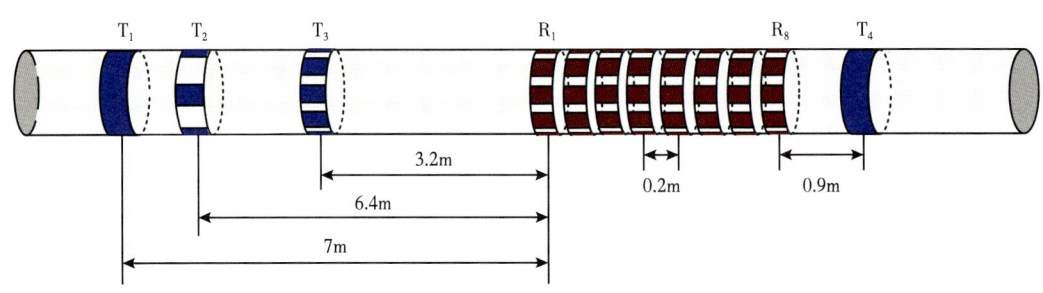

图 6-1-4　3DAC 结构示意图

## 二、偶极横波远探测声波测井

偶极横波远探测声波测井研发的最初目的是为了测量软地层的横波速度。后来，人们发现在对称轴与井轴垂直的横向各向同性介质（HTI）地层的井孔中，测量的横波速度随仪器的旋转而变化，因此又开发了基于四分量偶极横波测井资料的地层各向异性评价方法。2004年，Tang提出了通过偶极子声源向井外地层激励并接收井外反射体的反射横波来进行远探测的新方法。2009年，Tang等通过实际数据对井旁反射体进行了偏移成像，验证了偶极横波远探测声波测井方法的适用性，证明低频偶极声源具有的辐射指向性，使其反射波比单极纵波有更大的探测深度，且具有井旁反射体的方位识别能力。在井下采用偶极子源和偶极子接收器的远探测技术称为偶极横波远探测技术。偶极子声源通常采用如图6-1-5a所示的片状结构的压电振子，$X+$ 和 $X-$ 方向的压电振子在振动过程中始终保持为同一方向，导致其在水平方向的辐射指向性基本为一旋转90°的"8"字形，如图6-1-5b所示，$Y+$ 和 $Y-$ 方向的压电振子组合振动后对应的辐射指向性则为"8"字形。因此，偶极子声源 $X$ 分量发射、偶极子接收器 $X$ 分量接收波形通常称为 $XX$ 波形，同理可获得 $XY$、$YY$ 和 $YX$ 波形。这4组波形统一称为偶极四分量波形。

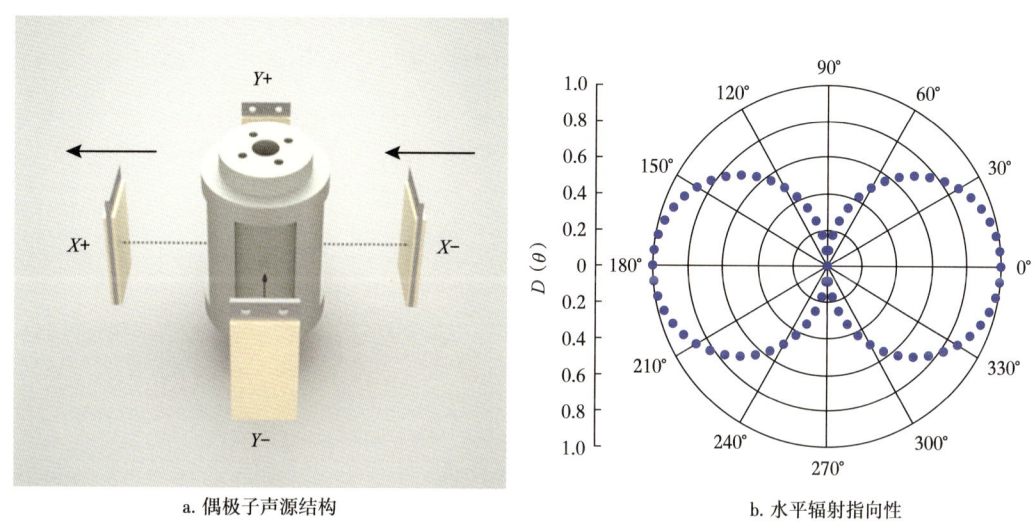

a. 偶极子声源结构　　　　　　　　　　　　b. 水平辐射指向性

图 6-1-5　偶极子声源结构及水辐射指向性示意图

与单极纵波远探声波测井相比，偶极横波远探声波测井具有一些独特优势：第一，偶极子声源具有低频、在地下激发波长更长、衰减更少等优点，具有更大的探测范围；第二，偶极子声源所产生的波场有指向性，利用四分量偶极远探测仪器，将得到的四分量波形进行大地坐标归位，坐标旋转等步骤，便可以获得周向的声反射信号，在裂缝及地层的方位识别方面具有优势；第三，在远探测声波测井中，最受关注的通常是裂缝的识别，而偶极横波远探测声波测井对裂缝更为敏感。

# 第二节　远探测声波测井处理方法

远探测声波测井处理方法是通过处理声波测井中的单极子阵列波形或偶极子阵列波

形，从中提取到反射波进而偏移成像的一套处理方法。该方法最终给出多个方位的偏移成像图，从中确定井旁地层中几十米范围内的裂缝或洞穴等反射体所在位置及方位，进而为油气勘探和开发提供依据。两种远探测声波测井对应的处理方法均包括反射波分步提取及反射体偏移成像两项处理步骤，只是偶极横波远探测声波测井还包括确定反射体所在方位的一个处理环节。本节介绍反射波噪声产生机理及特征、反射波分步提取方法、反射波方位校正及反射体偏移成像。

## 一、反射波噪声产生机理及特征

针对塔里木油田裂缝型致密砂岩储层、缝洞型碳酸盐岩及西南油气田缝洞型碳酸盐岩储层的多口远探测声波测井资料，在频率域和频率—波数（$f$-$k$）域展开了波场特征分析。图 6-2-1 展示了实测偶极横波变密度图及其频率域的振幅谱，可以观测到横波频率分布范围较窄，主要在 3~5.5kHz 范围以内；图 6-2-2 展示了实测偶极横波变密度图及其在频率—波数域特征，可以观测到地层界面波这种噪声与横波直达波等信号混淆在一起，无论是在时间—深度域，还是频率—波数域。

基于偶极横波波场特征分析结果，对偶极横波远探测波形中噪声进行了重新定义：代表井外裂缝、洞穴等地质构造的有效反射波为唯一有效信号，而波形中其他信号均为噪声，需予以去除。将噪声分为两大类：相干噪声和非相干噪声，见表 6-2-1。需要

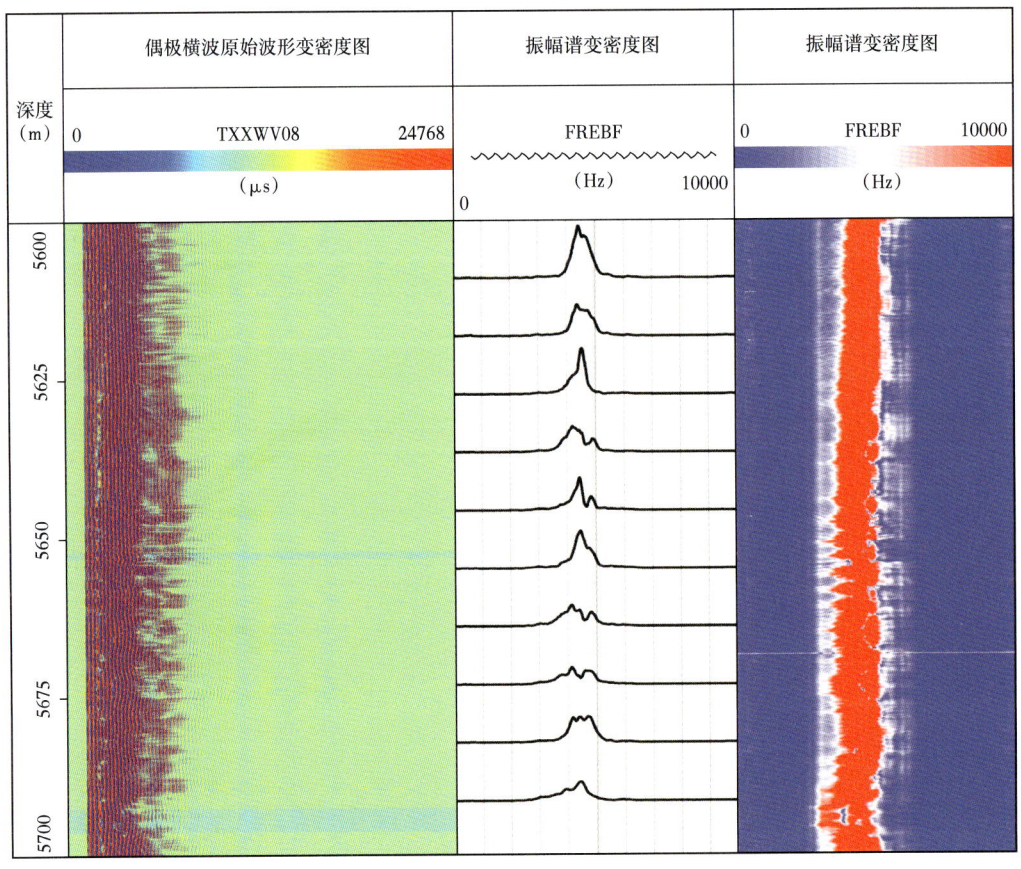

图 6-2-1　实际远探测声波测井资料的偶极横波原始波形变密度图及其频谱特征

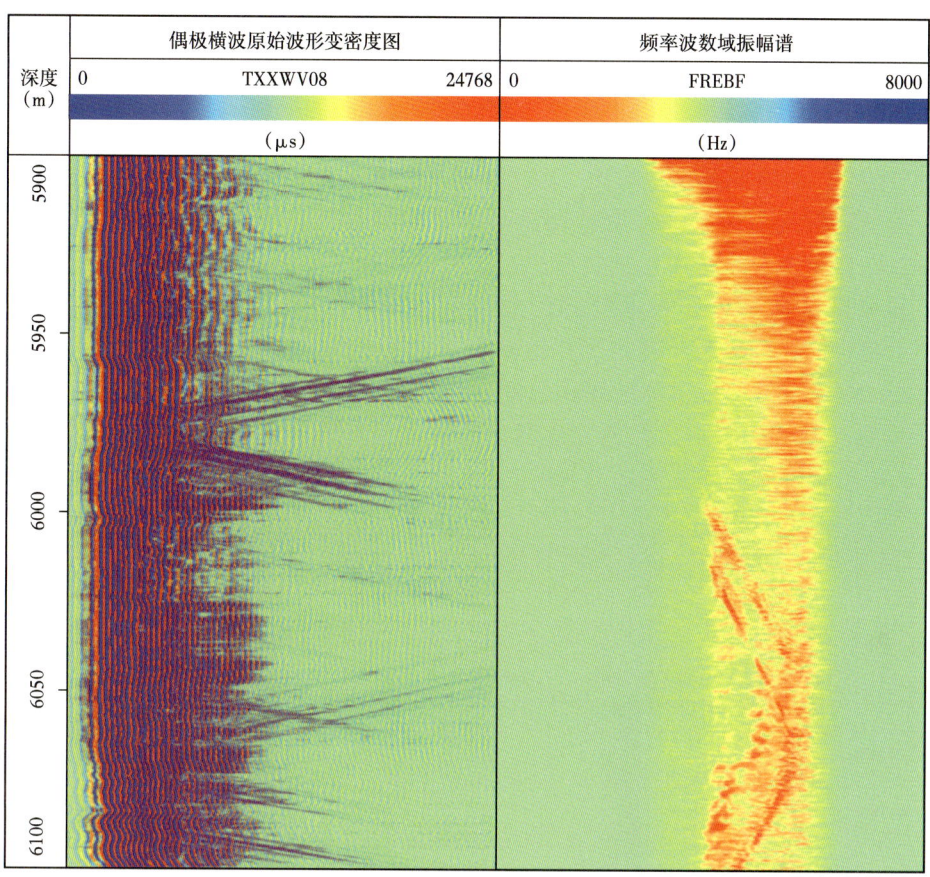

图 6-2-2 实际远探测声波测井资料的偶极横波原始波形变密度图及其在频率波数域特征

表 6-2-1 反射波波场特征及噪声机理分析表

| 噪声 | 主要类型 | 典型特征 | 测井资料响应特征 | 处理方法 | 是否处理 |
|---|---|---|---|---|---|
| 相干 | 井孔模式波 | 到达时间近"垂直"振幅远高于反射波 | 到时基本不随深度变化 | $f$-$k$滤波、Radon变换 | 必须 |
| 相干 | 坏道 | 随机分布于全时间段，井况较差时出现频率高 | 扩径、双井径曲线差异大 | 坏道识别与恢复 | 可选 |
| 相干 | 地层界面反射波 | 传播时间长，覆盖面积大、无方位差异 | GR变化幅度大 | 倾斜中值滤波 | 可选 |
| 不相干 | 低高频电路噪声 低频斯通利波 | 电路噪声随机出现在全时间段，斯通利波持续时间长、振幅受偏心程度影响 | 横波频谱中出现低频大幅度信号（<1.5kHz） | 数字带通滤波 | 可选 |
| 不相干 | 多次波 | 有效反射波拖尾信号，持续时间长 | 直达波拖尾现象明显 | 预测反褶积 | 必须 |
| 不相干 | 其他不相干噪声 | "散点"噪声、"块状"噪声 | 散点、块状噪声 | 叠加去噪技术 | 必须 |

指出的是,本书对有效反射波和噪声之间相干性的定义主要包含三个特点:(1)噪声和有效反射波所在频率范围大致相同,并在时域难以区分;(2)噪声不是随机出现,而是在某种井孔或地层环境下产生的;(3)具有重复性,在所有接收器的接收波形中出现,动校正、叠加等方法无法去除。根据上述定义,将偶极横波直达波、地层界面波、多次波归为相干噪声,而将低频高频噪声、坏道、其他随机噪声归为不相干噪声。

进一步分析反射波波场,发现部分噪声具有特殊性,具体表现为并不是在每口井的波场中均会出现,然而一旦这些噪声出现时会表现出一些典型响应特征。如图6-2-3所示,其分别展示了坏道和地层界面波这两种噪声形态及其响应指示道。最终,如表6-2-1最右侧一列所示,确定了三种噪声是在每口井中均会出现的通常噪声信号:井孔模式波、多次波及其他不相干噪声,这些噪声对应的处理方法是必选处理方法;其他三种噪声为可能出现噪声:坏道、地层界面波以及低高频电路噪声和低频斯通利波噪声,这些噪声对应的处理方法是可选的。

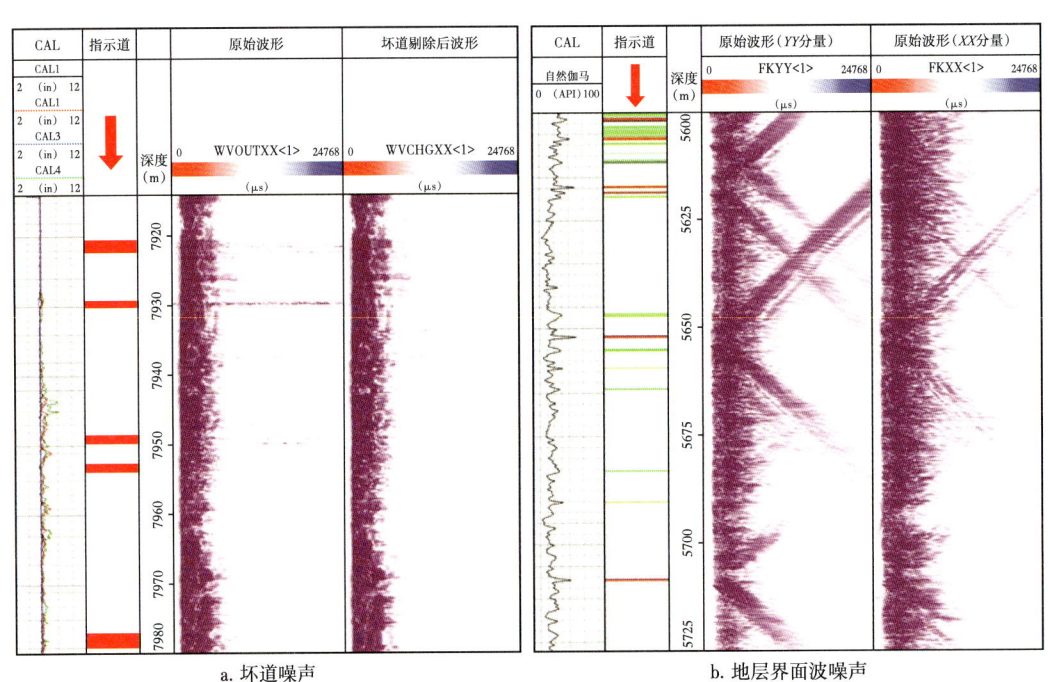

图6-2-3 部分具有特殊性的噪声信号

## 二、反射波分步提取方法

基于反射波波场特征及噪声产生机理分析,发展了一套高精度反射波分步提取方法,处理流程如图6-2-4所示。

1. 滤除低高频随机噪声的数字带通滤波法

测井过程中仪器偏心导致偶极声源激励的偶极子波不再纯粹,将会引入单极子模式波和多极子模式波,其中幅度较强、震荡时间较长的斯通利波,如图6-2-5第2道和第3道方框内所示。斯通利波频率较低,其范围为0~1500Hz,而偶极横波频率范围为3000~5500Hz。这说明两种模式波频率分布范围并没有重叠在一起,是不相干的。针对

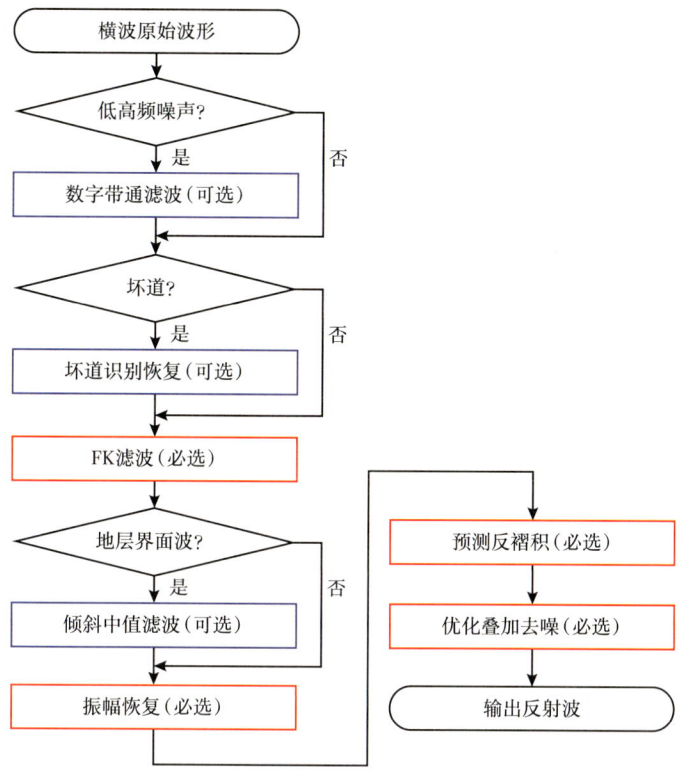

图 6-2-4 高精度反射波分步提取方法流程图

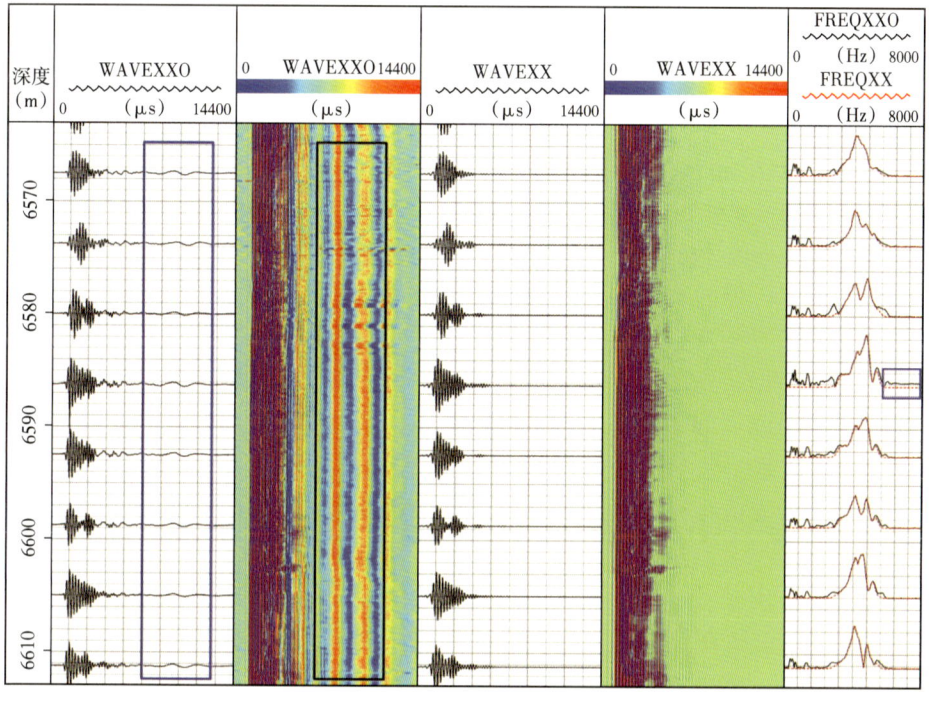

图 6-2-5 Y 井数字带通滤波法去除低高频噪声效果图

以斯通利波为代表的低频噪声和高频随机噪声特征，可采用滤波方法对其进行压制。本书选择数字带通滤波器来处理波形，即数字带通滤波法。该方法实质上是对原始波形与滤波因子实施褶积运算：

$$S(n) = \sum_{m=-(N-1)/2}^{(N-1)/2} S_o(n-m)h(m) \quad (6-2-1)$$

其中：

$$h(n) = \begin{cases} 2(\mathrm{Hf}-\mathrm{Lf}) & (n=0) \\ \dfrac{1}{n\pi}[\sin(2n\pi\cdot\mathrm{Hf})-\sin(2n\pi\cdot\mathrm{Lf})] & (n=1,2,\cdots,(N-1)/2) \\ \dfrac{1}{n\pi}[\sin(2n\pi\cdot\mathrm{Lf})-\sin(2n\pi\cdot\mathrm{Hf})] & (n=-1,-2,\cdots,-(N-1)/2) \end{cases} \quad (6-2-2)$$

式中：$S_o$ 为滤波前波形；$S$ 为滤波后波形；$h$ 为滤波因子；$N$ 为滤波因子长度。Lf 为带通滤波器低频极限，Hz；Hf 为高频极限，Hz。

为了削弱吉布斯现象对滤波波形影响，需对滤波器的频谱镶边，镶边后对应的滤波因子为

$$h(n) = \begin{cases} 2\mathrm{Bf}(\mathrm{Hf}-\mathrm{Lf}) & (n=0) \\ \dfrac{\sin(n\pi\cdot\mathrm{Bf})}{n\pi}[\sin(2n\pi\cdot\mathrm{Hf})-\sin(2n\pi\cdot\mathrm{Lf})] & (n=\pm1,\pm2,\cdots,\pm(N-1)/2) \end{cases} \quad (6-2-3)$$

式中：Bf 为镶边长度，Hz。

利用数字带通滤波器对实际测井资料进行了处理，滤波后波形如图 6-2-5 第 4 道和第 5 道所示，滤波后到达时间较晚的斯通利波几乎被完全滤掉了。在滤波波形对应振幅谱中也可清晰地观察到斯通利波能量的消失（第 6 道，FREQXX）。此外，带通滤波器还滤除了高频噪声信号（第 6 道蓝色方框）。

2. 高斯射线束插值坏道重构技术

脆性地层垮塌、泥岩地层膨胀、钻井速度过快等均会使测井环境变得恶劣，导致仪器磕碰井壁等现象频繁发生，这对远探测声波测井波形产生严重影响，某些深度点波形紊乱，变为无效数据，这些受影响波形通常被称为坏道。研究发现，坏道存在三种表现形式：持续整个时间周期、随机出现在偶极横波直达波到达之前、随机出现在偶极横波直达波结束震荡之后。

基于坏道表现出的上述特征，发展了一种适用于声波测井波形的坏道识别方法。该方法通过判断偶极横波直达波到达之前波形幅度及其结束震荡之后波形幅度的相对高低来确定坏道所在深度位置。根据现场资料处理经验，波形幅度临界值可选为幅度均值的 2 倍。在识别出坏道所在位置后须将该道波形标注出来，并将整道波形数据置零。进一步须对坏道数据实施恢复，引进了一种匹配追踪射线束合成方法：高斯射线束插值坏道重构技术。该方法原理是假设波形数据为射线束数据的叠加：

$$S(\omega,z) = \sum_{p_i=p_{\min}}^{p_{\max}} e^{i\omega p_i(z-z_0)} M(\omega, p_i) \qquad (6\text{-}2\text{-}4)$$

式中：$S$ 为波形数据对应频谱；$\omega$ 为角频率；$z$ 为深度；$M$ 为射线束分量数据；$p$ 为射线参数；$z_0$ 为射线束中心位置。

式（6-2-4）可写为矩阵形式：

$$\boldsymbol{S} = \boldsymbol{LM} \qquad (6\text{-}2\text{-}5)$$

式中：$\boldsymbol{L}$ 为式（6-2-4）等号右侧中第一项传播项 $e^{i\omega p_i(z-z_0)}$，这里它是稀疏矩阵的形式。

基于式（6-2-5），可得坏道恢复方法对应的迭代反演公式：

$$\left| \boldsymbol{LM} - \boldsymbol{S} \right|_2^{\omega_{\text{ref}}} < \varepsilon \qquad (6\text{-}2\text{-}6)$$

式中：$\varepsilon$ 为判断反演方法收敛性的临界值；$\omega_{\text{ref}}$ 为计算频率范围。

式（6-2-6）代表求取向量 $\boldsymbol{LM}-\boldsymbol{S}$ 的 2 范数，可选取偶极横波所在频率范围为 3000~5500Hz。

Z 井为塔里木油田一口井况较差的井，在椭圆形井眼大段出现的位置（图 6-2-7 第 1 道中双井径曲线存在较大差异的位置），可观察到大量坏道波形（第 3 道），如深度 7930m、7937m、7950m。根据坏道识别处理方法，计算了 Z 井 1 号时间窗波形幅度曲线（第 6 道实线）及均值曲线（虚线），2 号时间窗波形幅度曲线（第 7 道实线）及均值曲线（虚线）。进而确定了坏道所在位置（第 4 道）。经射线束插值方法恢复后的波形如图 6-2-6 第 5 道所示，从中可发现坏道引入的噪声基本消失，并且恢复后的波形同相轴仍然较为连续，这说明坏道识别方法和恢复方法达到了应有的效果。

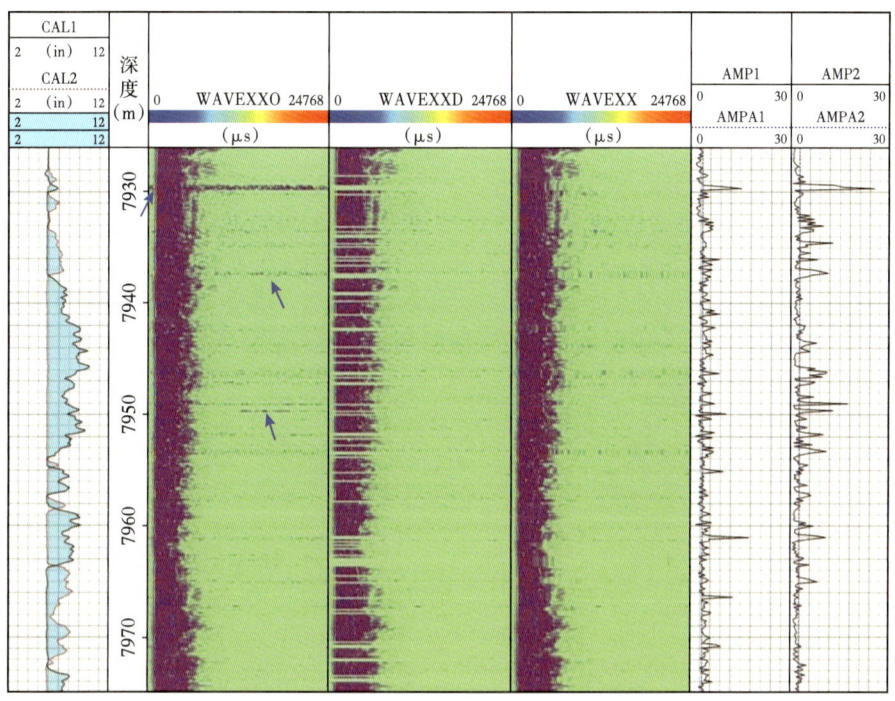

图 6-2-6　Z 井坏道识别与恢复方法效果图

## 3. 倾斜中值滤波地层界面波滤除技术

地层岩性有时会随着深度变化而发生突变，如泥岩和石灰岩界面位置、砂岩中的泥质条带等。在这些位置，地层声阻抗出现剧烈变化，当井壁滑行波传播到该位置时出现界面反射，被接收器接收。将这些经过一次反射，并且一直沿着井壁滑行传播的模式波定义为地层界面波。如图 6-2-7a 所示，当测井仪器位于声阻抗界面之上时，产生上行地层界面波，即波形记录深度距离声阻抗界面越远，地层界面波到达时间越晚；反之，则会产生下行多次地层界面波（图 6-2-7b）。

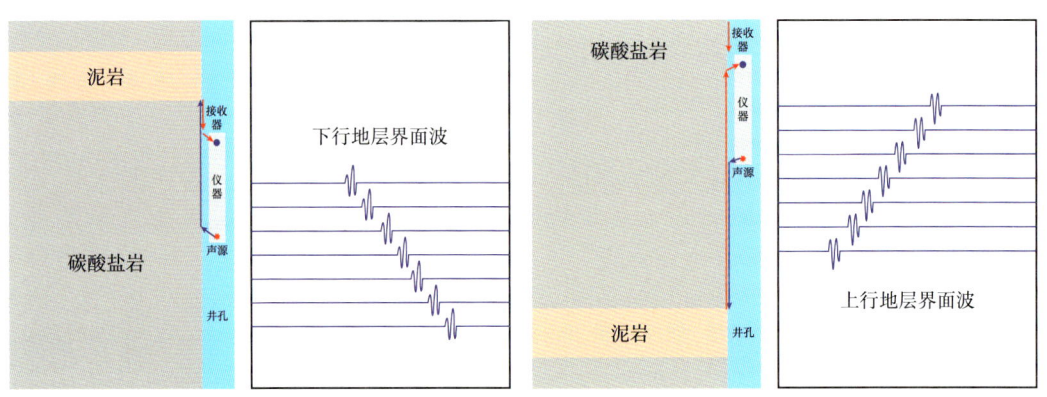

a. 上行地层界面波—近源距到时大于长源距　　　　　　b. 下行地层界面波

图 6-2-7　地层界面波产生机理示意图

图 6-2-8 中给出了横波远探测实测波形中的地层界面波，通过第 1 道 GR 曲线表明 X 井 7200m 位置存在一泥岩层，根据 GR 半幅点计算方法确定泥岩与碳酸盐岩的接触界面为 7197m（蓝色横线标注位置）。该位置正是下行地层界面波形成的起始深度（蓝色斜线所示）。值得说明的是，深度段 7197~7210m 对应的 GR 值起伏变化反映了该段泥质

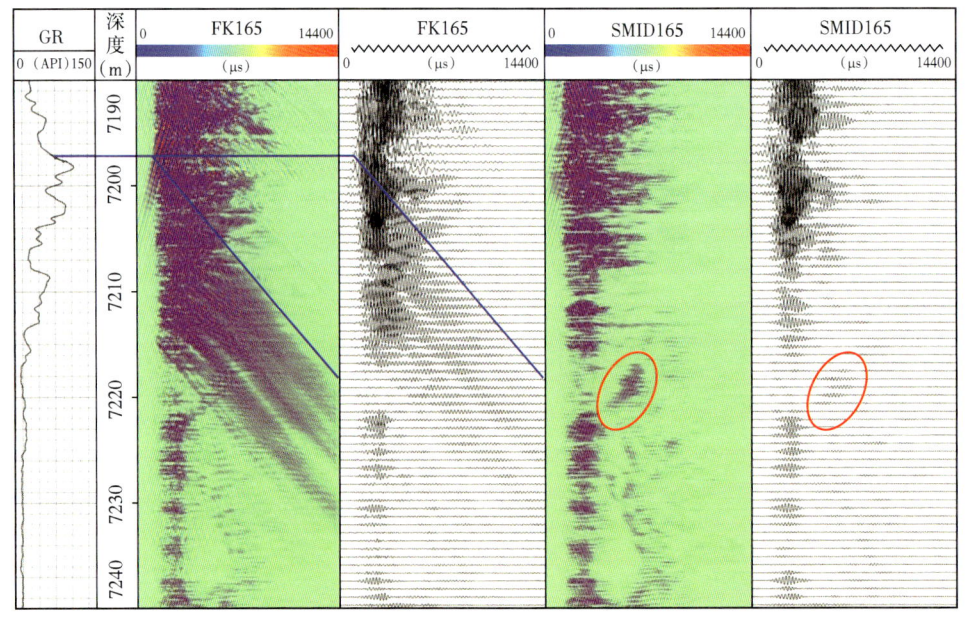

图 6-2-8　X 井倾斜中值滤波地层界面波滤除技术去除地层界面波效果图

含量的变化，从而形成了多个声阻抗界面，这也导致了图 6-2-8 中所示的多道下行地层界面波的叠加现象。

通过实例分析总结出地层界面波的典型特征：持续时间长、覆盖面积大，并且在四分量数据中均会出现，导致有效反射波提取困难，需要压制。针对地层界面波特征提出利用倾斜中值滤波地层界面波滤除技术来对其进行压制。该方法的具体实施流程如下：如图 6-2-9 所示，假设地层界面波和有效反射波在时间—深度域内斜率不同，首先将时间—深度域旋转角度。可根据地层界面波的产生机理和其传播规律计算：地层界面波的视横向传播声程为纵向传播声程的 2 倍，此外还需考虑横轴坐标为时间而非距离及地层界面波是以地层横波速度传播的。由此可得计算公式：

$$\alpha = \mathrm{arccot}(ks \cdot v_s/2) \tag{6-2-7}$$

式中：$v_s$ 为地层横波速度，其值通常随深度变化而变化，m/ms；ks 为单位转换系数，ms/m。

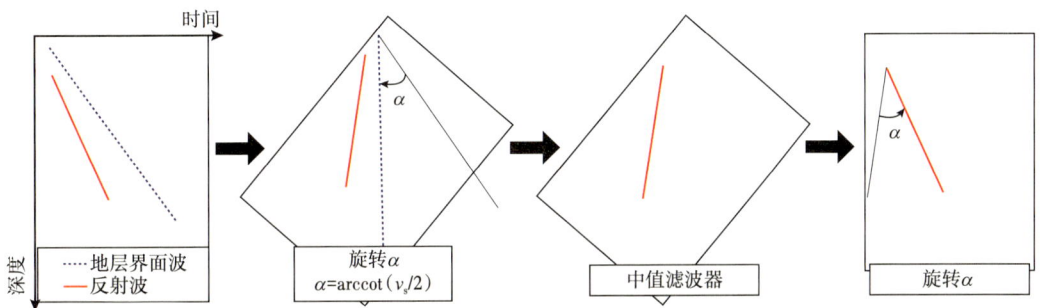

图 6-2-9　倾斜中值滤波地层界面波滤除技术去除地层界面波原理示意图

以致密灰岩为例，横波速度大约为 3.3m/ms（3300m/s），利用式（6-2-7）计算出旋转角度为 31.2°。然后，利用该方法去除地层界面波。进而，反向旋转角度 α 回归原有坐标系。利用这套流程便可去除地层界面波的下行波部分，而上行波去除方法只须将 α 更换为 −α 即可。图 6-2-8 展示了去除地层界面波之前（FK165）和之后（SMID165）的波形，对比结果表明，地层界面波得到有效去除，其掩盖的有效反射波得以凸显，如图 6-2-8 椭圆所示。

需要说明的是，因为现有阵列声波测井仪器源距的限制，基于反射原理的横波远探测处理方法对低角度反射体的探测能力有限，而主要用于探测井旁地层内的中高角度反射体（>60°）。因此，在碳酸盐岩储层中地层界面波和有效反射波会存在较大的角度差异，使得倾斜中值滤波地层界面波滤除技术在压制地层界面波的同时不会损伤到有效反射波。

4. 压制多次波的预测反褶积法

无论是沿着井壁滑行的偶极弯曲波，还是来自井外有效反射波，均受到井孔调制作用的影响，产生多次波信号。如图 6-2-10a 所示，假设井外存在一条倾斜裂缝，偶极声源辐射的横波会通过多条传播路径到达裂缝所在位置，产生反射波后又回到井孔内被接收器接收。其中最短传播路径对应的反射波最能反映裂缝的形态，而其他传播路径对应的反射波均为多次波，其典型特征为到达时间较晚、形态较为规则、周期性强

（图 6-2-10b）。作为相干噪声，多次波的存在将影响后续偏移处理中反射体的准确成像，因此需予以压制。图 6-2-10c 进一步展示了压制多次波后的理论效果，其中仅存在首次到达的裂缝反射波，不存在多次波信号。

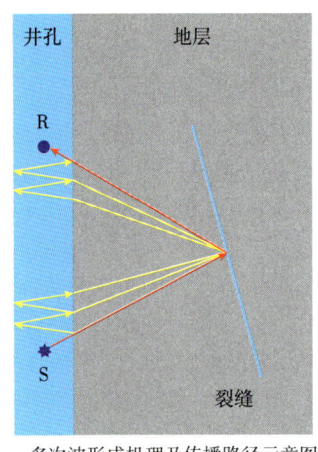
a. 多次波形成机理及传播路径示意图

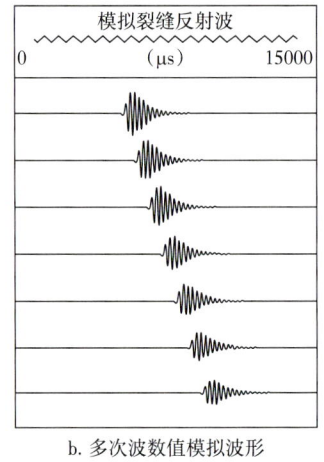
b. 多次波数值模拟波形

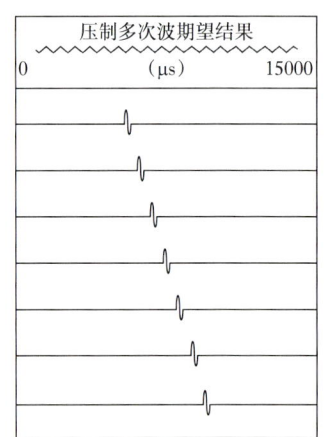
c. 期望压制多次波后获得的裂缝反射波

图 6-2-10 横波远探测资料中多次波特征图

通过调研发现，海上地震勘探中地震波激发能量会在海平面和海底之间发生来回震荡现象，从而产生强烈的多次波信号，这与偶极横波远探测中的多次波形成机理和特征类似。因此，引入海上地震勘探中常用的预测反褶积法来压制横波远探测测井中的多次波信号。此外，与其他反褶积法相比，预测反褶积法无须预知声源子波形态，从而避免了测井仪器类型及换能器激励信号不一致性的不利影响。预测反褶积法主要包括自相关、预测因子、褶积计算三个步骤，其中自相关计算函数为

$$R_m = \frac{\sum_{n=m}^{N-1} W(n\Delta t - m\Delta t) W(n\Delta t)}{\sum_{n=0}^{N-1} W(n\Delta t) W(n\Delta t)} \quad (m = 0, \cdots, N-1) \quad (6\text{-}2\text{-}8)$$

式中：$R_m$ 代表预测反褶积的数据自相关值；$W$ 代表原始波形数据；$N$ 代表自相关计算所需波形采样点数；$\Delta t$ 代表波形时间采样间隔；$m$ 和 $n$ 代表时间序数。

式（6-2-8）中分母项的作用是将互相关变量值归一化。预测因子通过求解矩阵方程获取：

$$\begin{bmatrix} c_0 \\ c_1 \\ \vdots \\ c_m \end{bmatrix} = \begin{bmatrix} R_0 & R_1 & \cdots & R_m \\ R_1 & R_0 & \cdots & R_{m-1} \\ \vdots & \vdots & \ddots & \vdots \\ R_m & R_{m-1} & \cdots & R_0 \end{bmatrix}^{-1} \begin{bmatrix} R_\alpha \\ R_{\alpha+1} \\ \vdots \\ R_{\alpha+m} \end{bmatrix} \quad (6\text{-}2\text{-}9)$$

式中：$\alpha$ 代表预测步长，矩阵角标"-1"代表对矩阵求逆。

预测因子数组与原始波形反褶积可获取预测波形，二者相减便达到了压制多次波的目的，具体计算公式为

$$S(t+\alpha\Delta t)=W(t+\alpha\Delta t)-\sum_{n=0}^{m}c_{n}W(t-n\Delta t) \qquad (6-2-10)$$

式中：$S(t+\alpha\Delta t)$ 为 $t+\alpha\Delta t$ 时刻多次波压制后的反射波。

如图 6-2-11 所示：第 2 道和第 3 道展示了实施预测反褶积法之前的反射波及其变密度图，可明显观察到其存在较强的多次波信号。第 4 道和第 5 道展示了实施预测反褶积之后的结果，如箭头所指示，多次波信号得到有效压制，反射波更能反映反射体形态。

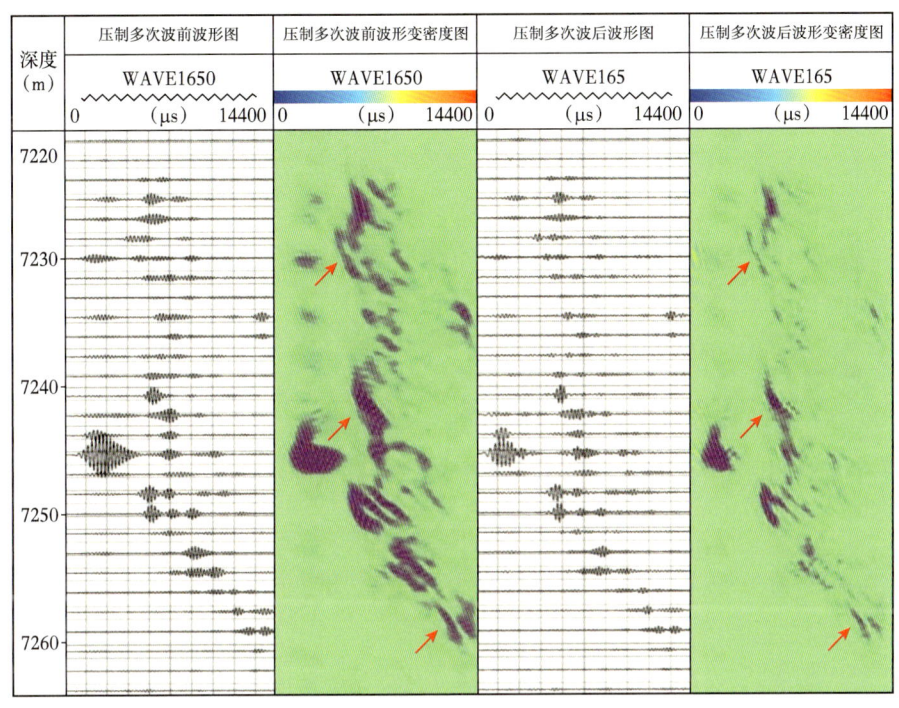

图 6-2-11 X 井预测反褶积法压制多次波效果图

5. 滤除不相干残余噪声的共中心点叠加法

在远探测声波测井中，叠加方法的基本原理是若波形中一种信号为不相干噪声，那么它肯定不会在所有的阵列接收器中均会出现。因此，通过叠加方法便可压制不相干噪声，从而提高有效反射波信噪比。如图 6-2-12a 所示，假设阵列声波测井仪器包含 8 个接收器（R），并且相邻接收器间隔为 0.5ft。通常仪器的深度采样间隔，即声源（T）移动步长也为 0.5ft。仪器移动 4 次便可从中提取出包含 4 道波形的共中心点道集，图中所示为 $T_8R_8$、$T_6R_6$、$T_4R_4$、$T_2R_2$。利用共中心点叠加法将 4 道波形叠加来达到去除噪声，提高波形信噪比的目的。图 6-2-13 第 2 道为 X1 井 165° 走向反射波波形，第 3 道为采用上述传统叠加方法处理后获取的叠加波形。从中能清楚地观察到，与叠加前波形相比，经叠加后波形中噪点得到了压制，有效反射波得以凸显，特别是在深度段 6598~6613m，井孔 20m 外的一条裂缝清晰可见。

传统的共中心点叠加法可以在一定程度上达到压制噪声的目的，但是也浪费了接收器 1、3、5、7 的接收波形。为此，提出了一种改进的叠加去噪方法，原理如图 6-2-12b 所示，在对 $T_8R_8$、$T_6R_6$、$T_4R_4$、$T_2R_2$ 对应的 4 道波形实施共中心点叠加的同时，

也对 $T_7R_7$、$T_5R_5$、$T_3R_3$、$T_1R_1$ 对应的 4 道波形同样实施共中心点叠加，最后再将两组叠加后波形以 0.25ft 深度采样间隔重新排列。图 6-2-13 第 4 道展示了采用改进的共中心点叠加法处理得到的反射波，与第 3 道传统叠加法波形相比，叠加后的反射波信噪比进一步提高，有效反射体（裂缝）更为清晰。

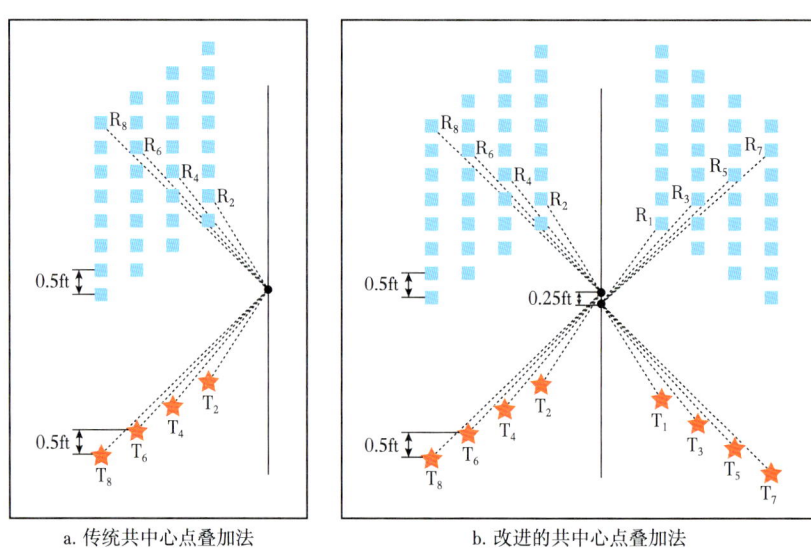

图 6-2-12 改进前后的共中心点叠加法对比

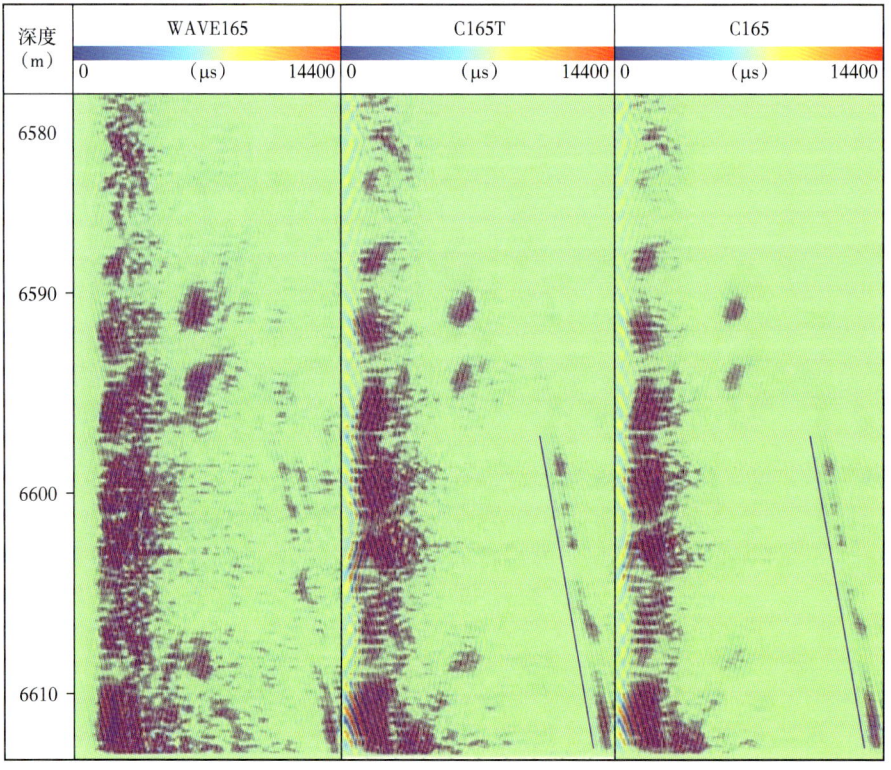

图 6-2-13 X1 井共中心点叠加效果图

值得注意的是,考虑到8个接收器之间最大距离(1m)远小于声源和接收器之间距离(3.5m),为了保证后续偏移处理达到较高的反射体归位精度,建议不采用零偏移距共中心点叠加法,而是以最小偏移距($T_2R_2$ 或 $T_1R_1$)为标准实施共中心点叠加。共中心点叠加法导致的倾斜反射体的深度误差可由后续深度偏移方法实施校正。

图 6-2-14 展示了上述高精度横波反射波分步提取方法在塔里木油田 ZG7-5 井的应用情况,从最左侧横波原始波形出发,经过一系列噪声压制方法处理,最终获取了最右侧道所展示的横波反射波信号。

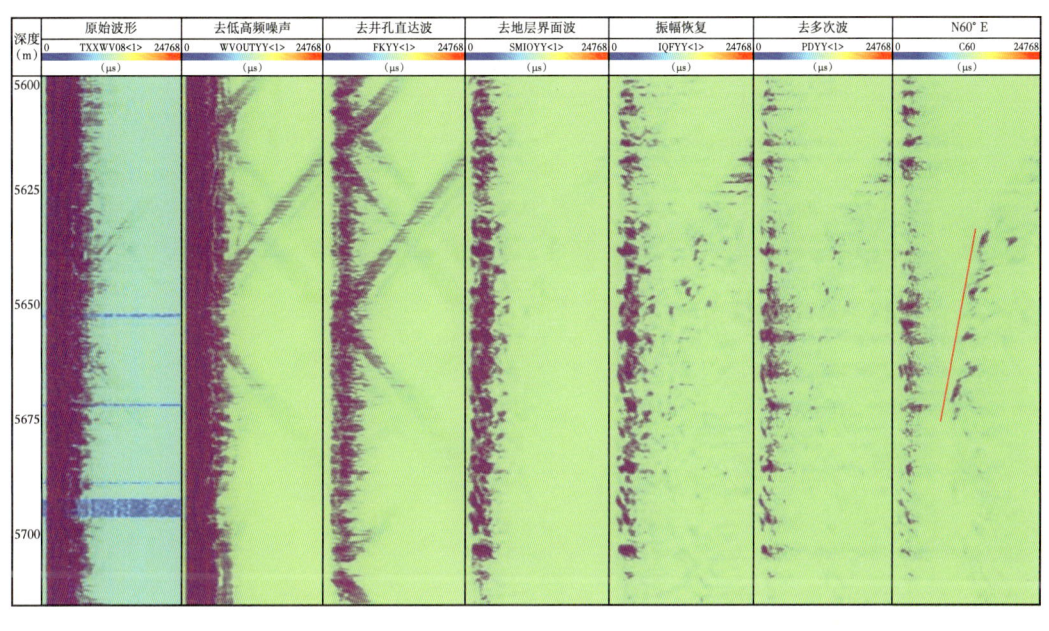

图 6-2-14　ZG7-5 井高精度反射波分步提取方法应用效果图

## 三、反射波方位校正

反射波分步提取的下一步工作是利用四分量偶极反射波波形计算不同方位的有效反射波信号。研究表明,井内接收到的有效反射波信号主要为 SH 波(偏振方向总是在水平面的偶极横波),这是因为当偶极横波辐射到井外地层中后会分裂为 SH 波和 SV 波,其中 SH 波能量的方位分布范围更广;SH 波和 SV 波遭遇地层中裂缝或洞穴等反射体时,SH 波的反射系数更大。因此,如何获取不同方位的有效反射波信号变成了一个如何获取不同方位的 SH 波的问题。第一步是根据 AZ 方位曲线,将四分量反射波归位到大地坐标。如图 6-2-15a 所示,假设 AZ 方位曲线指的是 $X(+)$ 逆时针旋转到正北方位的角度,从井孔顶部俯视,$Y(+)$ 逆时针旋转 90° 后为 $X(+)$。根据矢量合成与分解法则,将 $X(+)$ 旋转到正北方位时的四分量反射波数据 $XX_N$、$XY_N$、$YX_N$ 及 $YY_N$ 可表达为

$$\begin{cases} XX_N = [X\cos(AZ) + Y\cos(AZ+90°)][X\cos(AZ) + Y\cos(AZ+90°)] \\ XY_N = [X\cos(AZ) + Y\cos(AZ+90°)][X\sin(AZ) + Y\cos(AZ)] \\ YX_N = [X\sin(AZ) + Y\cos(AZ)][X\cos(AZ) + Y\cos(AZ+90°)] \\ YY_N = [X\sin(AZ) + Y\cos(AZ)][X\sin(AZ) + Y\cos(AZ)] \end{cases} \quad (6-2-11)$$

进一步可写为

$$\begin{cases} XX_N = XX\cos^2(AZ) - (XY+YX)\cos(AZ)\sin(AZ) + YY\sin^2(AZ) \\ XY_N = (XX-YY)\cos(AZ)\sin(AZ) + XY\cos^2(AZ) - YX\sin^2(AZ) \\ YX_N = (XX-YY)\cos(AZ)\sin(AZ) + YX\cos^2(AZ) - XY\sin^2(AZ) \\ YY_N = XX\sin^2(AZ) + (XY+YX)\cos(AZ)\sin(AZ) + YY\cos^2(AZ) \end{cases} \quad (6-2-12)$$

需要注意的是，有些测井仪器的 AZ 曲线指的是 Y（+）逆时针旋转到正北方位的角度，此时 AZ 方位角需加上 90°。下一步工作便是计算多个方位的 SH 波，如图 6-2-15b 所示，假设 SH 波的偏振方位逆时针旋转角度 $\alpha$ 后为正北方位，那么根据矢量合成与分解法则，SH 波可由经大地坐标变换后的四分量反射波计算得到

$$SH = (XN\cos\alpha + Y_N\sin\alpha)(X_N\cos\alpha + Y_N\sin\alpha) \quad (6-2-13)$$

即：

$$SH = XX_N\cos^2\alpha + (XY_N + YX_N)\cos\alpha\sin\alpha + YY_N\sin^2\alpha \quad (6-2-14)$$

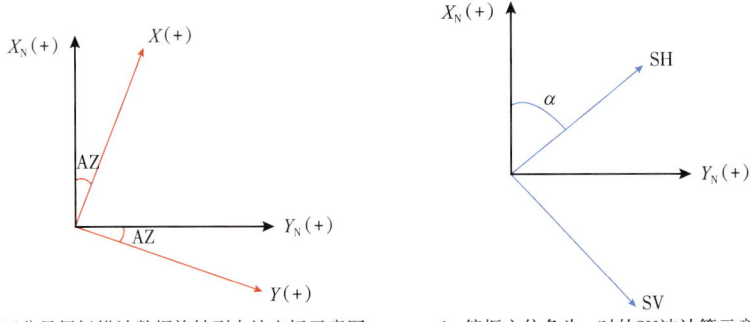

a. 四分量偶极横波数据旋转到大地坐标示意图　　b. 偏振方位角为 $\alpha$ 时的 SH 波计算示意图

图 6-2-15　四分量偶极反射波波形分析示意图

图 6-2-16 展示了 X 井六个方位的 SH 反射波，从中能观察到 SH 波在不同方位上的差异。

## 四、反射体偏移成像

将横波远探测数据中的反射波提取出来之后，需要利用适当的成像方法来对井周介质进行成像。测井高频声波和地震波具有很大的相似性，因此对测井远探测成像多采用地震波成像方法。表 6-2-2 为各种地震波成像方法的对比。目前，在测井远探测中，成像方法多采用 f-k 偏移之类的单向波波动方程偏移方法，这类偏移方法对速度变化的适应能力较弱，比如 f-k 偏移实际是采用常速偏移，这导致地质体的成像存在误

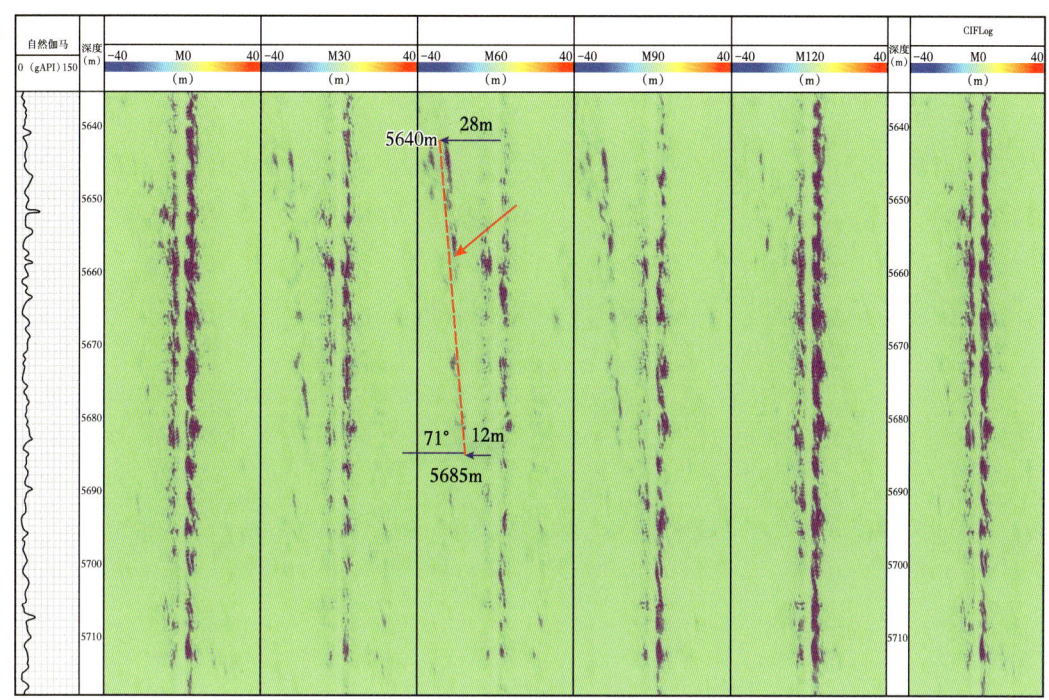

图 6-2-16　X 井不同方位的 SH 反射波提取结果

差,尤其是其空间位置存在较大的误差。测井远探测的数据观测方式进一步使得这类速度变化适应性弱的成像方法精度降低。测井远探测常常在井孔中沿着深度方向进行数据观测,成像过程中这些单向波波动方程成像方法实际要求速度在深度方向上变化缓慢。这与实际情况严重不符。在这些成像方法中,Kirchhoff 偏移成像方法具有较高的计算效率和计算精度。

表 6-2-2　各种地震波成像方法的对比

| 偏移成像方法 | | 精度 | 效率 | 陡倾角 | 速度依赖性 |
|---|---|---|---|---|---|
| Kirchhoff | | 较高 | 非常高 | 是 | 低 |
| 单程波 | SSR | 高 | 低 | 否 | 高 |
| | DSR | 高 | 低 | 否 | 高 |
| 双程波(RTM) | | 非常高 | 非常低 | 是 | 非常高 |

1. Kirchhoff 偏移成像方法

Kirchhoff 偏移成像方法的关键是旅行时场的计算,旅行时场计算方法决定了 Kirchhoff 偏移成像的精度和计算效率。首先介绍一种基于程函方程的高效且高精度的走时场计算方法;其次在走时场计算的基础上,进一步利用 Kirchhoff 偏移成像条件对井周反射波实施成像;最后利用理论和实际远探测数据进行偏移方法测试。

Kirchhoff 偏移成像方法的物理基础是地震波传播的高频近似理论,即射线理论。在射线理论中,波场分为走时场和振幅场两部分,其中走时场对地质体的空间位置定位尤为关键。走时场通常可以由程函方程和运动学射线追踪方程求得。运动学射线追踪方程通过计算射线轨迹来进行走时场的计算，由于射线轨迹在空间中通常是不规则的，因此不便于获得地下规则网格点的走时场信息，但这恰好是 Kirchhoff 偏移成像方法需要的走时场信息。而程函方程多借助于有限差分方法进行求解，它能够比较便利地获得所有计算点的走时场信息，比较便于 Kirchhoff 偏移成像方法使用（陆基孟，1993）。程函方程可以表示为

$$\left(\frac{\partial T}{\partial x}\right)^2 + \left(\frac{\partial T}{\partial y}\right)^2 = \frac{1}{v_s^2} \tag{6-2-15}$$

式中：$T$ 为走时场；$x$ 和 $y$ 为空间位置；$v_s$ 为横波速度。

式（6-2-15）的求解多借助有限差分方法。但是在震源附近，由于走时场通常具有较大的曲率，而有限差分方法无法适应这么大的曲率变化，使得计算精度降低。为了克服这一问题，对走时场进行因子分解，采用乘法因子分解，走时场可以表示为如下因子分解形式：

$$T = T^0 T^1 \tag{6-2-16}$$

式中：$T^0$ 为解析走时场部分，用于处理震源附近的走时曲率问题；$T^1$ 为扰动量，为差分计算部分。

将式（6-2-16）代入走时场的空间导数中，可以得：

$$\frac{\partial T}{\partial x} = \frac{\partial T^0}{\partial x} T^1 + T^0 \frac{\partial T^1}{\partial x} \tag{6-2-17}$$

$$\frac{\partial T}{\partial z} = \frac{\partial T^0}{\partial z} T^1 + T^0 \frac{\partial T^1}{\partial z} \tag{6-2-18}$$

将空间导数信息代入程函方程可得因子分解函数方程：

$$\left(\frac{\partial T^0}{\partial x} T^1 + T^0 \frac{\partial T^1}{\partial x}\right)^2 + \left(\frac{\partial T^0}{\partial z} T^1 + T^0 \frac{\partial T^1}{\partial z}\right)^2 = \frac{1}{v_s^2} \tag{6-2-19}$$

走时场中的解析部分可以表示为

$$d = \sqrt{(x-x_0)^2 + (z-z_0)^2} \tag{6-2-20}$$

$$T^0 = \frac{d}{v_0} \tag{6-2-21}$$

$$\frac{\partial T^0}{\partial x} = \frac{x - x_0}{v_0 d} \tag{6-2-22}$$

$$\frac{\partial T^0}{\partial z} = \frac{z - z_0}{v_0 d} \tag{6-2-23}$$

式中：$d$ 为声源到成像点的距离；$v_0$ 为地层的背景速度。

在走时场计算的基础上,仅须利用Kirchhoff偏移成像条件,获取成像结果。完整的Kirchhoff偏移成像条件可以表示为

$$I(\boldsymbol{r},t=0) = -\frac{1}{2\pi}\int dA_0 \frac{\cos\theta}{Rv}\left[\frac{\partial u}{\partial t}(\boldsymbol{r}_0,t_0) + \frac{v}{R}u(\boldsymbol{r}_0,t_0)\right]\bigg|_{t_0=t+\frac{R}{V}} \quad (6\text{-}2\text{-}24)$$

式中:$I$为Kirchhoff偏移成像点的成像结果;$d$为声源到成像点的距离;$A$为地表处炮点和检波点的分布范围;$\theta$为从成像点到一个接收点时声波传播所沿射线的出射角;$v$为声波传播速度;$R$为反射点到检波点时声波所走过的距离;$\cos\theta=z/R$为倾斜因子($z$为成像点的深度);$t_0$为零偏移距走时;$t$为声源到接收点的反射时间。

该成像条件是相对比较复杂的,在实际实现时,可采用一定的简化处理。式(6-2-24)代表的实际含义为沿着炮检双程旅行时的等时面,进行积分成像。

下面采用一组数值算例来测试Kirchhoff偏移成像方法的有效性。在理论数据测试部分,设计了多角度裂缝模型进行测试。图6-2-17为多角度裂缝模型对应的声波速度场,其中红色箭头所示位置即为不同角度的裂缝,裂缝的速度信息低于围岩。采用第一个模型同样的参数进行正演,获取的不同接收器的反射波记录如图6-2-18所示。由反射波记录可以看出,不同角度的裂隙模型的响应是不同的。采用Kirchhoff偏移成像算法对上述反射波记录进行成像,图6-2-19a为Kirchhoff偏移成像结果。由图6-2-19a可以看出,各个角度的裂隙被高精度地成像到理论空间位置,说明其定位精度非常高。图6-2-19b展示了同样的数据下采用f-k偏移的成像结果,由图可以看出,不同角度的裂隙成像结果都偏离了裂隙理论位置,包括深度位置和横向位置。同时,裂隙的形态发生了畸变,这对裂隙的高精度定位是不利的。数值算例的偏移成像结果表明,Kirchhoff偏移成像方法具有非常

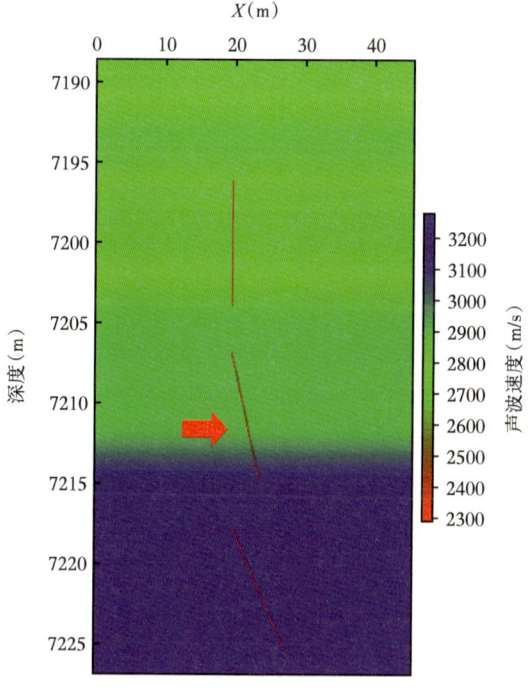

图6-2-17 多角度裂缝模型的声波速度模型

高的成像精度和成像效率,满足实际数据处理的需求。相比于现有常用的 $f\text{-}k$ 偏移算法,Kirchhoff 偏移成像方法定位精度更高,是更适合测井远探测的成像方法。

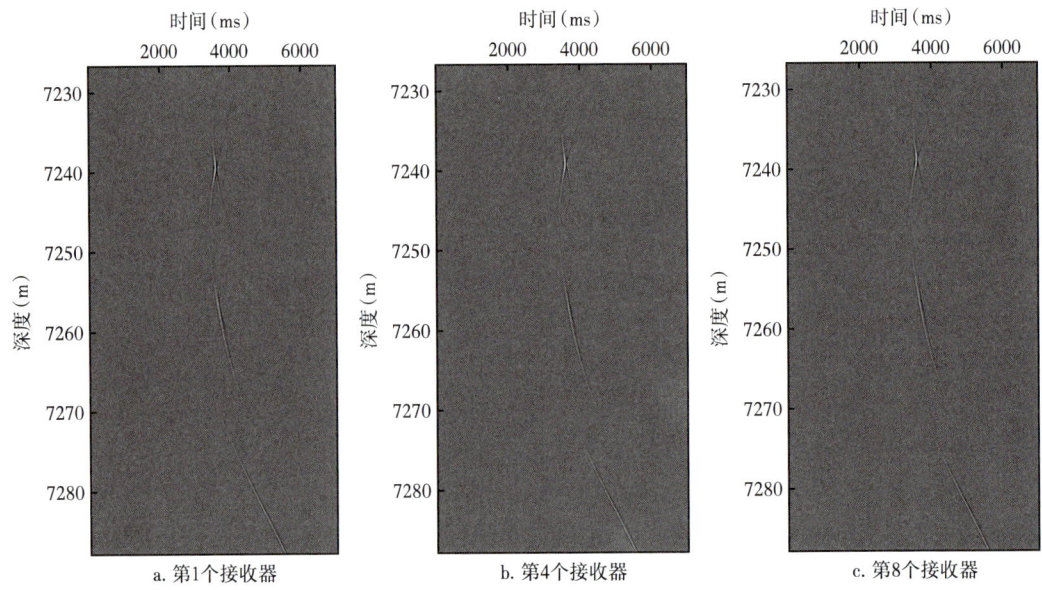

图 6-2-18　多角度裂缝模型对应的不同接收器的反射波记录

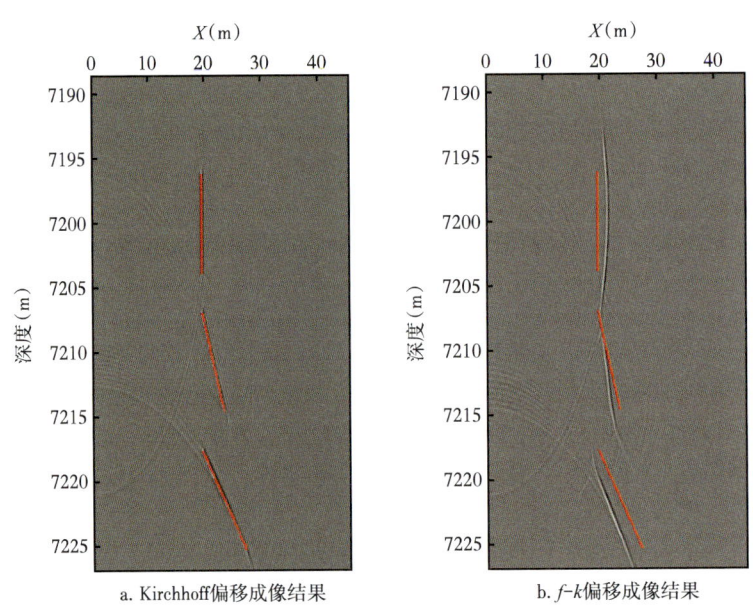

图 6-2-19　多角度裂缝模型对应的偏移成像结果

下面采用另一口井的实际数据来验证 Kirchhoff 偏移成像方法的有效性。图 6-2-20 为 X 井的成像结果,其中第 1 道成像结果为 $f\text{-}k$ 偏移成像结果,第 3 道成像结果为 Kirchhoff 偏移成像结果。可以看出,Kirchhoff 偏移成像结果的聚焦性更好,同时二者裂隙的成像深度存在一定的差异,证明 Kirchhoff 偏移的成像位置更加准确,更适合实际数据的处理。

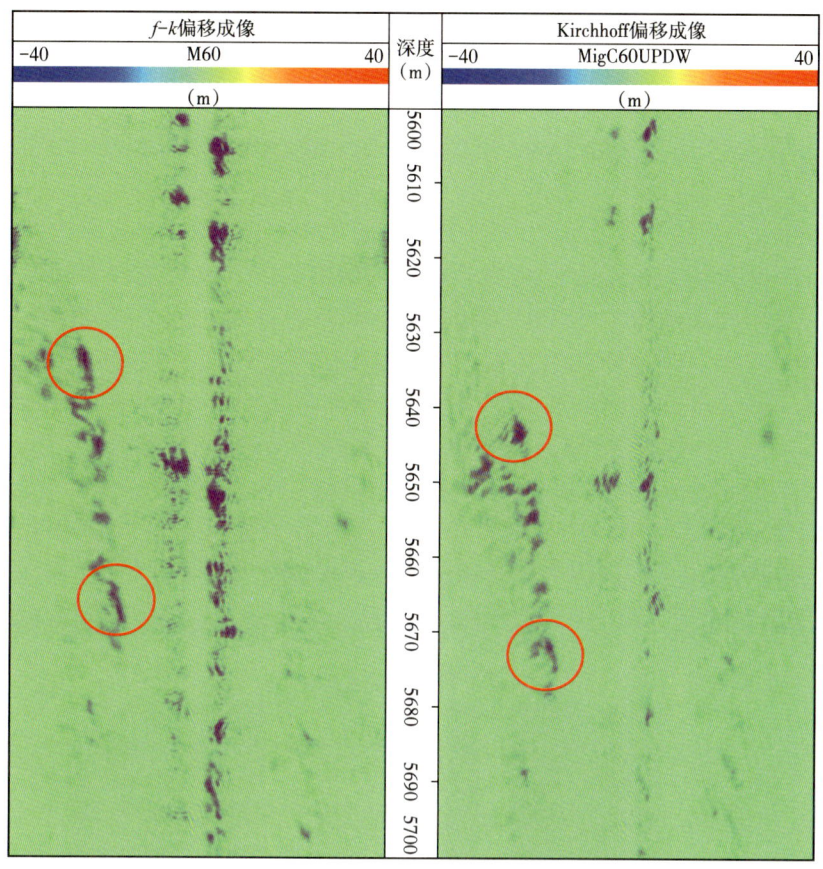

图 6-2-20　X 井的上下行波 Kirchhoff 偏移成像结果

2. 逆时偏移成像方法

逆时偏移实现流程包含震源波场的正传模拟和检波波场的反传模拟，并应用成像条件进行成像这三个核心步骤，其中波场的正传和反传均需借助有限差分作为正演模拟算子。由于偶极横波远探测需对二维单分量波型进行偏移成像，二维声波逆时偏移即可满足要求。选择高精度交错网格有限差分求解一阶速度—应力形式的声波方程实现波场模拟，对三维弹性波方程进行化简得到如式（6-2-25）所示的二维声波方程。其中 $v$、$\sigma$ 分别为速度和应力分量，$g$ 为声源。常用的成像条件为零延迟互相关成像条件，如式（6-2-26）所示，其中 $P_s(x, y, z; t)$ 和 $P_r(x, y, z; t)$ 分别为正传波场和反传波场，$I(x, y, z)$ 为成像结果。

$$\rho \frac{\partial v_x}{\partial t} = \frac{\partial \sigma_{xx}}{\partial x}$$

$$\rho \frac{\partial v_z}{\partial t} = \frac{\partial \sigma_{zz}}{\partial z}$$

$$\frac{\partial \sigma_{xx}}{\partial t} = \lambda \frac{\partial v_x}{\partial x} + \lambda \frac{\partial v_z}{\partial z} + g_{xx}$$

$$\frac{\partial \sigma_{zz}}{\partial t} = \lambda \frac{\partial v_x}{\partial x} + \lambda \frac{\partial v_z}{\partial z} + g_{zz} \qquad (6\text{-}2\text{-}25)$$

$$I(x,y,z) = \sum_{t=0}^{T} P_s(x,y,z;t) P_r(x,y,z;t) \qquad (6\text{-}2\text{-}26)$$

为验证算法正确性，设计如图 6-2-21a 所示凹陷速度模型，包含多条垂直和倾斜反射界面，$x$ 方向和 $z$ 方向的差分网格数分别为 400 和 1000。有限差分参数中空间网格选择 0.025m，对应的处理深度和径向探测深度分别为 25m 和 10m，时间网格选择 2.5μs，震源主频选择 6kHz。阵列声波测井实测资料为多炮连续观测的共偏移距道集（common offset gather，COG），而逆时偏移需要单炮的共炮点道集（common shot gather，CSG）作为反传震源，因此这里需进行道集数据转换。从深度 7.5m 处开始处理，并将仪器上提 40 次，每次上提 0.25m，共完成 40 次的正演数值模拟和逆时偏移处理，偏移后叠加结果如图 6-2-21b 所示，模拟数据 CSG 与 COG 如图 6-2-22 所示。可以看出，逆时偏移在声反射成像测井中对井旁垂直和倾斜反射界面成像效果良好。COG 道间距选择 10，其已经可大致反映反射体形态，逆时偏移对其进行进一步的反射波归位和绕射波收敛。

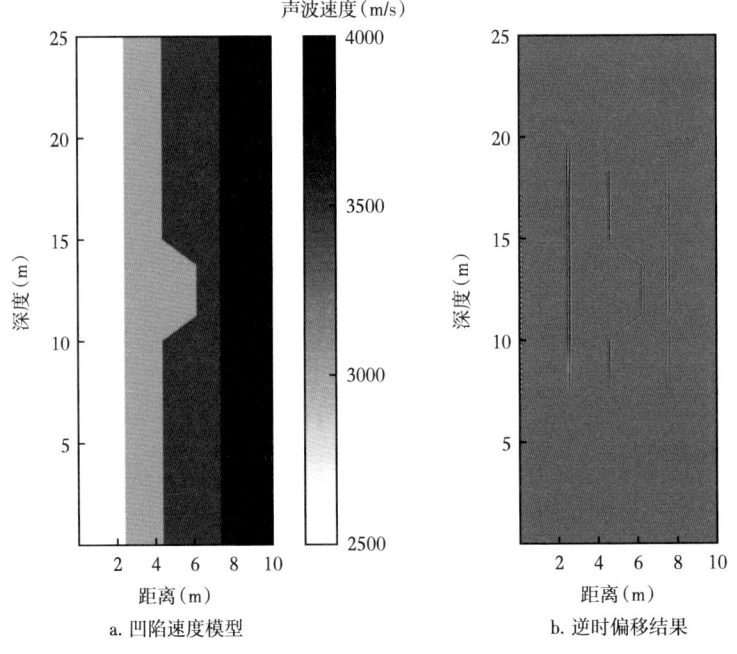

a. 凹陷速度模型　　　　　　b. 逆时偏移结果

图 6-2-21　凹陷速度模型和成像结果

实际测井数据的时间采样间隔较大，通常无法满足有限差分的时间采样间隔，如仪器 XMAC-F1 的时间采样间隔为 36μs，而上面选择的模拟时间采样间隔为 2.5μs，若直接将提取的反射波形作为反传震源输入会导致反传波场不稳定，影响偏移结果，因此需要对反射波数据进行插值处理，将实际测井资料的时间采样率插值为满足差分条件的时间采样率。按照实际测井数据的采样率对模拟波形进行抽稀后再进行插值，并用插值前后的波形作为反传声源得到的反传波场如图 6-2-23 所示，插值前第一个反传同相轴淹

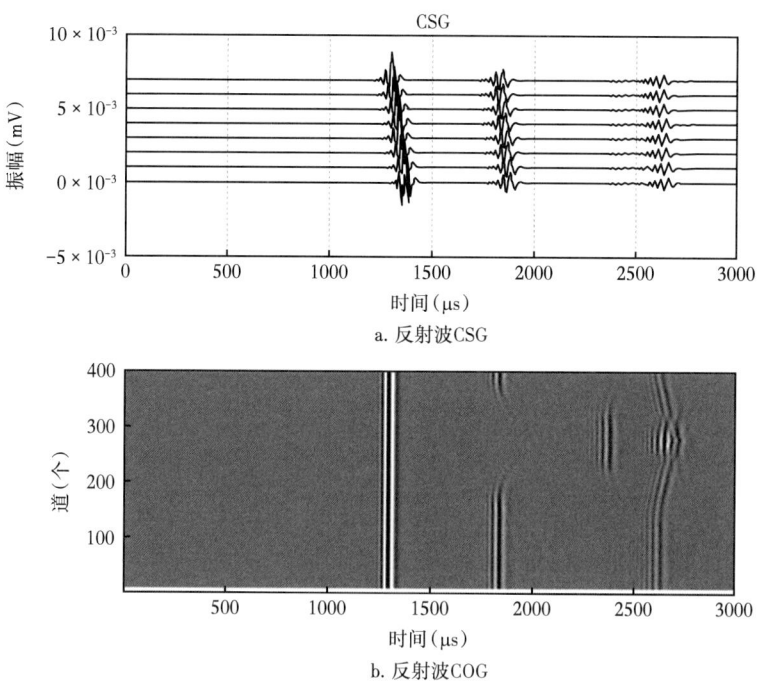

图 6-2-22 凹陷模型反射波 CSG 和反射波 COG

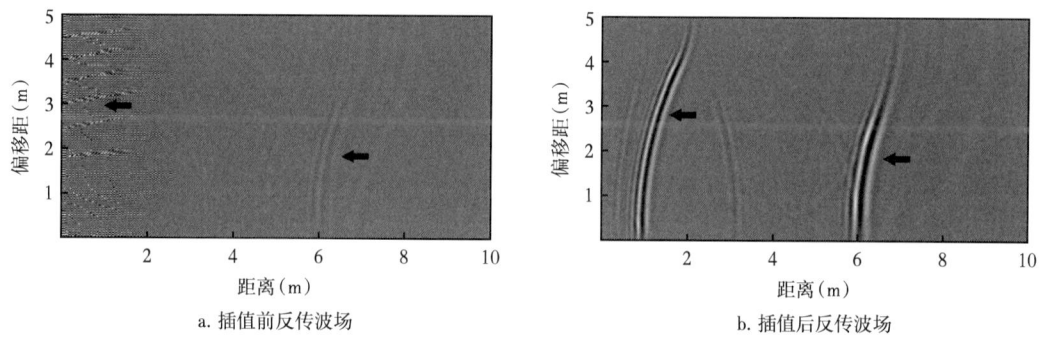

图 6-2-23 凹陷模型插值前反传波场与插值后反传波场

没在不稳定波场中,又因不稳定波场能量很强,第二个反传同相轴也基本无法辨别,插值后两个反传同相轴清晰可见。插值前后的逆时偏移结果如图 6-2-24 所示,证实远探测声波测井实际资料逆时偏移时需经插值处理才能得到有效的成像结果。

远探测声波测井需从声波测井资料中分离反射波进行偏移成像,沿井壁传播的井筒波能量远大于来自地层深部的反射波能量,井筒波去除不彻底易造成近井壁处成像能量过强的问题。逆时偏移常用的零延迟互相关成像条件如式(6-2-26)所示,其对相同时刻的正传和反传波场进行互相关求和得到成像结果,而未考虑波场在时间正向和反向延拓过程中的能量衰减,相乘之后进一步加剧了深浅层成像能量的不均一,导致深层反射体很难清晰呈现在偏移结果上。这里将改进后的归一化互相关成像条件引入远探测声波测井逆时偏移,采用入射波场能量来归一化反射波能量以解决地层深部反射体成像问题,如式(6-2-27)所示。通过坐标旋转和数据尺度转变,将 Sigsbee 模型变换至测井观测系统以建立井旁不规则反射体模型，精确速度模型和平滑偏移速度模型如图 6-2-25 所示。常规互相关成像条件和归一化互相关逆时偏移成像结果如图 6-2-26 所示，比较可

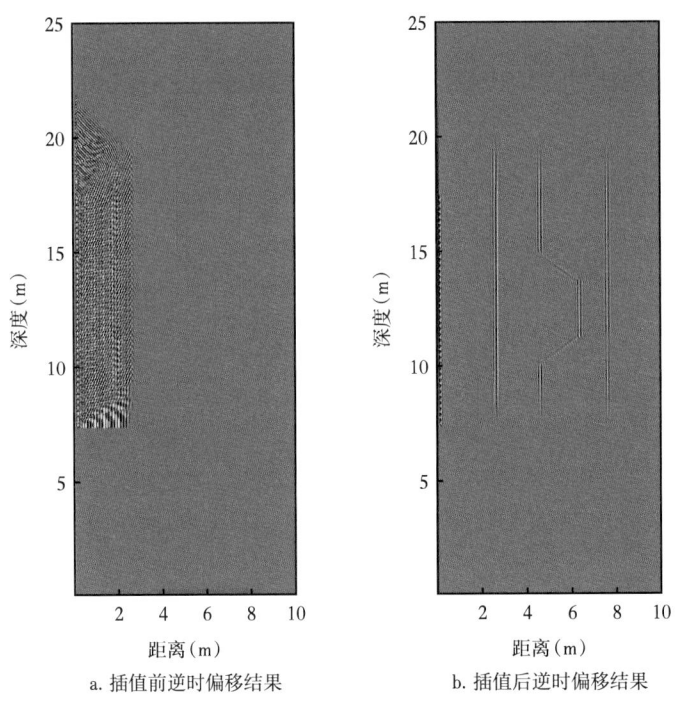

a. 插值前逆时偏移结果　　　　　　　b. 插值后逆时偏移结果

图 6-2-24　凹陷模型插值前逆时偏移结果与插值后逆时偏移结果

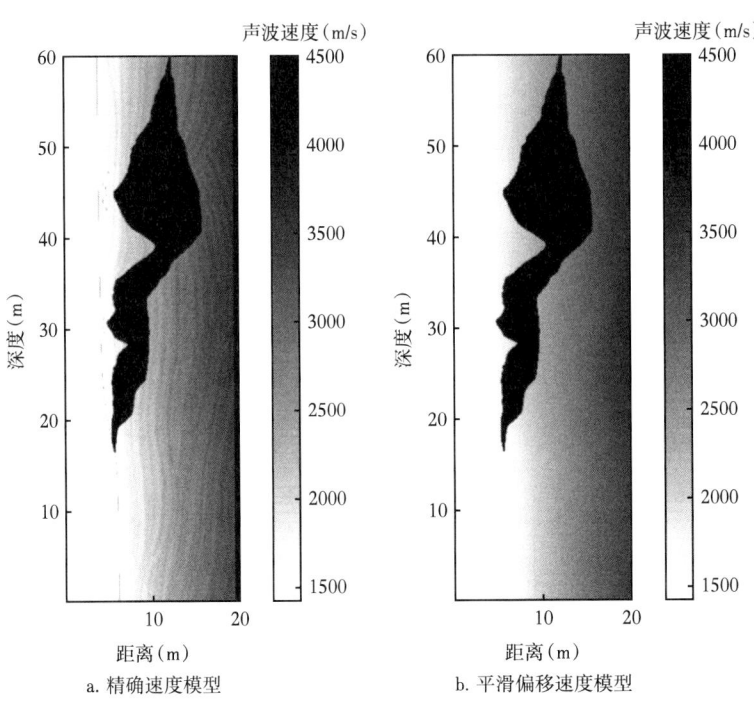

a. 精确速度模型　　　　　　　　　b. 平滑偏移速度模型

图 6-2-25　井旁不规则反射体精确速度模型和平滑偏移速度模型

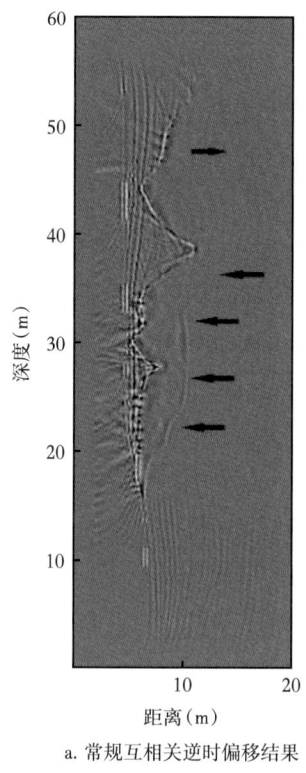 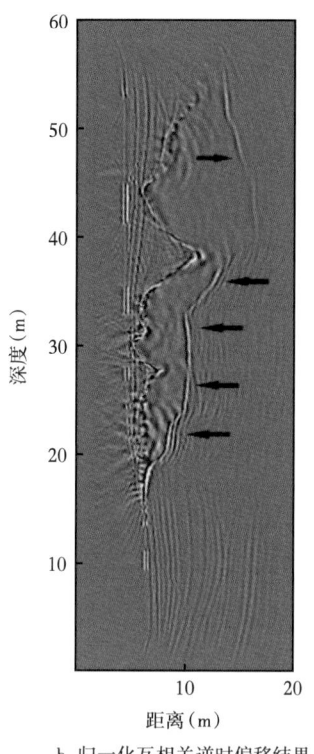

a. 常规互相关逆时偏移结果　　　　　b. 归一化互相关逆时偏移结果

图 6-2-26　常规互相关逆时偏移结果和归一化互相关逆时偏移结果

知其有效解决了深浅层成像能量不均一问题，常规逆时偏移中反射体底界面几乎无法分辨，基于归一化互相关的逆时偏移有效实现深层构造的精确成像，如图中箭头所示。

$$I(x, y, z) = \frac{\sum_{t=0}^{T} P_s(x, y, z; t) P_r(x, y, z; t)}{\sum_{t=0}^{T} P_s(x, y, z; t) P_s(x, y, z; t)} \qquad (6\text{-}2\text{-}27)$$

高精度偏移速度模型有利于实现高精度偏移成像，考虑声反射成像测井探测距离有限，且通常情况在观测深度段速度变化不大，选择将时差曲线进行横向插值延拓的偏移速度建模方法，对于时差变化较为剧烈的层段需对速度模型进行平滑处理。基于 CIFLog 统一处理解释测井平台，将前面所述的远探测声波测井逆时偏移算法制作成逆时偏移处理模块，可实现远探测声波测井资料的高精度偏移处理。为进一步研究常规逆时偏移和归一化互相关逆时偏移在实际资料中的应用效果，选择塔里木油田 Z 井进行算法测试，处理结果如图 6-2-27 所示。这里记录仪器为 XMAC-F1，时间采样点数为 688 从而探测深度更远，第 4 道和第 5 道逆时偏移成像结果中井旁裂缝的收敛效果明显较第 3 道中 $f$-$k$ 偏移更好，如蓝色圆圈所示，且相较第 4 道常规互相关成像条件，第 5 道中归一化互相关成像条件明显压制井旁成像能量，突出深层成像构造，如蓝色圆圈所示。

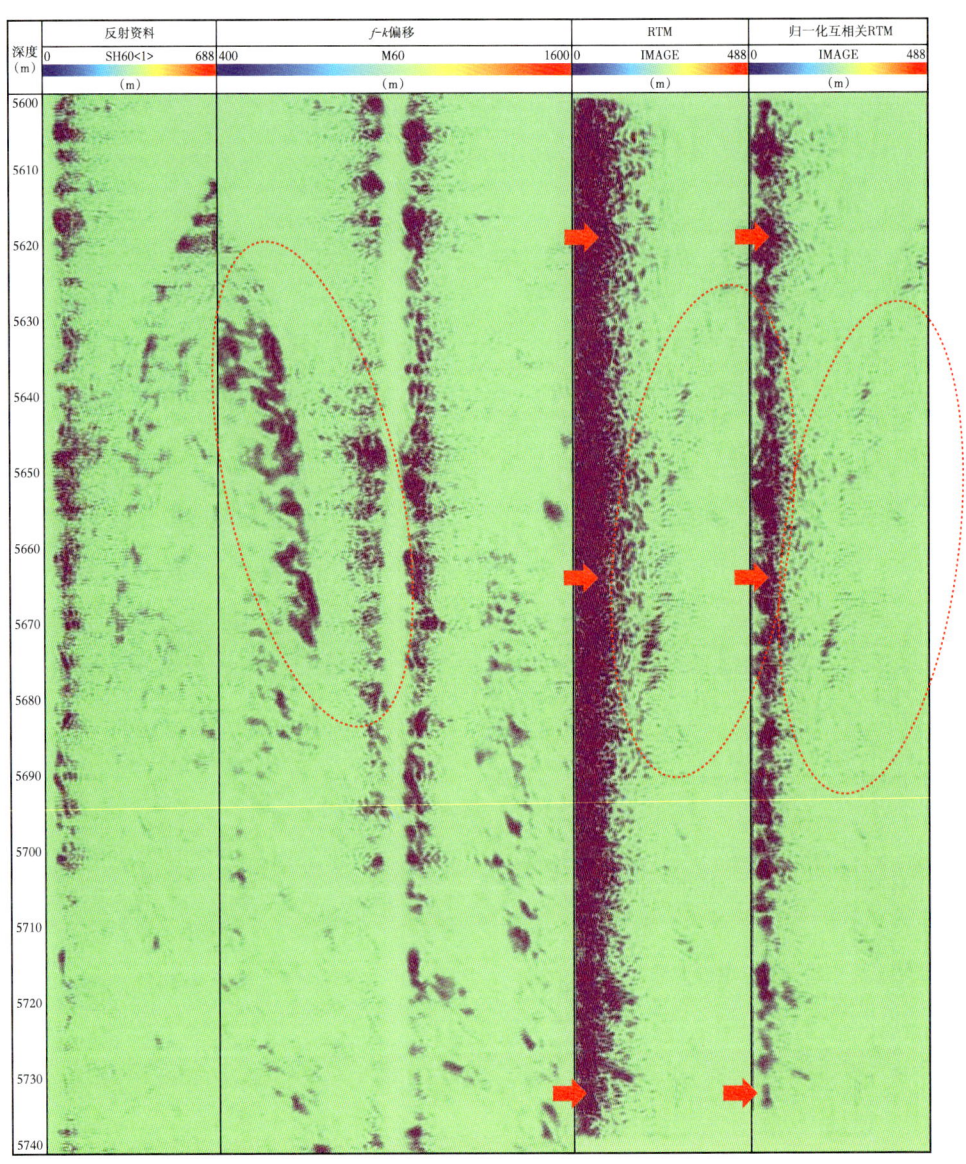

图 6-2-27　西北某油田 Z 井 $f$-$k$ 偏移与逆时偏移结果

## 第三节　远探测声波测井基本应用

远探测声波测井方法已广泛应用于碳酸盐岩储层和非常规储层，主要目的是识别上述储层中的天然裂缝或孔洞。近些年该方法也在页岩油气储层中得到应用，目的则是评价压裂裂缝发育情况。

### 一、碳酸盐岩储层

X 井是塔里木油田的一口开发井，该区块的钻井资料表明，储层发育段主要分布在奥陶系一间房组顶面以下120m范围内,横向上呈准层状分布。在过X井的三维地震叠前深度偏移剖面(图6-3-1)中,位于一间房组顶部的设计靶点处"串珠状"地震反射清晰,呈"两峰一谷"形态,能量强,这说明X井一间房组缝洞带的规模较大。与之相邻的X-1井和X-2井同样以一间房组"串珠状"反射体为靶点,2口井均获得工业油气流且投入试采,试采结果表明该区块缝洞储层发育,具有较好的产油能力。

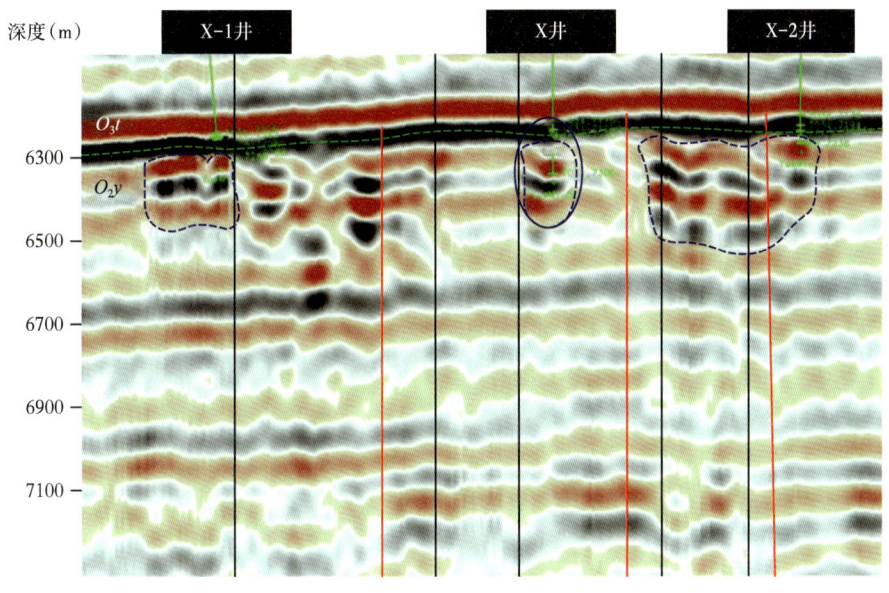

图6-3-1 过X井的地震叠前深度偏移剖面

图6-3-2为X井的测井综合解释成果。常规测井处理结果表明,该井的目的层段岩性较纯,物性较差(基质孔隙度小于2%),测井解释为干层。对目的层段实施油嘴放喷后无油气显示。为进一步求证X井井旁的缝洞发育情况,目的层段处增加了偶极横波远探测。通过对X井的偶极横波远探测资料开展波场分析发现,在全波列信息中既包含极强的地层界面波、多次波等相干噪声,又包含低频、高频噪声等不相干噪声,严重影响反射波信息的有效提取,因而需对数据资料进行噪声压制。利用针对性的噪声压制方法,依次对低频噪声、高频噪声、地层界面波、多次波等噪声进行压制,在此基础上所提取的横波反射波的信噪比得到明显提升,如图6-3-3第8道(C165)所示。

图6-3-2中第8道展示了165°走向偶极横波反射波的偏移成像,可观察到奥陶系一间房组存在多组反射体。第9道展示了75°走向的偏移成像,与第8道相比,其中的反射体数量明显减少,且165°走向的偏移成像中出现的多组反射体并没有同时出现在75°走向的偏移成像上。这些现象均说明X井井壁外存在有效反射体,其走向主要为北北西向(165°方位)。仔细观察偏移成像中的反射体(图6-3-2中蓝色线段所指),可发现反射体的延伸长度有长有短,大致分布在3~20m之间,这种"狭长"的反射体形态代表了裂缝特征;反射体成像的宽度有宽有窄,甚至在一组反射体中还存在宽度变化的情况,这可能代表了反射体的洞穴特征。结合X井所在地区的地质情况,判断这些反射体应为裂缝和洞穴集合的反射体,可简称为缝洞反射体。这些缝洞反射体并没有穿过井孔,其间的最小距离约6m,这也解释了利用常规测井资料(最大探测距离为3m)开展

评价时其结果显示物性较差，以及常规测试无油气显示的原因。根据远探测测井资料的处理结果，对 X 井一间房组进行酸化压裂改造，改造之后的试油结论显示折算产油量为 32.88m³/d，产气量为 5967m³/d。这表明酸压沟通了井外裂缝和洞穴等有效反射体。

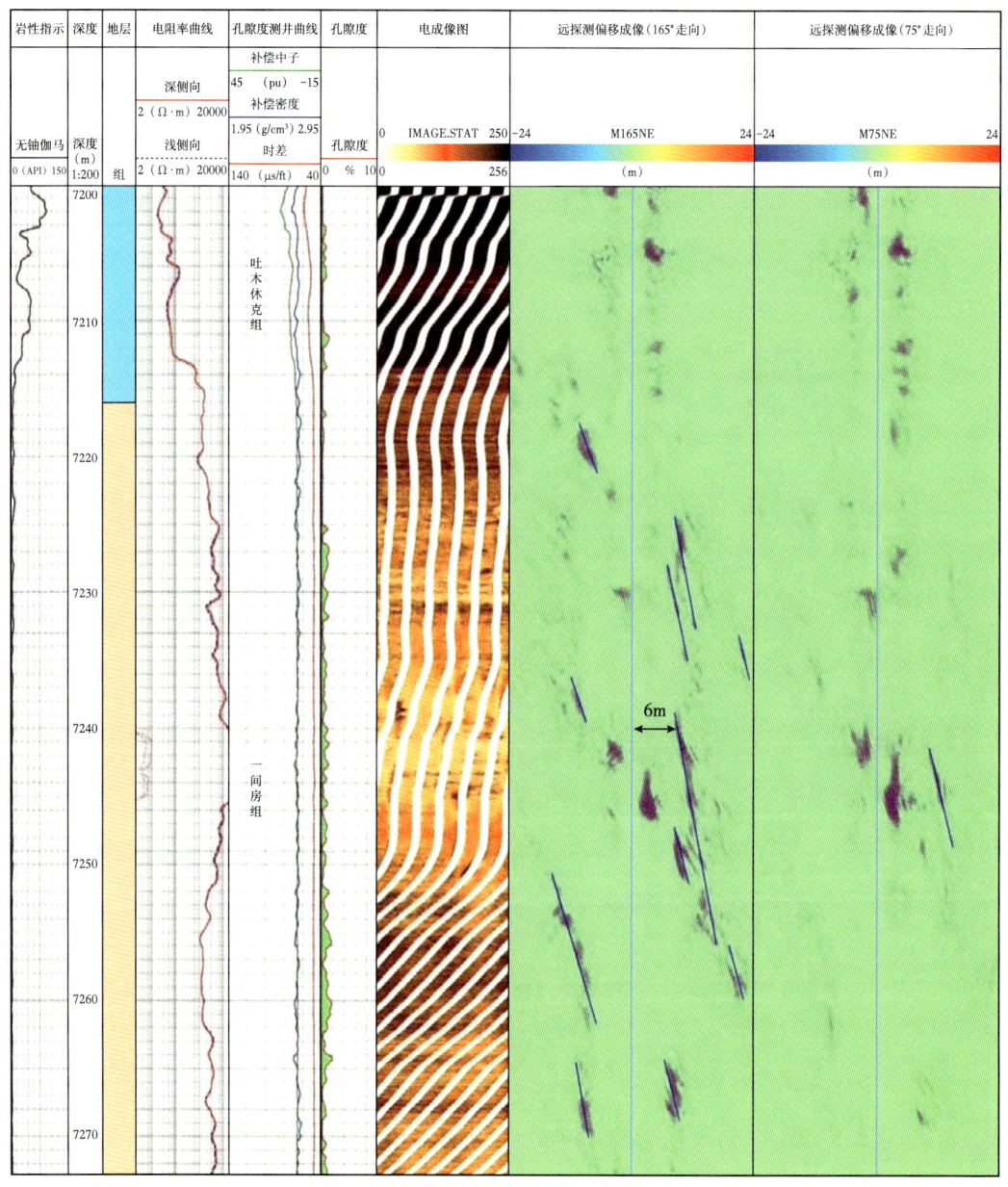

图 6-3-2　X 井常规测井与横波远探测测井处理结果

## 二、页岩储层

压裂施工的目的是人工造缝，并与地层原有天然裂缝沟通形成体积缝网，为岩石中的油气提供有效渗流通道，这也是页岩储层开发的关键技术。随之而来的压裂效果的监测和评价变得尤为重要。目前压裂效果评价主要依赖于微地震、广义电磁等技术，对井外大尺度裂缝发育程度与产状可以进行有效识别，但对小尺度裂缝体识别精度不足。

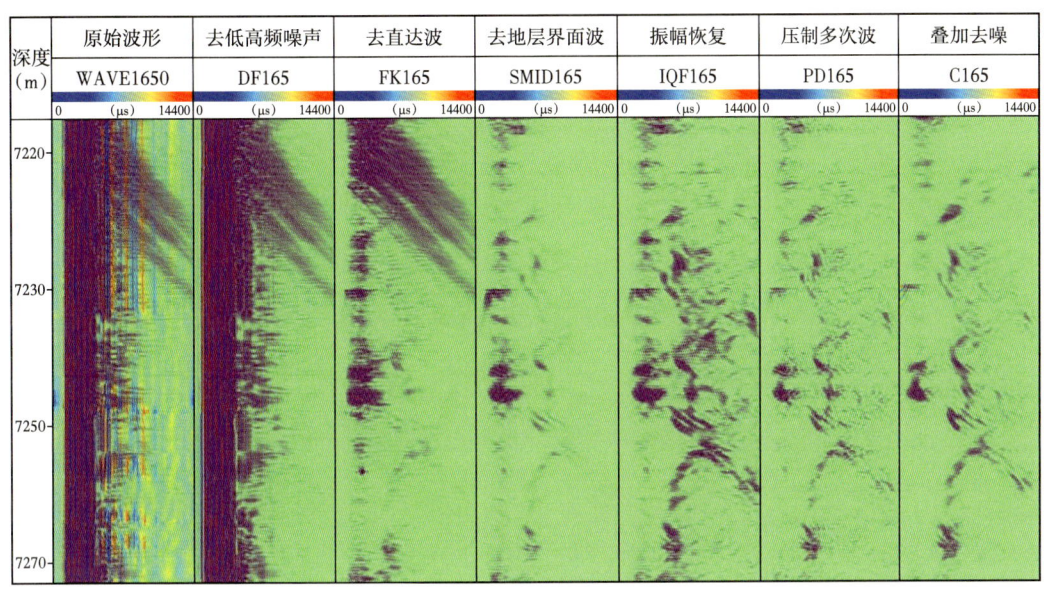

图 6-3-3　X 井反射波逐步提取效果

针对压裂裂缝评价难点，研发了一种基于压裂前后阵列声波测井资料的多尺度压裂缝评价方法，包括近井筒（0~3m）的压裂缝判识方法和远井筒压裂缝（3~40m）成像方法。当多组裂缝在宏观上呈定向排列趋势时，裂缝所在地层可等效为一种特殊的各向异性地层：横向各向同性地层。在这种地层中，沿着井筒传播的横波会分裂为传播速度较快和较慢的两种横波，这便是利用偶极四分量横波判识近井筒裂缝发育程度的原理。横波能量各向异性参数实质代表了快横波与慢横波的能量差异。当裂缝发育程度越高时，该参数值越大。通过研究发现，相较于横波时差各向异性，横波能量各向异性对压裂缝更为敏感。因此，可通过压裂前、后的横波能量各向异性差异来判识近井筒压裂缝分布情况。

对远井筒压裂缝，采用时移远探测方法，即在压裂前后分别实施远探测资料采集，进而处理评价裂缝发育程度。压裂前的远探测成像结果将显示井外天然裂缝发育情况，压裂后成像结果则综合显示天然裂缝和压裂缝。通过对比压裂前后的远探测成像图，便能评价压裂缝发育情况。在评价过程中，有两个问题需要注意：一是固井和压裂过程将导致井眼环境和地层条件变得复杂，原始波形中出现大量坏道噪声，严重降低压裂后测量的远探测波形质量，针对该问题研发了高斯射线束坏道插值重构技术来修正坏道波形；二是固井后金属套管的存在使得压后远探测资料中远探测方位失效，针对此问题研发了逐深度点快横波方位拾取方法，实现了井外压裂缝的追踪成像。

目前，上述特色技术方法已全面集成到中国石油新一代测井解释平台 CIFLog 中，并在新疆吉木萨尔、大庆古龙等页岩油勘探评价中得到应用，效果显著，为页岩油高效勘探提供了测井关键技术支撑。

图 6-3-4 为新疆吉木萨尔页岩油储层 Z 井压裂效果评价图，压裂段为 X279~X283m。从图中可见，压裂前电成像图显示在 X222~X226m 和 X269~X275m 两个层段，存在多组高角度天然裂缝，在压前各向异性（蓝色填充）和远探测成像结果也有相应显

示，裂缝与井孔相交深度和电成像裂缝位置一致。压裂后，第10道（横波各向异性）中红色和蓝色填充曲线存在明显差异的深度范围为X268~X283m，这代表了沿井轴生长的压裂缝，缝高达15m。通过对比压裂前后远探测图像（第11、第12道），发现压裂明显改造了这几组天然裂缝，显著增加了其延伸长度和发育范围，最远延伸深度达X224m，与井孔最远距离为13m。特别是在X224~X240m井段，天然裂缝和压裂缝沟通形成了复杂裂缝系统。

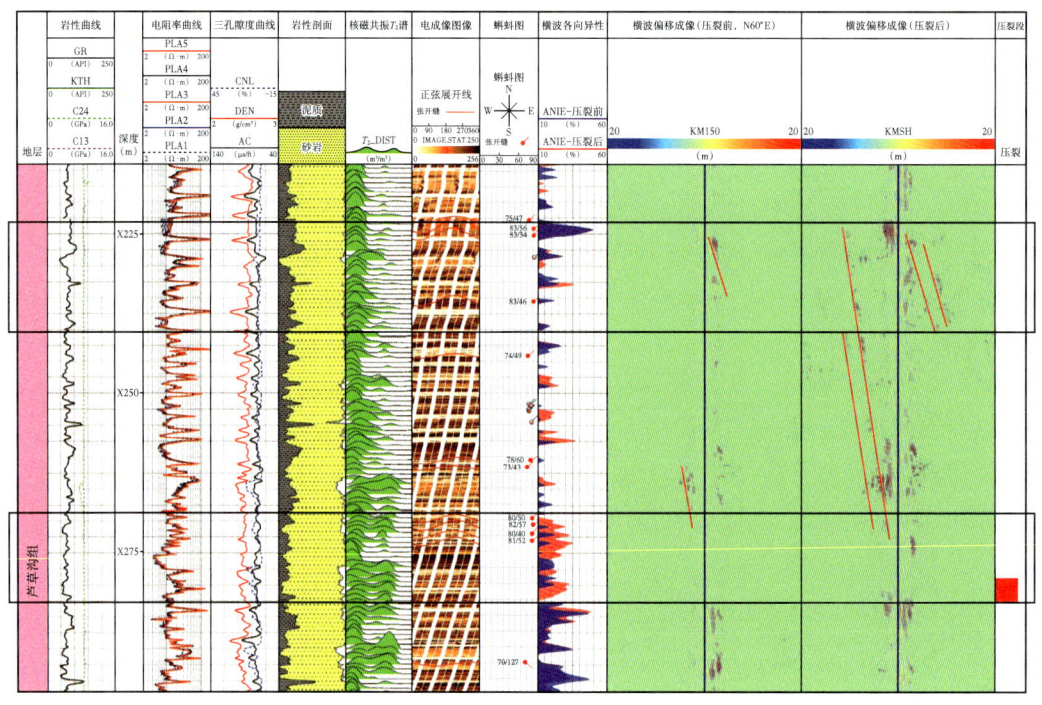

图6-3-4　吉木萨尔页岩油储层Z井压裂效果评价成果图

## 思考题

1. 声波测井远探测的测量模式有哪些？基本原理是什么？
2. 简述反射波噪声产生机理及特征。
3. 反射波分步提取的方法有哪些？并简述其原理。
4. 远探测声波测井的基本应用有哪些？

# 第七章 其他声波测井方法

本章主要介绍井中微地震监测、垂直地震剖面测井、随钻声波测井、噪声测井和动电测井等方法的基本原理、测井仪器和应用案例。在这些方法中，井中微地震监测成为近些年非常规油气藏开发监测中的重要组成部分。垂直地震剖面测井在高分辨率井旁地质构造成像与多波多分量速度信息反演中有重要的应用。随钻声波测井得到了快速发展，测井仪器与数据处理方法得到了长足的进步，在随钻地质导向中的地位越发重要。噪声测井和动电测井目前仍处在发展阶段。

## 第一节 井中微地震监测

随着非常规油气藏开发需求的不断增长，微地震监测技术近年来被广泛地应用于致密油藏的压裂监测、矿山岩爆监测、二氧化碳地质封存监测和常规油田注采诱发地震监测。尤其是对水力压裂增产过程进行诱导裂缝的几何成像，已经成为该项技术最常见的应用领域之一。本节简要介绍微地震监测的概况，并以井中微地震监测为例，详细阐述其观测系统、技术原理、数据处理的方法流程，给出实际页岩油水平井水力压裂的井中微地震监测应用案例，旨在为压裂微地震监测提供理论基础与技术支撑。

### 一、微地震监测概况

微地震，即微小的地震，一般指地下岩层受到高应力作用导致岩石破裂而产生的微小震动。这种岩石产生微破裂的过程与天然地震有相似的机制，但释放的能量很弱。与勘探地震相比，微地震监测没有人工震源，因此有时也被称为"被动地震"。微地震技术的兴起与致密油气藏的开发密切相关，当岩石中的孔隙和裂缝分布较少且相互不连通时，很难直接将缝洞中的油气开采出来，此时需要水力压裂对储层进行改造。在水力压裂时，大量高黏度高压流体被注入储层，使孔隙流体压力迅速提高，当地下岩层受到超过其破裂极限的应力时，会沿着某个方向进行破裂。高孔隙压力以剪切破裂和张性破裂两种方式引起岩石破坏。岩石破裂时发出地震波，储存在岩石中的能量以波的形式释放出来，产生"微地震"或"诱发地震"事件。

微地震监测即采用地面或井中检波器，记录岩石破裂发出地震弹性波的过程。通过检波器采集到岩石破裂时发出的地震波，对波形信息进行相关处理，反推震源位置的过程。压裂是一个连续的过程，因此反演的结果是一系列的震源点，将这些震源点组合起来可以实时获得开启裂缝的位置、形态、走向、破裂能量及动态演化过程，可估测裂缝面的方位、裂缝网格的连通性、裂缝开启及裂缝周围地应力的分布情况。通过实时的三维微地震压裂监测，可估测水力压裂井的最优射孔区间和储层改造体积，以此来优化压裂工程的效果。此外，在常规油藏监测中，微地震监测可用来识别导致储层分割的裂缝结构、对裂缝性储层的流动各向异性进行成像、提供实时的流体前缘的四维监测、识别井孔的不稳定性以帮助油藏工程师寻找新的注水井或生产井等。

微地震监测的应用范围广阔，包括：

（1）致密油气藏水力压裂监测——估测压裂缝长、宽、高、方位、裂缝网格的连通性、储层改造体积，调整压裂方案；

（2）常规油气藏注采诱发地震监测——估测水驱前缘，对裂缝性油气藏的流动各向异性进行成像；

（3）矿山矿震监测——实时监测矿山震动，判别是否有矿震、岩爆等地质灾害；

（4）二氧化碳地质封存监测；

（5）地热田开发监测。

尤其是在非常规油气藏的水力压裂检测中，微地震监测是唯一能够对诱导裂缝的几何形状进行成像的成像技术。

## 二、微地震监测方式

微地震监测一般分为地面监测、井中监测和浅井监测三种方式（表7-1-1）。

表 7-1-1　微地震三种监测方式的特点

| 采集方式 | 优点 | 缺点 | 适用范围 |
| --- | --- | --- | --- |
| 地面监测 | 接收排列布设快；<br>水平方向定位精度高；<br>震源机制分析相对准确 | 深度方向定位精度低；<br>事件点少，不利于精细分析 | 多段水平井组大范围规模储层改造 |
| 井中监测 | 高信噪比；<br>微地震事件多；<br>深度方向定位精度高 | 观测点仅限井中，水平定位精度受限；<br>较远事件无法监测到 | 适合于压裂井附近邻井作监测井（100~800m）；<br>破裂相对集中的较小区域 |
| 浅井监测 | 能避开低速层；<br>较高的分辨率 | 深度方向定位精度低 | 多井储层改造；<br>长期微地震监测 |

（1）地面监测，往往采用"十字形"或"星形"接收器布置方案以保证足够的方位覆盖性，采样频率为2ms左右。然而地面采集的检波器与震源距离较远，微地震有效信号经过较远距离传播后衰减严重，实际采集的有效事件能量很弱，难以直接采用天然地震学的震源定位方法对微地震事件进行震源定位，需要采用绕射扫描叠加等方法获取微地震的震源位置。

（2）井中监测，一般在压裂井周围选择合适的监测井，采用8级或12级三分量检波器随套管下井监测，采样频率为0.25ms左右。井下监测的环境比较安静，实际采集的有效事件的信噪比较高且在深度方向上有较高的定位精度。但是井下采集方案没有方位覆盖性，因此需要通过三分量检波器对有效事件的P波进行极化分析以确定有效事件的方位。此外，井中的微地震三分量检波器随电缆旋转下井与井壁耦合，其$x$分量和$y$分量的方向需要通过额外的井中声源弹射孔事件或者地面可控震源的校验炮事件进行校正。

（3）浅井监测，在监测目标区域钻多口 30~100m 的浅井，在井中布置 1 个或多个检波器，并用水泥胶结在井中。在浅井中，将检波器置于风化层以下对隔离地面环境噪声特别有效，并且能够降低近地表风化层对微地震信号的衰减作用，从而增加微地震有效事件的拾取数量，提高诱导裂缝几何形态的刻画精度。但是浅井监测需要提前掌握监测区域的风化层的厚度分布。此外多口浅井的钻井工作也费时费力，因此浅井监测多适用于大规模多井储层改造的长期微地震监测。

### 三、井中微地震监测原理与采集系统

当注入压力超过岩石最小主应力时，就会产生水力压裂裂缝，致使岩石在张力下破裂。岩石内部压力超过使岩石挤在一起的应力即岩石的抗拉强度，从而形成了从井眼开始蔓延的张裂缝或压裂裂缝。裂缝会沿最小主应力的正交方向扩展，最小主应力方向是均匀岩石最容易破裂和张开的方向。随着更多流体的注入，裂缝继续加宽，并从井眼向外生长。通常情况下，会向注入流体中加入砂子或陶粒支撑剂，以便在注入后保持裂缝张开。在裂缝内部和裂缝周围存在许多互相联系的物理过程，这些过程最终控制了水力压裂裂缝的生长情况。图 7-1-1 为水力压裂造缝的物理过程。

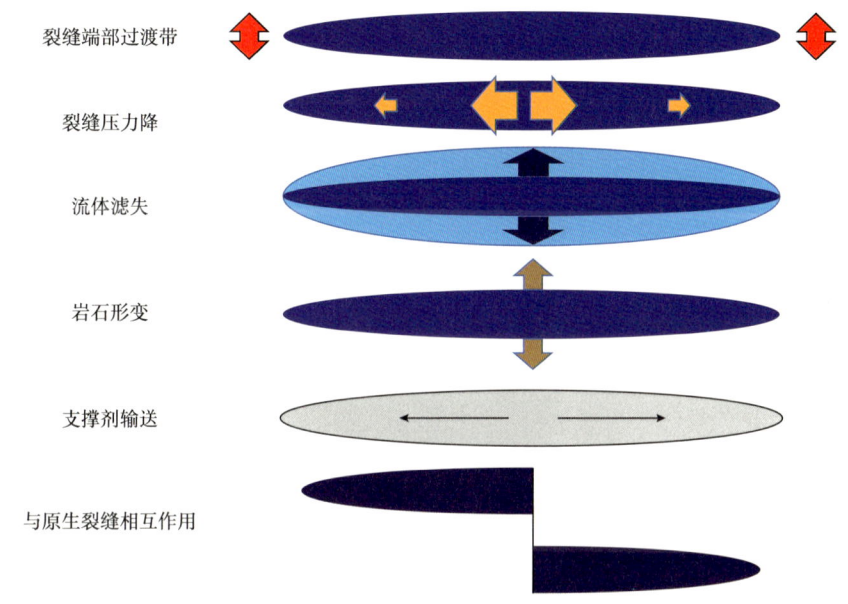

图 7-1-1　水力压裂造缝的物理过程示意图（据 Maxwell et al., 2010）

（1）裂缝端部过程带。

应力集中在裂缝端部，从而产生了导致裂缝向外生长的局部张应力条件。

（2）裂缝压力降。

注入流体使裂缝扩大，并以变速在摩擦力存在的情况下沿裂缝流动，沿裂缝长度方向形成压力降。

（3）流体滤失。

裂缝内，局部压力增高，导致压裂液通过裂缝壁滤失到岩石孔隙和裂缝中，这取决

于岩石的渗透性。裂缝或钻井液效率定义为裂缝体积与泵注液体体积的比值。

（4）岩石形变。

当有限宽度的裂缝产生时，周围岩石为了容纳裂缝体积打开而产生应变，形成一个弹性形变带。

（5）支撑剂输送。

支撑剂的移动受控于钻井液的流体动力性质，包括黏性、支撑剂的颗粒大小和密度。

（6）与原生裂缝的相互作用。

如果水力压裂裂缝与力学性质的弱点区域相交，根据力学性质的不同，裂缝可能沿力学性质薄弱区域生长或者穿过该区域。如果水力压裂裂缝沿裂纹生长，最终会形成新的水力压裂裂缝。微地震形变通常与原生裂缝形变相伴。

如图 7-1-2 所示，在确定压裂目的层后，在压裂井周围选取固井质量较好的监测井，在监测前取出井中的生产油管，并在储层上方放一个临时桥塞，在压裂目的层深度放置 8~12 级三分量检波器进行裂缝监测。检波器阵列一般位于待压裂地层的上部，以便最有效地监测到由压裂释放的破碎能量。监测要求使用本底噪声水平较低的高灵敏检波器，并且能够连续提供井下测量数据。一般要求时间采样间隔不小于 0.5ms，监测井的检波器阵列中点距离待压裂地区的距离不超过 500m。检波器接收到的能量返回到地面监测工作站后，送入处理软件接口进行数据处理，经过处理后就得到了压裂破碎的地下位置，所有压裂破碎事件都经过接收处理后，就得到了压裂期间地下地质体的破裂位置和动态演化过程。

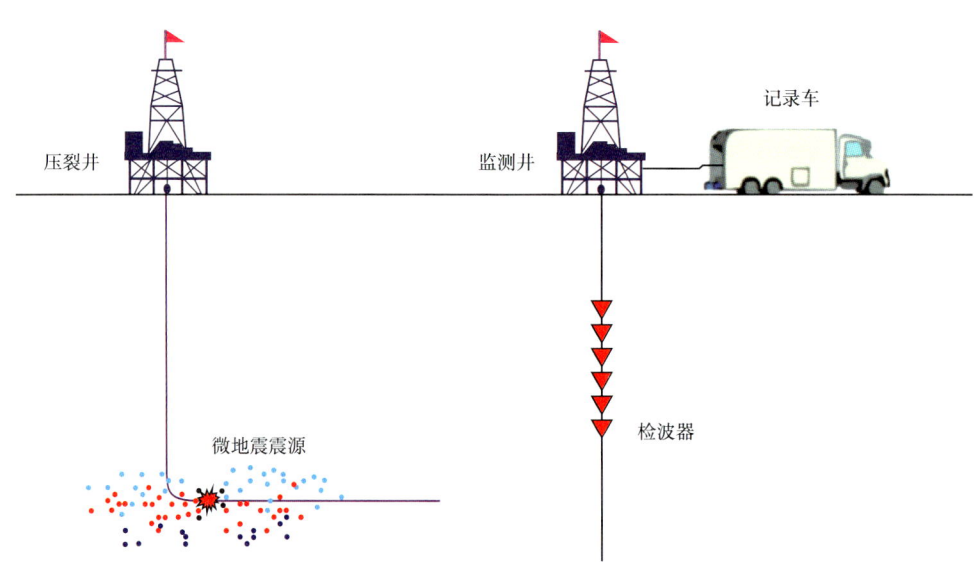

图 7-1-2　井中微地震监测观测系统示意图

井中微地震监测的数据采集系统与井中三分量垂直地震剖面（VSP）数据采集系统相似，包括地面控制系统、电缆车和井下接收系统，如图 7-1-3 所示。该系统具有耐高温（高达 175℃），耐高压抗腐蚀的能力。检波器阵列需要包含以下特性：(1) 三分量检波器；(2) 井下 A/D 转换器；(3) 电缆数字传输，自适应遥测数传技术优化了数据传输率，向上数据传输高达 2Mb/s；（4）检波器外径 80mm；（5）适用套管 $5\frac{1}{2} \sim 9\frac{5}{8}$in；（6）单级检波器长度 1132mm；（7）最高温度 350°F（175℃）。

a. 地面控制系统

b. 电缆车

c. 井下接收系统

图 7-1-3　井中微地震监测的数据采集系统组成

## 四、井中微地震监测数据处理方法

与地震勘探不同，微地震监测数据处理的目的并非是反演地下介质的弹性参数，而是在已知速度模型的前提下，反演震源的位置、激发时刻、震源强度及震源机制等。高压流体的注入会显著改变地下岩层的应力分布，导致油藏产生新的裂缝体系或者重新激活原有的断层。微地震事件的数量和震级与注入流体的速率和岩石力学性质有关，如杨氏模量、泊松比及岩石脆性等。

目前，井中微地震监测数据处理方法主要借鉴了天然地震学中对地震事件的处理方法，其核心是震源定位。图 7-1-4 是根据一个三分量检波器记录到的波列进行微地震震源定位的示意图。检波器布置在监测井中，记录压裂井中因压裂改造形成的微地震信号。在已知地层的纵波速度、横波速度的条件下，监测井中的检波器记录到的微地震信号中，因纵波速度快，最先到的是纵波，随后是横波。通过拾取纵波、横波波至时间，根据已知的地层纵波速度、横波速度可得到震源距离检波器的距离。震源的方向通过分析纵波矢端图得到。纵波矢端图是纵波波至在某一时窗内，在 $X$-$Y$ 方向上的运动交会图，根据不同方向上的分量确定震动来自的方向。

受速度模型、时间拾取及矢端图误差的综合影响，若仅依靠单个检波来进行微地震震源定位的误差就会很大，检波器阵列的使用可在一定程度上降低定位不确定性。通过采用常用的射线追踪法，将时间拾取结果输入反演算法确定微地震事件震源位置并分析误差范围。所有影响因素中，速度模型的准确性需要重点提及。速度模型准确与否对微地震事件的定位精度有明显影响。如图 7-1-5 所示，井中微地震监测包括采集设计、数据处理和成果解释等流程。

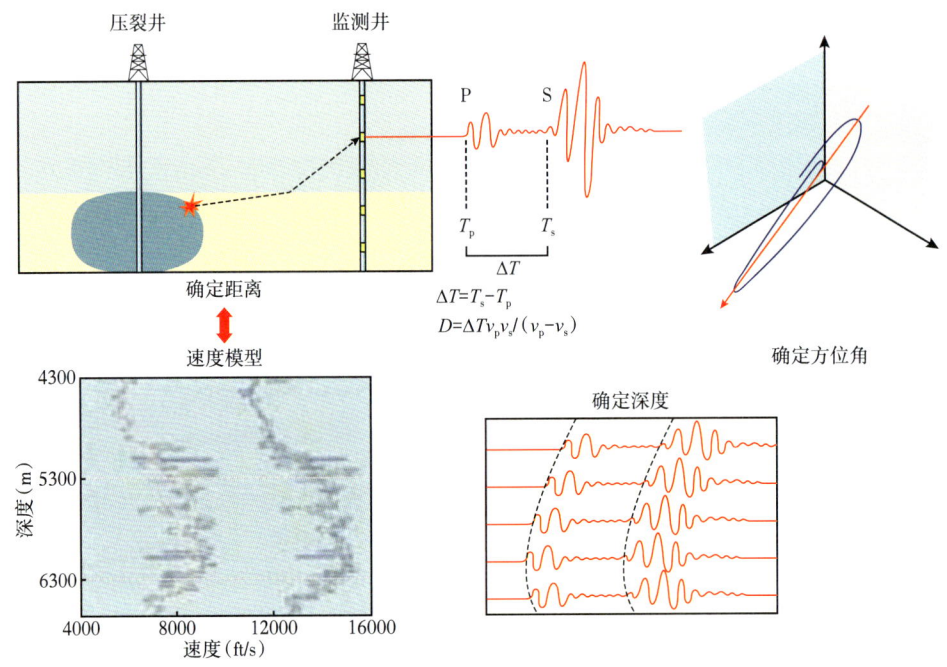

图 7-1-4 井中微地震监测震源定位示意图

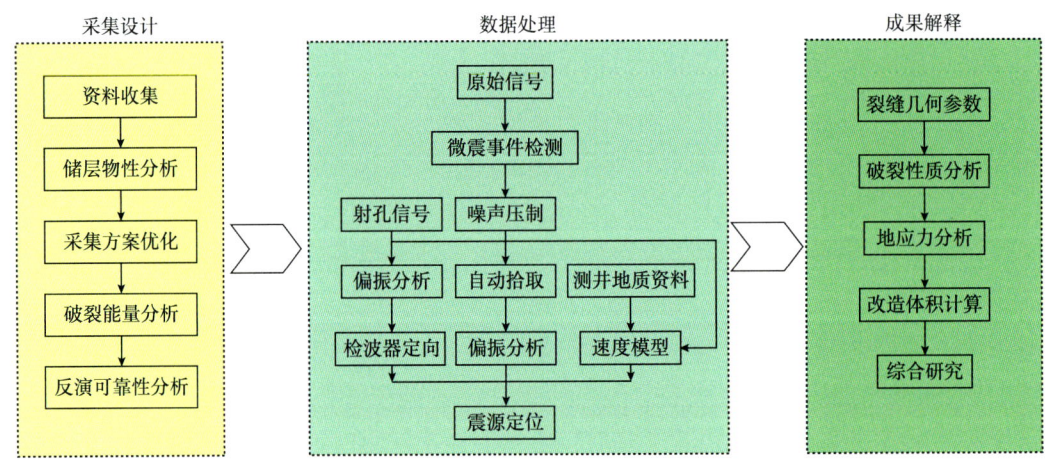

图 7-1-5 井中微地震监测流程图

1. 采集设计

在微地震监测前期需要收集压裂目的层井下基础资料，包括井轨迹、常规测井曲线、压裂区域的三维地震偏移成像资料、压裂区域的速度信息和压裂施工的具体方案等，以此进行采集方案的设计与优化。根据目标区域的地质资料，采用射线追踪或波动方程正演模拟方法，计算井中检波器适合安置的位置，以及检波器阵列的震源定位精度和水力压裂的破裂能量预测分析，判断本次压裂产生的微地震事件的能量是否能够被当前灵敏度的检波器阵列接收到。

2. 数据处理

微地震数据处理方法主要包括以下内容。

1）噪声压制

微地震监测原始资料的噪声主要包含背景噪声、井筒管波、强能量瞬时信号扰动、检波器与套管或地层耦合不好引起的振铃噪声和直流偏移分量。其中，井筒管波可根据其与有效事件视速度的不同用 $f$-$k$ 滤波分离；强能量瞬时信号扰动只出现在单个检波器，故各个检波器的到时并不一致；检波器胶结质量较差所引起的低频噪声可通过带通滤波器压制；直流偏移分量则可以通过简单的线性拟合加以剔除。因此，微地震噪声压制的难点主要在于如何降低背景噪声，提高有用信号的信噪比。

目前微地震监测常用的滤波去噪算法主要有自适应小波去噪、卡尔曼滤波、多道维纳滤波、时域和频域极化滤波、频域相干—时间域偏振滤波、基于 Hankel 矩阵的 SVD 滤波和基于 Radon 变换的噪声压制算法等。由于井中微地震监测的检波器个数有限，因此本部分主要介绍适用于单道波形去噪的小波去噪算法。

小波去噪主要的理论依据是经过多层小波分解，原始信号中的背景噪声能量会被打散到各个尺度，而有效信号的能量则会突出显示在每个尺度，因此，通过一定的阈值模型即可将分解后小波系数能量较小的背景噪声去除。比较有代表性的为 Birgé 和 Massart（1997）提出根据信号自身特点自适应反馈阈值模型：

$$c(t) = \sum_{k \leq t} m^2(k) + 2\sigma^2 t \left( \alpha + \ln \frac{n}{t} \right) \quad (t = 1, 2, \cdots, n) \qquad (7\text{-}1\text{-}1)$$

式中：$c(t)$ 为阈值函数；$m(k)$ 为各个节点的小波系数；$\sigma$ 为噪声方差；$t$ 为多层小波分解后的小波个数；$\alpha$ 为惩罚因子；$n$ 为系数个数。

设 $t = t_{\min}$（$t_{\min}$ 为排序最小的小波序号）时，$c(t)$ 取最小值，则最终阈值为

$$T = |c(t_{\min})| \qquad (7\text{-}1\text{-}2)$$

图 7-1-6 为采用 Birgé-Massart 阈值去噪的结果，经过 Birgé-Massart 阈值去噪后，不但成功地压制了背景噪声而且有效事件的波形也没有发生太大地畸变，最大限度地保留了有效事件 P 波和 S 波真实的振幅信息。

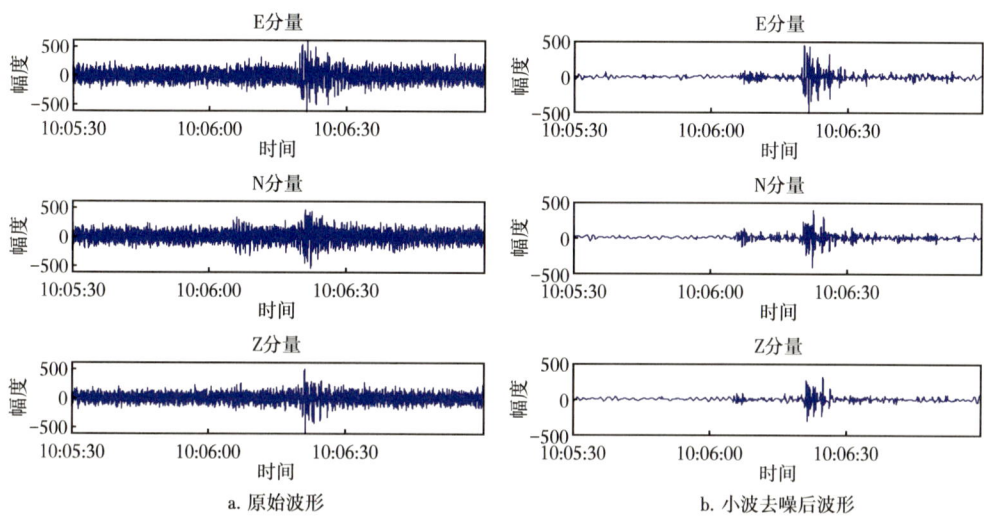

a. 原始波形　　　　　　　　　　　　b. 小波去噪后波形

图 7-1-6　原始井中微地震监测波形与小波去噪后波形对比

2）微地震有效事件自动拾取

微地震有效事件自动拾取是微地震数据处理流程中重要的一个环节。有效事件自动拾取的准确率决定了后续人工校验的工作量，而提取初至的精度则直接决定了定位结果的准度，从而影响最终的解释成果与结论。虽然人工识别、拾取有效事件的准确率及初至精度较高，但是效率低下，无法满足微地震监测大数据量的实时处理需求。因此高效、可靠的有效事件自动检测与拾取算法的研究是非常必要的。

目前常用的自动拾取方法包括时窗能量比法（STA/LTA）、基于自回归模型的Akaike信息准则法（AR-AIC）、多尺度AIC算法、匹配滤波法和基于机器学习的方法。本部分介绍目前应用最广泛的长短时窗能量比法。该算法采用两个长短不同的滑动时窗，将时窗内微地震数据的幅度、能量或者包络面作为特征函数，计算特征函数在长短两个时窗内的比值，当该比值大于预先设定的阈值时出现有效事件：

$$\begin{cases} \text{STA}(i) = \dfrac{1}{\text{Nsta}} \sum_{i=1}^{\text{Nsta}} \text{CF}(i) \\ \text{LTA}(i) = \dfrac{1}{\text{Nlta}} \sum_{i=1}^{\text{Nlta}} \text{CF}(i) \\ \text{Ratio}(i) = \dfrac{\text{STA}(i)}{\text{LTA}(i)} \end{cases} \quad (7\text{-}1\text{-}3)$$

式中：STA和LTA分别为长、短时窗的能量；Nlta和Nsta分别为长、短时窗的窗长；Ratio为特征函数的比值；CF为特征函数。

长时窗体现了信号能量的缓慢变化，而短时窗则对信号能量的瞬时变化更为敏感。如图7-1-7所示，长短时窗滑动遍历整个微地震记录将得到比值曲线，当该曲线的极值高于某个阈值时，则认为该微地震记录存在有效事件。图7-1-8为井中微地震原始波形、时频谱、噪声压制后的波形及自动拾取结果，其中图7-1-8c中红色和绿色的竖线分别代表算法拾取的纵波和横波初至。

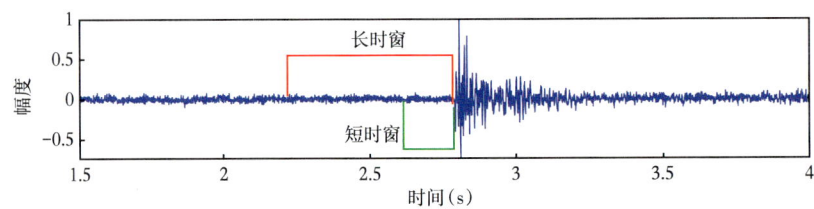

图7-1-7　长短时窗能量比法示意图

3）有效事件的偏振分析与检波器水平分量方位校正

单垂直井监测在水平面上缺乏对事件方位的约束，导致潜在震源最终分布在以检波器水平坐标为圆心、以有效事件纵横波初至差估算的震源距离为半径的圆弧上。因此，对有效事件进行定位之前，需要利用检波器的三个分量求取该事件纵波的极化方向。而有效事件的P波极化方向与其传播方向一致，因此，可利用井下三分量检波器对P波进行偏振分析以得到震源的方位。

然而，井下检波器的X与Y分量均是随机推靠在井壁的。此时，需要通过射孔事件或是地面可控震源激发的强能量地震事件，将各个检波器的X与Y分量旋转至正北和正

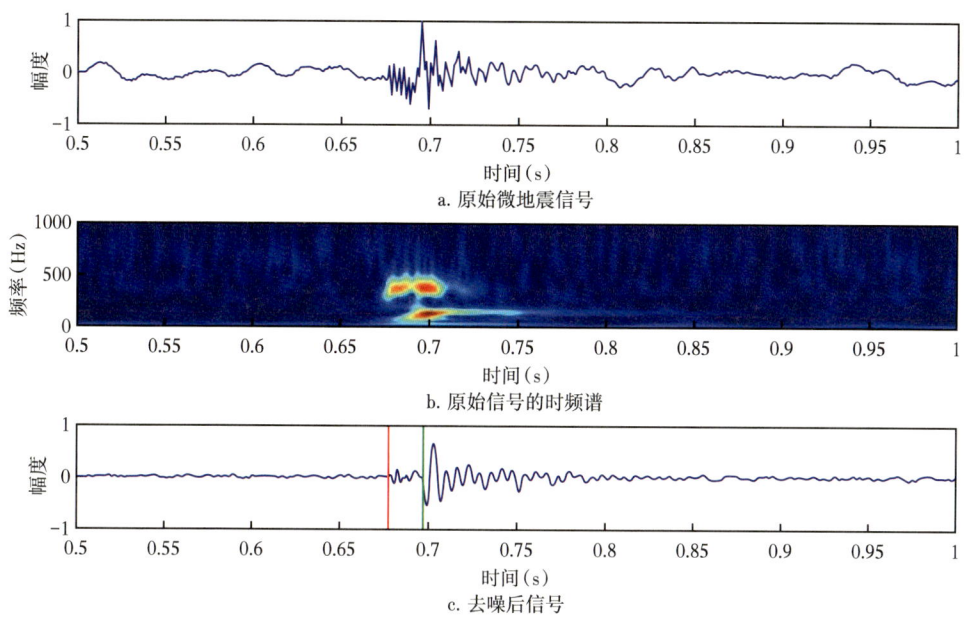

图 7-1-8 井中微地震原始波形、时频谱、噪声压制后的波形及自动拾取结果

东方向。由于检波器的 Z 分量始终垂直向上，只需对两个水平分量进行方位校正。如图 7-1-9 所示为利用射孔事件对井下三分量检波器进行方位校正的原理，设 $\theta$ 为射孔位置在检波器 X 和 Y 分量方向的偏振角，$\phi$ 为射孔位置在正东和正北方向的偏振角，则该检波器需要顺时针旋转的角度 $\alpha=\phi-\theta$，旋转公式为

$$\begin{cases} x' = x\cos\alpha + y\sin\alpha \\ y' = -x\sin\alpha + y\cos\alpha \end{cases} \qquad (7\text{-}1\text{-}4)$$

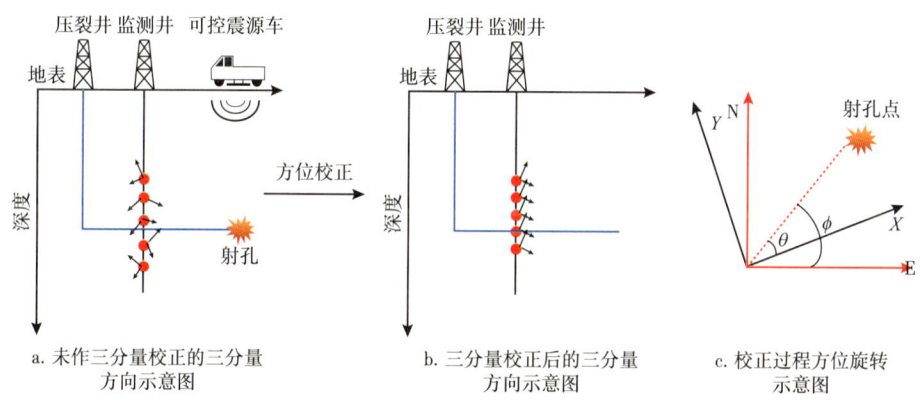

图 7-1-9 微地震井下三分量检波器方位校正原理示意图

目前常用的极化方位分析算法有矢端曲线法、加权直方图法、时域和复数域特征值法等。矢端曲线法将某个检波器的 X 和 Y 分量的质点位移分别当作 x 和 y 坐标，将其投射到以 X 和 Y 分量方向为主轴的坐标系中，通过寻找质点位移的最佳线性拟合来估算极化方向。一般情况下选择 P 波初至后的 1~2 个周期的数据段进行极化分析。这个时间段

的 P 波信号幅度最强，受到噪声和后续波的影响较小。受背景噪声和其他相干噪声的干扰，实际求得的矢端曲线并非是一条直线，而是呈现出近似椭圆偏振的特点，其线性拟合度成了极化分析的质量评价标准。直方图法的思想是在某个时窗内通过 X 和 Y 分量统计事件的瞬时方位，频数最大的即为估算的极化方位。如图 7-1-10 所示，蓝色椭圆为模拟微地震事件 P 波的矢端曲线，红色直线为该椭圆对应的最佳线性拟合，处理时窗为初至后的一个整周期。如图 7-1-10b 所示，该事件的主方位为 113°。

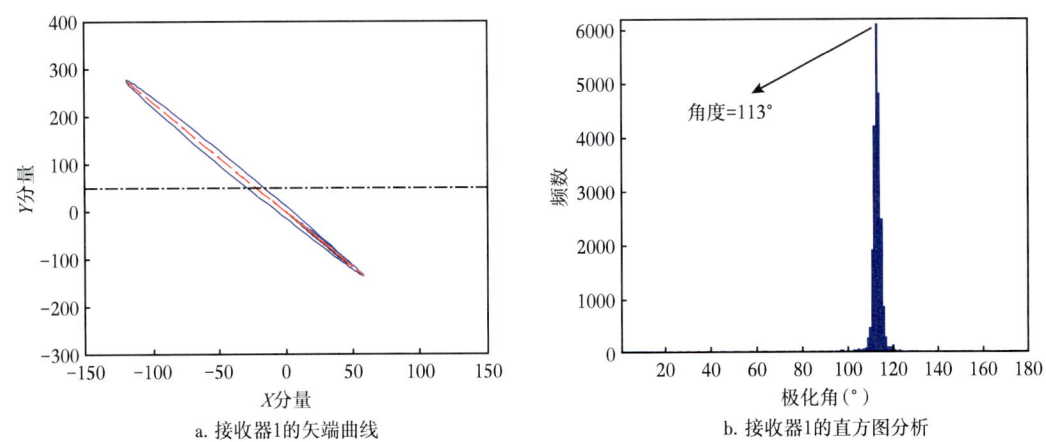

a. 接收器1的矢端曲线　　　　　　b. 接收器1的直方图分析

图 7-1-10　井中微震事件 P 波的矢端曲线和直方图极化方位分析

4）震源定位

震源定位是微地震监测的核心问题，一般是指利用地震监测的观测资料来确定震源的空间位置与激发时刻。定位的精度和准度直接影响最终解释的诱发裂缝的空间展布及时域分布情况。高精度的震源定位对震源机制的反演也是至关重要的，需要对已有的定位方法进行不断的改进和完善。目前常用的震源定位方法包括 Geiger 定位算法、交切法、网格搜索法、波形互相关法、逆时干涉法和双差定位法。本部分介绍目前应用最广泛的概率密度网格搜索震源定位法。该方法以实际拾取的初至、理论走时、概率密度分布函数以及初至拾取误差为基础，构建基于网格的非线性目标函数。首先，将已知的速度模型网格化，建立基于网格点 $X=(x,y,z)$ 的目标函数 $L(X)$：

$$L(X)=\left(\sum_N \frac{1}{\sqrt{\sigma_s^2+\sigma_p^2}}\exp\left\{-\frac{\left[\left(t_s^{obs}-t_p^{obs}\right)-\left(t_s^{cal}-t_p^{cal}\right)\right]^2}{\sigma_s^2+\sigma_p^2}\right\}\right)^N \quad (7-1-5)$$

震源的激发时刻 $T_0$ 可由下式确定：

$$T_0=\frac{\sum_{i=1}^{N}\left(t_p^{obs}-T_p^{cal}\right)+\sum_{i=1}^{N}\left(t_s^{obs}-T_s^{cal}\right)}{2N} \quad (7-1-6)$$

式中：$t_p^{obs}$ 和 $t_s^{obs}$ 分别为实际拾取的 P 波和 S 波初至时间；$t_p^{cal}$ 和 $t_s^{cal}$ 分别为基于网格射线追踪法计算的理论走时；$N$ 为接收器个数；$T_p^{cal}$ 和 $T_s^{cal}$ 分别为反演震源位置到各接收器的理论 P 波和 S 波走时；$\sigma_p$ 和 $\sigma_s$ 分别为 P 波和 S 波拾取初至的标准偏差，用来衡量实际拾取初至的精度。

该算法搜索整个离散的地下模型，使得目标函数 $L(X)$ 取得最小值的网格点即为反演的震源位置。

3. 成果解释

井中微地震监测的成果解释包括裂缝的几何参数分析、破裂性质分析、地应力分析、改造体积（SRV）的计算，以及多种信息融合综合解释。本部分介绍改造体积的计算方法。通过水力增加地下岩石裂缝开启的体积被称为改造体积。通过估算地下微地震事件在空间三维位置所在的立方体的体积来估算改造体积。一般采用装箱法来进行计算：将地下每个微地震事件点假想为独立的立方体，立方体的边长可按照地区经验进行设置，一般设置为 5m（本次压裂监测采样的标准）或者 10m，则改造体积则为所有立方体体积的累加和减掉相邻立方体重叠的体积。

装箱法计算改造体积（图 7-1-11）的步骤如下：

（1）将所有的微地震事件点投影到水平面，用于计算改造面积；

（2）取固定宽度的四边形，即"箱子"（箱子长度可变）；

（3）沿着井筒方向在井筒两边依次画箱子，箱子长度的一端为井筒，另外一端为最远事件点，从而可以将所有微地震事件点"装进箱子"；

（4）若"箱子"中事件点数超过临界点数，则认为与井筒有效连通，为有效"箱子"；

（5）将所有有效"箱子"的面积相加，即为储层改造面积（SRA）；

（6）将所有微地震事件点投影到纵向剖面，以计算每一个有效"箱子"的高度；

（7）"箱子"高度为储层范围内最浅微地震点与最深微地震点的高度差；

（8）将每一个有效"箱子"的面积乘以对应的"箱子"高度，即为每一个有效"箱子"的体积，将所有有效"箱子"的体积相加，即为最终的改造体积。

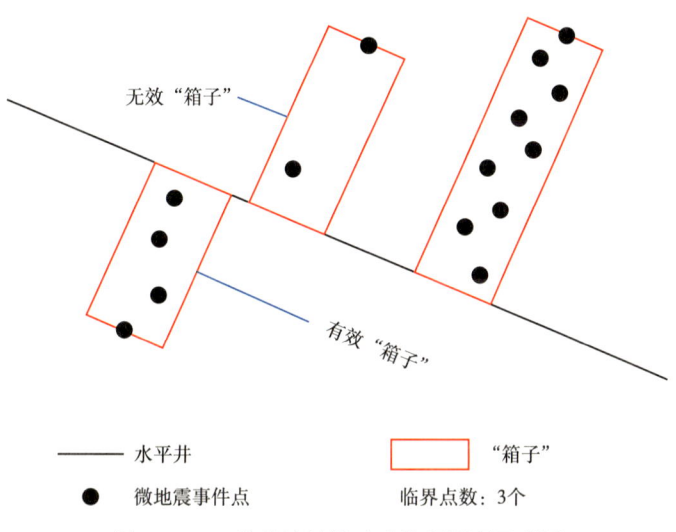

图 7-1-11　装箱法计算改造体积原理示意图

方法适应性：与原始改造体积计算方法中将所有微地震事件点笼统地用一个长方体框起来相比，装箱法能较好地考虑改造前缘的非均匀性，改造体积计算更准确。但在具体计算过程中"箱子"宽度以及有效临界点数两个重要参数具有较大随机性，取值尚无可靠的理论依据，决定了其应用的局限性。

### 五、井中微地震监测应用案例

以页岩油藏水力压裂的井中微地震检测的数据处理为例，阐述井中微地震在描述诱导裂缝几何形态的应用效果。本次压裂检测共计5天，完成一口井的三个压裂层段的检测，如图7-1-12a所示，其中蓝色线条为压裂井，红色方块为三个压裂层段，黑色三角符号即为微地震的三份量检波器阵列，检波器阵列与射孔点的距离小于300m，满足井中检测的距离条件。其记录的数据如图7-1-12b所示，图中8个序号代表8个检波器，该结果为小波去噪之后的三分量波形图，其中红色为$x$分量，蓝色为$y$分量，黑色为$z$分量，三者叠放在一起，该数据为微地震记录的一手数据，从数据中无法直接识别诱导缝的相关信息，因此需要数据处理才能得到诱导裂缝的几何形态，后续数据处理均以此数据为基础。

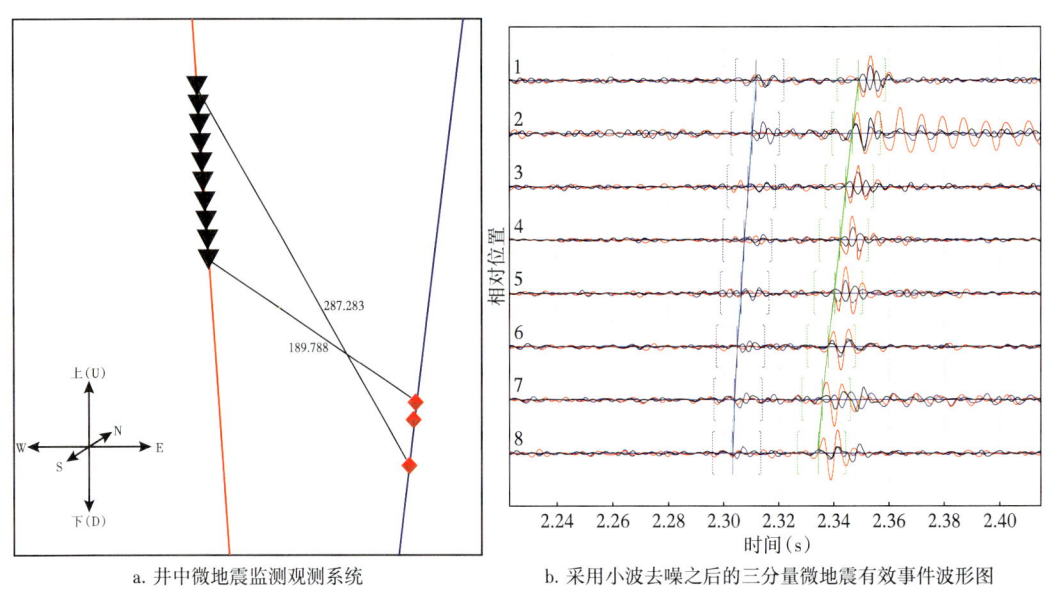

a. 井中微地震监测观测系统　　　b. 采用小波去噪之后的三分量微地震有效事件波形图

图7-1-12　井中微地震监测观测系统与实际采集的微地震信号

图7-1-13为本次压裂监测射孔事件进行方位校正之前和之后的波形，在波形的右端分别显示的是P波极化方位在$X$-$Y$、$Y$-$Z$和$X$-$Z$平面的投影。对比可知，经过方位校正后，各个接收器的$X$和$Y$分量均被旋转到了地理坐标的正东和正北方向，且各接收器的波形震相也趋于一致，同向轴变得连续。

图7-1-14为本次井中微地震监测的震源定位与改造体积结果。其中，紫色、绿色和黄色圆点分别为第1层、第2层和第3层的微地震事件，蓝色包裹体为本次压裂估算的改造体积分布。通过井中微地震监测结果可知，裂缝主缝延伸方位裂缝扩展方向为北西28°—北西37°，缝长372m，缝高66m，裂缝波及宽度145m，改造体积44.2×10$^4$m$^3$。从第2层和第3层定位结果来看，事件在深度上有所重叠，而第1层和第2层之间重叠较少，建议垂直压裂分层间距以第1层和第2层之间的距离为准，后续压裂层段的划分可参照此原则。

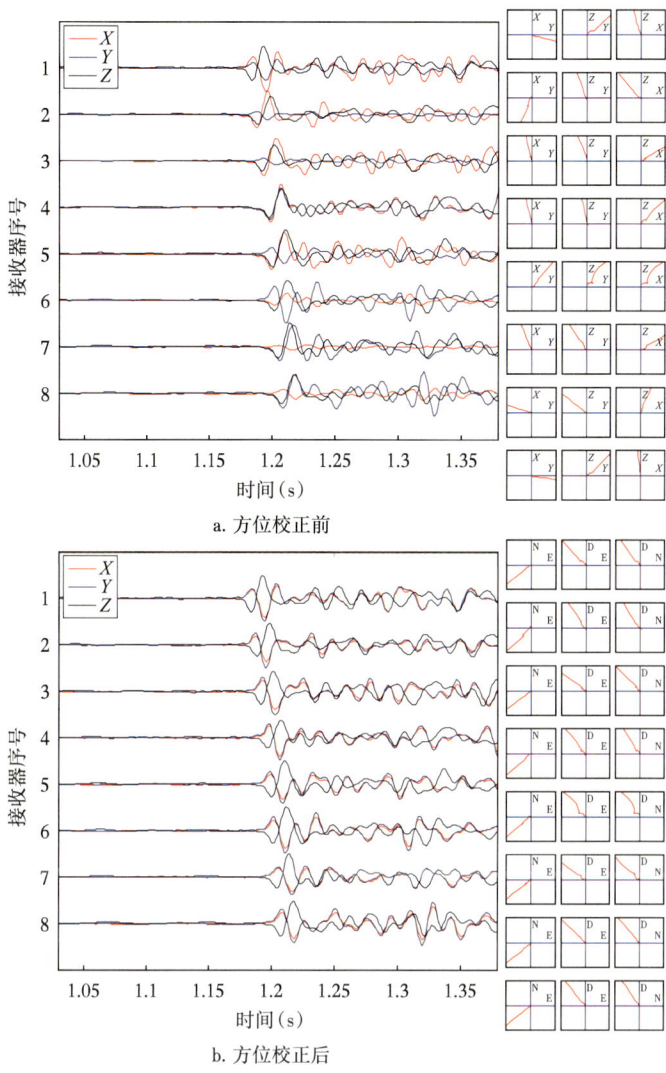

图 7-1-13 射孔事件波形经过方位校正之前和之后的三分量波形对比

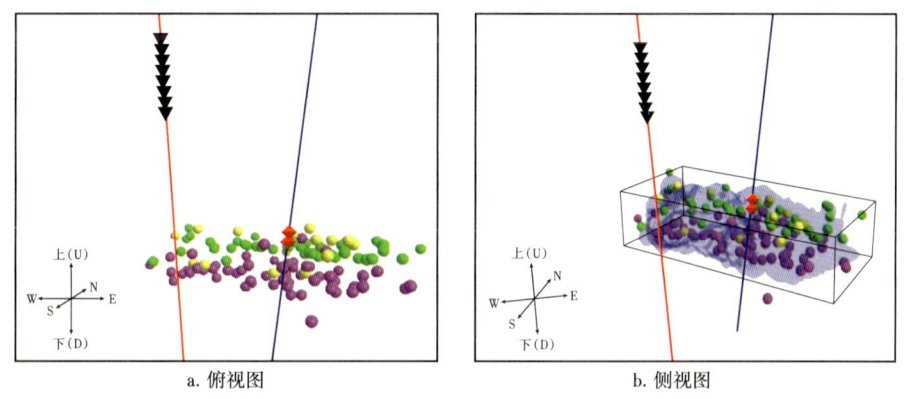

图 7-1-14 井中微地震监测震源定位空间分布的俯视图与侧视图

图 7-1-15 为水力压裂诱导裂缝在压裂过程中随着时间增加的动态展布形态。其中，蓝色圆点为主裂缝前事件，绿色圆点为第一次产生新裂缝事件，红色圆点为第二次产生新裂缝事件。0~168min，在北西 37°方向上产生主裂缝，缝长缝宽分别达到 350m 和 100m，如图 7-1-15a 所示；195~240min，在东南 35°方向上，主裂缝一侧产生一条新缝，缝长 90m，如图 7-1-15b 所示；250~285min，在北东 70°、北西 30°等方向上，主裂缝两侧产生了多条新缝，缝长 50~90m，如图 7-1-15c 所示。通过微地震监测得到各层压裂缝的几何产状、动态扩展规律和储层改造体积对优化压裂区间、提高压裂效果具有重要意义。

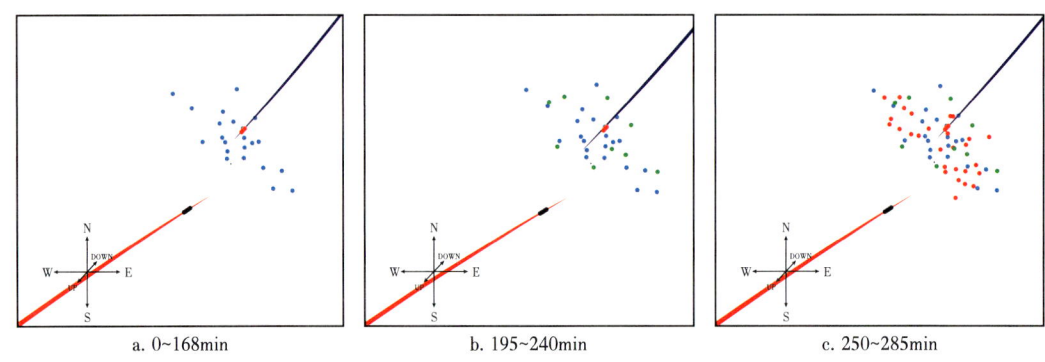

图 7-1-15　不同时间的微地震裂缝形态展布

## 第二节　垂直地震剖面

常规的油气地震勘探采用地表激发、地面接收的观测系统从而记录来自地下的反射波或者折射波，这也是目前地震勘探最常用的观测方式。然而，这种方式对地下弹性信息的反演精度较低，不利于探测井旁的小尺度裂缝性油气藏。垂直地震剖面（vertical seismic profiling，VSP）是一种井中地震观测技术。与地面地震相比，垂直地震剖面资料的信噪比高，分辨率高，波的运动学和动力学特征明显。垂直地震剖面提供了地下地层结构同地面测量参数之间最直接的对应关系，可以为地面地震资料处理解释提供精确的时深转换及速度模型，为零相位子波分析提供支持。垂直地震剖面技术近些年发展迅速，成为井旁弹性波测量最有效、精度仅次于远探测声波反射成像测井的地震工具。尤其是在裂缝性油气藏的勘探开发过程中，通过垂直地震剖面成像结合地面三维地震资料、岩性资料和测井资料，能够进行精细的地震属性分析，进一步确定关键的层位位置，核实岩层之间的接触关系，建立精确的地质模型，进行地层的非均质性和各向异性分析，为勘探开发方案的调整提供技术支撑。

### 一、垂直地震剖面定义及特点

垂直地震剖面观测系统一般是在地表附近激发地震波，在沿井孔不同深度布置检波器接收，垂直地震剖面，是相对于地面地震观测系统检波器在地面沿测线布置被称为水平（或地面）地震剖面而言。RVSP（Reverse Vertical Seismic Profile）技术作为垂直地震剖面技术的一种发展，它是在井中激发地震波，检波器在地面接收的一种观测系统，如图 7-2-1 所示为地面观测系统与垂直地震剖面、RVSP 观测系统的对比。

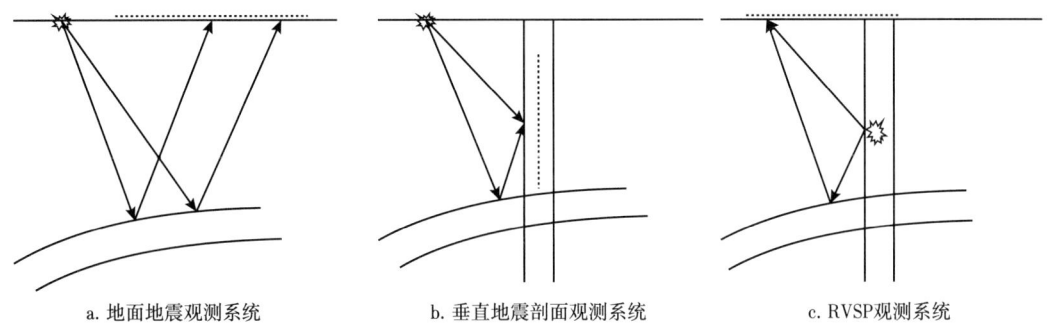

图 7-2-1　地面观测系统与 VSP、RVSP 观测系统的对比

与水平地震剖面相比，垂直地震剖面法具有以下特点。

（1）接收点分布在介质内部。垂直地震剖面法的测井检波器被安置在井中，故垂直地震剖面的接收点是分布在被测介质内部的，因此，它可用接收点的垂直方向分布形式来研究地质剖面的垂向变化，而水平地震观测则是以接收点在地表的水平方向分布形式来观测和研究地下地质剖面的垂向变化的，所以，前者能更明显、更直接地反映波的运动学和动力学特征。

（2）可记录研究对象的"单一"地震波。由于垂直地震剖面测井检波器置于井中，故可将其放置在被测地层界面之上、附近或中间，因此检波器可直接记录由震源产生而传播到所研究对象的"单一"地震波。而常规勘探由于检波器置于地表，故只能间接接收由震源产生而又返回地表的双程地震波。

（3）干扰因素少。垂直地震剖面在井中观测可以避免或减少地面以上的自然干扰；而水平地震测量则所受干扰因素较多。所以，前者易于波的记录和识别。

（4）可记录上行波和下行波。垂直地震剖面在井中观测，既可记录来自观测点下方的上行波（如反射波），又可以记录来自观测点上方的下行波（如直达波），而水平地震测量只能记录上行波，无法记录下行波，因此在垂直地震剖面上，波的信息丰富。

垂直地震剖面由于具有这些特点，所以得到日益广泛的应用。目前，垂直地震剖面除了用于改善地面地震剖面的解释外，还可用于测定平均速度、反褶积因子、反射系数、衰减系数等物理参数，并可以识别多次波、改善信噪比、提高地震分辨率，从而用于提取岩性信息和研究井孔周围细微的地质结构。由此可见，随着垂直地震剖面技术进步发展，垂直地震剖面法的探测能力和地质效果必将进一步得到发展和提高与地面地震相比，垂直地震剖面资料的信噪比高，分辨率高，波的运动学和动力学特征明显。垂直地震剖面技术提供了地下地层结构同地面测量参数之间最直接的对应关系，相对于地面地震法有一些明显的优点。

（1）地面地震法进行时深关系转换时，并不能取得准确的速度，因此地面地震的时深关系有待校正。而垂直地震剖面法中，检波器的深度以及直达波的时间可以确定，因此能够取得准确的时深关系。

（2）可以直接观测到子波，而在地面地震中子波是未知的，垂直地震剖面中可以利用已知的子波进行反褶积运算，其效果优于常规的地面地震反褶积。

（3）当地震波经过近地表时高频成分衰减严重，垂直地震剖面中地震波只经过近地表一次，而地面地震则经过近地表两次，因此垂直地震剖面采集的地震波分辨率更高。

（4）横波不经过近地表，因此垂直地震剖面中的横波的分辨率比地面地震高。

（5）在有大角度构造成像时，地面地震观测不到地震波，而垂直地震剖面法则可以采集到。

（6）由于垂直地震剖面反射波旅行路径较水平地震勘探反射波的旅行路径短，故其具有能量强的特点，便于清楚地观测地质体的细微变化。

（7）因为垂直地震剖面接收点接近目的层，所以垂直地震剖面一次反射波较地面地震反射波有更高的分辨率。

（8）下行直达波能较准确地测量地震波振幅的衰减，以研究地震波在地下介质中传播的规律。

（9）地面地震法基本上是通过观测波场在水平方向（地表）的分布来研究地质剖面的垂向变化，垂直地震剖面是通过观测波场在垂直方向的分布来研究地质剖面的垂向变化，因此，波的运动学和动力学特征更明显、更直接、更灵敏。

（10）垂直地震剖面能可靠地识别地震反射层的地质层位，改善地面地震资料的解释效果。

（11）垂直地震剖面可以利用垂直地震剖面资料研究岩性和储层物性。

## 二、垂直地震剖面观测系统

垂直地震剖面观测系统要根据实际研究目的、研究任务、研究区块的地质结构和所要解决的问题来决定。早期的垂直地震剖面观测由于受到采集和接收等仪器因素的影响，一般是在井中布置一级或几级检波器接收，通过重复激发，提升检波器进行多次观测来获得多道的垂直地震剖面。随着软件和硬件技术的发展，目前已发展为多级检波器同时接收，在我国一般为20级，另外还有40级、70级、80级、160级接收。

VSP技术的发展轨迹严格遵循由点（零井源距VSP）到面（非零井源距VSP和Walkaway VSP）再到体（三维VSP）的发展趋势，并且VSP技术的总体发展趋势是"四多"，多测线、多分量、多方位、多偏移距。目前VSP观测系统的分类方案较多，根据激发点的布置情况分为正VSP和逆VSP；按照井源距的不同可将VSP观测系统分为零偏移距、固定非零偏移距、Walkaway VSP、三维VSP；特殊VSP观测方法有斜井、浅井、连井VSP观测系统等。本部分主要介绍以下几种VSP观测系统：

（1）零偏移距VSP（zero-offset VSP）：将地面激发点布置在观测井口的观测方式。但受实际条件限制，布置的激发点与井口有一定的偏移距，该偏移距相对于勘探目的层深度较小，一般在200m内（图7-2-2）。零偏移距VSP可视作一维VSP，由于已知检波器的深度，所以能建立精确的时-深转换关系，从而能准确地识别反射层位和计算层速度。零偏移距VSP的射线传播路径表现为近垂直射线，震源信号直达井中检波器，其应用范围聚焦于井旁精确时深转换和层速度标定。该方法的优点是数据采集简单、时深关系可靠度高，缺点是覆盖范围有限，仅限于井筒正下方区域，制约了横向地质特征的探测能力。

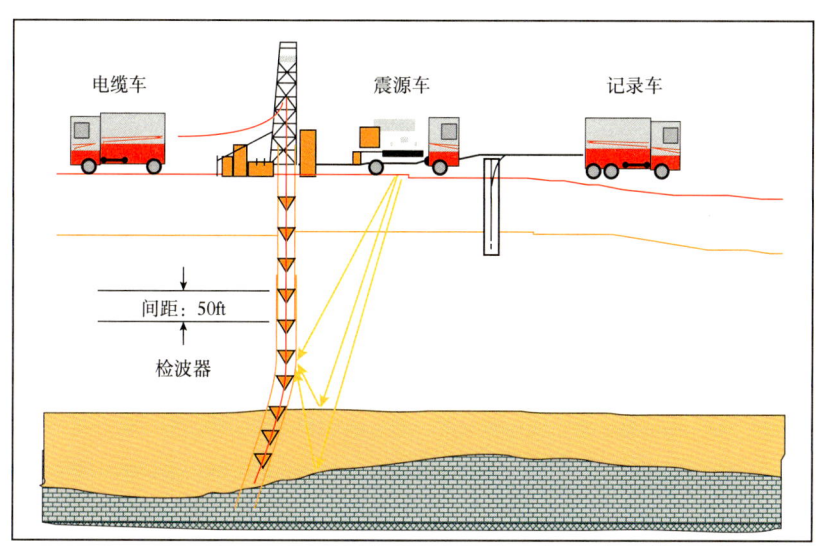

图 7-2-2 零偏移距 VSP 观测系统示意图

（2）非零偏移距 VSP（offset VSP）：非零偏移距 VSP 相对零偏移距 VSP 设计的偏移距较大，可根据目的层埋深确定偏移距大小，通常在 900m 至 3100m 之间（图 7-2-3）。非零偏移距 VSP 技术的主要任务是探明井周区域的地质构造，其井周构造成像的垂向分辨率和横向分辨率。非零偏移距 VSP 的射线传播路径为倾斜射线，反射点分布于井旁地层，应用范围包括井周构造成像（如断层或褶皱分析），其优点是横向覆盖范围优于零偏移距 VSP，能获取更广域的地质信息，缺点在于反演过程依赖于精确速度模型，复杂度增加，且受偏移距影响可能导致信号衰减问题。

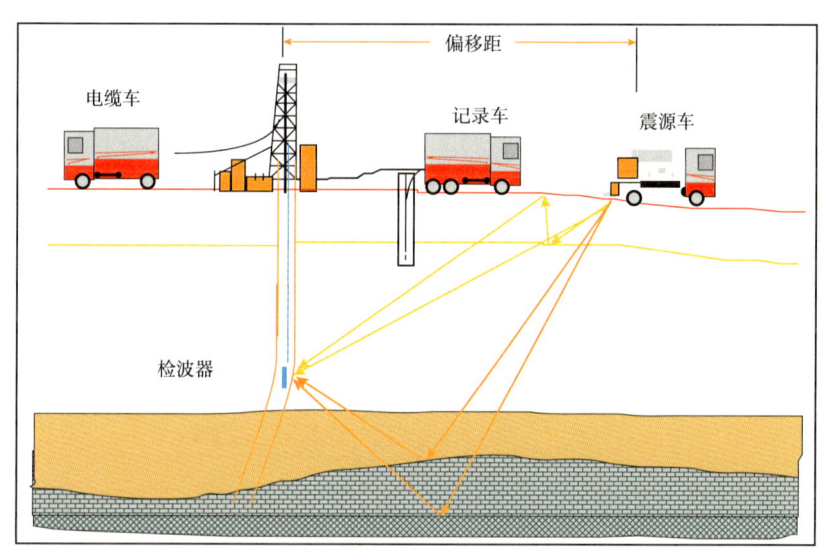

图 7-2-3 非零偏移距 VSP 观测系统示意图

（3）变偏移距 VSP（walkway VSP）：变偏移距 VSP 又称二维 VSP，这种观测系统是沿着过井的测线布置一系列的激发点，逐点激发，井中间隔的多级检波器同时接收的观测方式（图 7-2-4）。这种观测方式可以实现共深度点叠加，提高地震剖面的分辨率。

利用变偏移距 VSP 数据提供了不同入射角的波场信息，可进行 VSP AVO 分析，反演得到地下岩石的物理参数。VSP 数据进行 AVO 分析的优势是其高分辨率和更好的振幅信息。变偏移距 VSP 的射线传播路径涉及多入射角射线，形成反射点簇，应用范围涵盖 AVO 反演和岩性参数提取（如泊松比或弹性模量），其优点是能提供入射角变化的丰富波场信息，分辨率高，缺点是野外施工需多点激发、作业时间长、成本较高，且数据融合需高级处理算法。

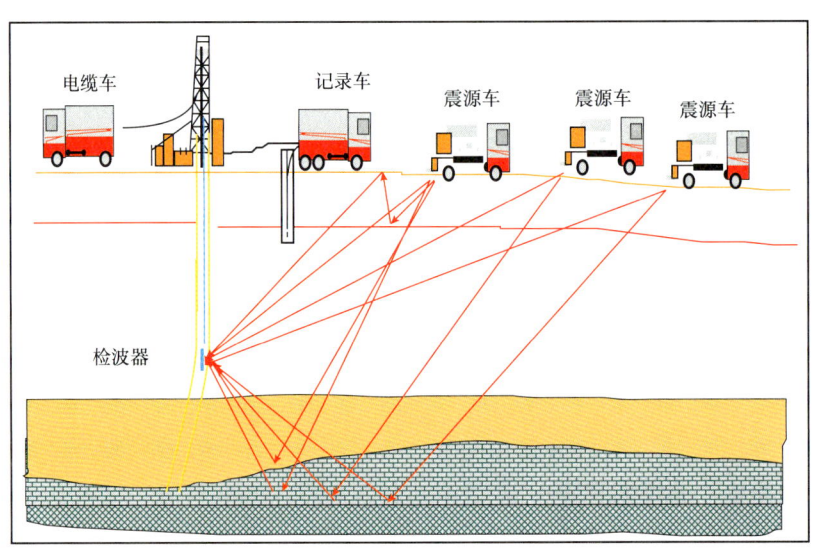

图 7-2-4　变偏移距 VSP 观测系统示意图

（4）方位 VSP（azimuthal VSP）：也称环状 VSP，是激发点以常数偏移距在不同的方位逐次围绕井移动，每次激发保存偏移距固定不变（图 7-2-5）。这种观测系统的目的是为了对三维倾角和走向做特殊分析，以此来探明不同方位地质情况变化特性的一种方法。方位 VSP 的射线传播路径表现为固定偏移距的多方位射线，形成环形覆盖，应用范

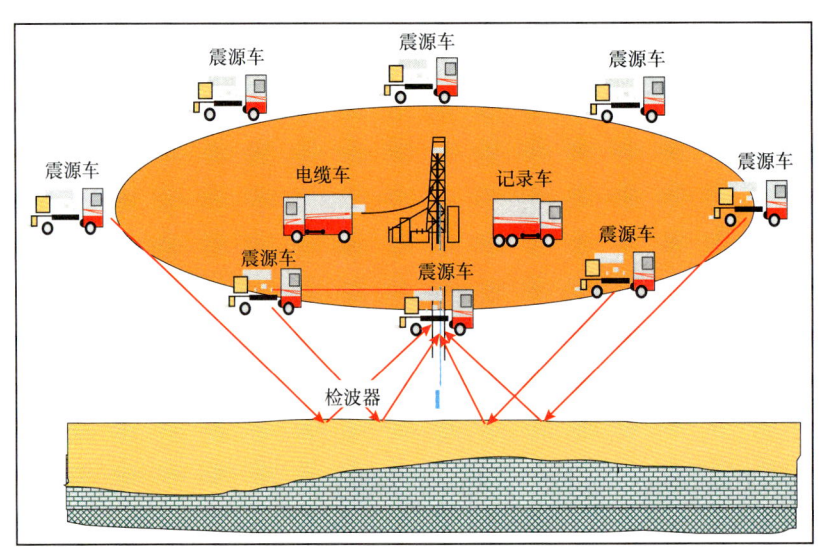

图 7-2-5　方位 VSP 观测系统示意图

围包括各向异性分析和裂缝方向检测（如储层裂缝网络评估），其优点是能揭示方位依赖的地质特征，增强三维构造解释，缺点是炮点布设密集，施工效率低，且数据处理需校正方位偏差，可能引入额外噪声。

（5）三维 VSP（3D VSP）：三维 VSP 是变偏移距 VSP 在平面观测的基础上发展的立体观测，三维观测是将一条测线布置扩展为一个平面内的多条测线布置，其观测的范围更广，更利于地震成像（图 7-2-6）。三维 VSP 与地表三维地震勘探及其他地质、地球物理方法相结合可以研究纵波与横波的速度规律和各种界面的反射特征、测井资料的详细对比与标定，提高研究区井周围空间地震成像的精度，得到目的层纵向、横向变化及波场动力学变化特征，研究储层的非均质性。三维 VSP 的射线传播路径涉及空间多方向射线，形成立体覆盖网络，应用范围聚焦于井周三维构造精细成像和储层非均质性研究，其优点是空间覆盖全面，成像精度高，适用于复杂地质体，缺点是成本极高（需多测线布置），数据处理复杂，需高性能计算资源，且野外部署受地形限制。

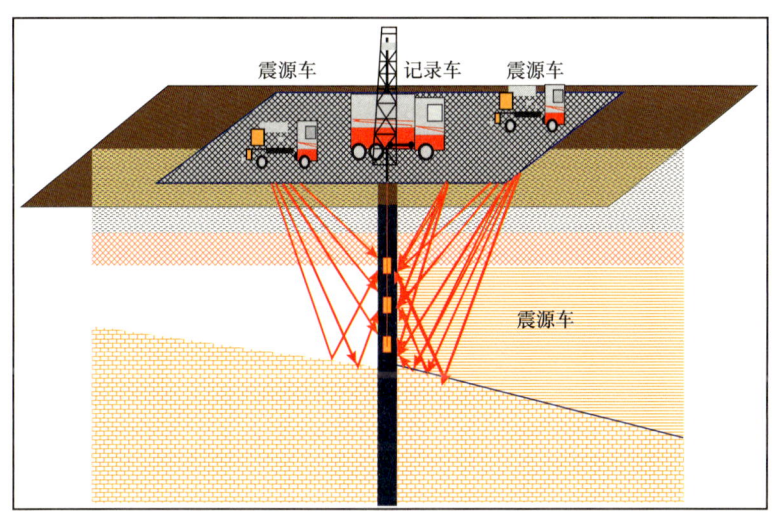

图 7-2-6　三维 VSP 观测系统示意图

（6）逆 VSP（reverse VSP）：根据波场互易原理，将震源和接收点位置互换，即采用井中激发，地面全方位接收的一种观测系统（图 7-2-7）。互换后的 VSP 观测系统就变成了逆 VSP 观测系统。检波器在地表全方位接收的方式。逆 VSP 资料在保持了 VSP 资料高分辨率的基础上又扩大了井周区域的覆盖范围。采用井中激发、地面接收的方式，可以通过改善地面检波器的耦合条件来降低噪声、提高勘探精度，并且可以通过选择不同的观测系统（如直线状、放射状、环状等）来提高覆盖次数，改善地震剖面质量。逆 VSP 的射线传播路径为井中震源向上传播至地面接收点，应用范围包括大面积井周覆盖和地面耦合优化，优点是检波器布设灵活，信噪比高，勘探效率提升，缺点是井中震源能量受限，可能导致深层信号衰减，且需专业震源设备维护成本增加。

（7）随钻 VSP 技术（SWD）：SWD 技术是将钻头振动噪声作为震源，检波器在地面接收钻头产生的实时信号的一种逆 VSP 技术（图 7-2-8）。该技术具有不干扰钻井工作、不占用钻井时间、无检波器下井风险、在深度方向可以连续测量、勘探效率高（尤其对三维观测和多炮检、多方位观测）等特点，最重要的是它能实时预测井筒周围、钻头前方地层的构造细节,并达到减少钻探风险的目的,从而对尚未钻开地层的反射层进行识别、归位,以此来进行钻头周围及前方目标的成像。随钻 VSP 的射线传播路径以钻头振动作为震源,信号向上传播至地面,应用范围集中于钻头前方地层实时预测和钻井风险控制,优点是无须停钻,实现连续实时监测,勘探效率高,缺点是信号强度弱且不稳定,需先进噪声压制技术,且受钻井机械噪声干扰,可能导致数据质量波动。

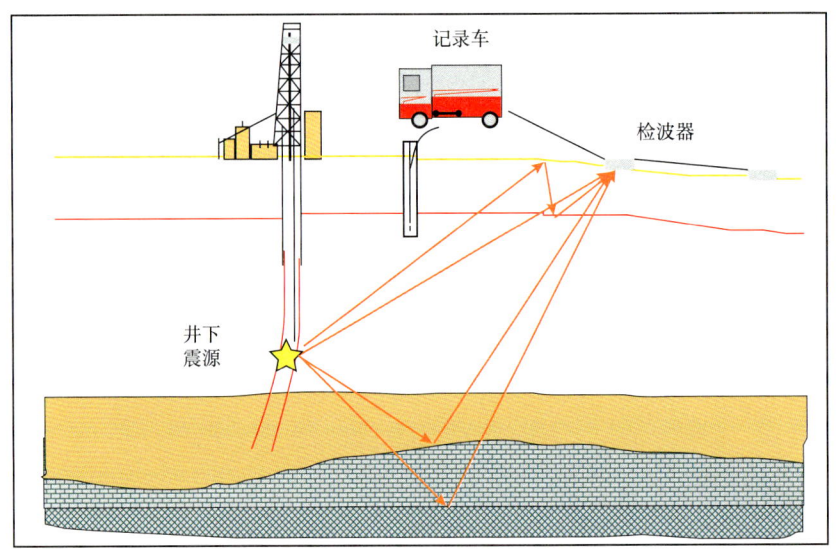

图 7-2-7 逆 VSP 观测系统示意图

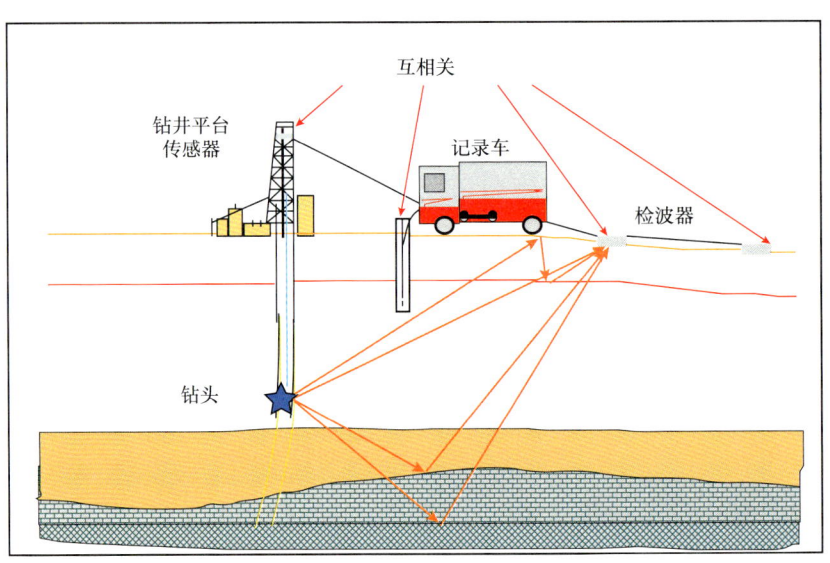

图 7-2-8 随钻 VSP 观测系统示意图

## 三、垂直地震剖面测井主要波场

垂直地震剖面波场主要可以分为下行波、上行波和井筒波(噪声)。其中下行波包括直达波、多次波,上行波包括一次反射波和多次波。另外,由于垂直地震剖面不同于地面地震的观测方式，也有其自身的一些噪声，如电缆波、套管波、井筒波、井下仪器耦合不良的噪声和其他噪声等。

（1）下行波：凡是接收来自观测点以上各种路径的波（无论是初至或多次波）统称下行波。根据定义可知下行波包括直达波、多次波。直达波是由震源点出发向接收点直接传播的波，其旅行时间随观测点深度增加而增大，形成的初至同相轴具有正的视速度，如图7-2-9所示。多次波有上行多次波和下行多次波。凡是来自检波器以上的多次波均为下行多次波，其旅行时间随观测点深度增加而增大，其同相轴具有正的视速度。

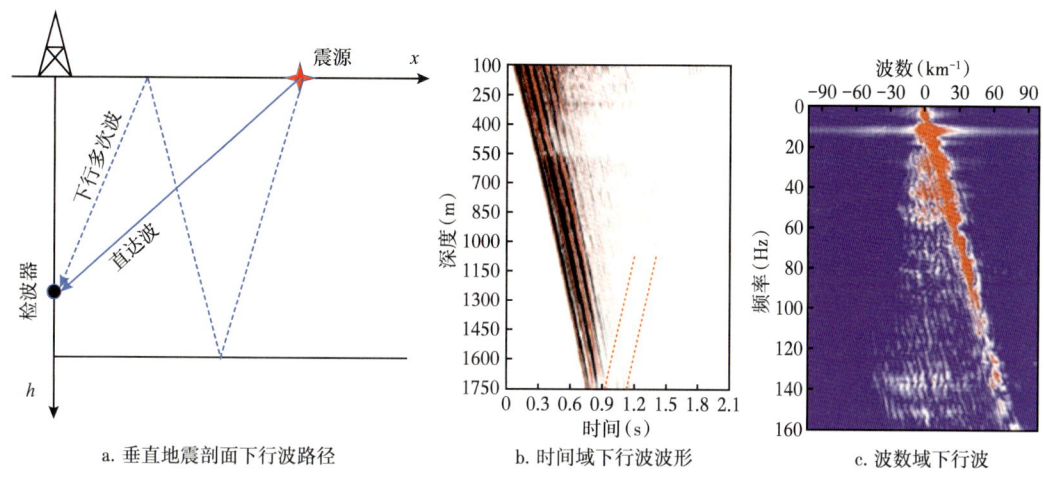

图 7-2-9　垂直地震剖面下行波路径、时间域下行波波形与波数域下行波

（2）上行波：凡是接收来自观测点以下各种路径的波（无论是一次或多次波）统称上行波。根据定义可知上行波包括一次反射波和上行多次波。一次反射波是由震源点出发向下传播，在波震源阻抗界面处向上反射，然后传播到观测点的波。一次反射波旅行时间随观测深度增加而减小，且只有当观测点位于界面之上时才能记录到它，其同相轴具有负的视速度，如图7-2-10所示。图7-2-11是实际地震资料中的记录剖面，可以看到直达波、一次反射波上行波、下行波的具体显示。

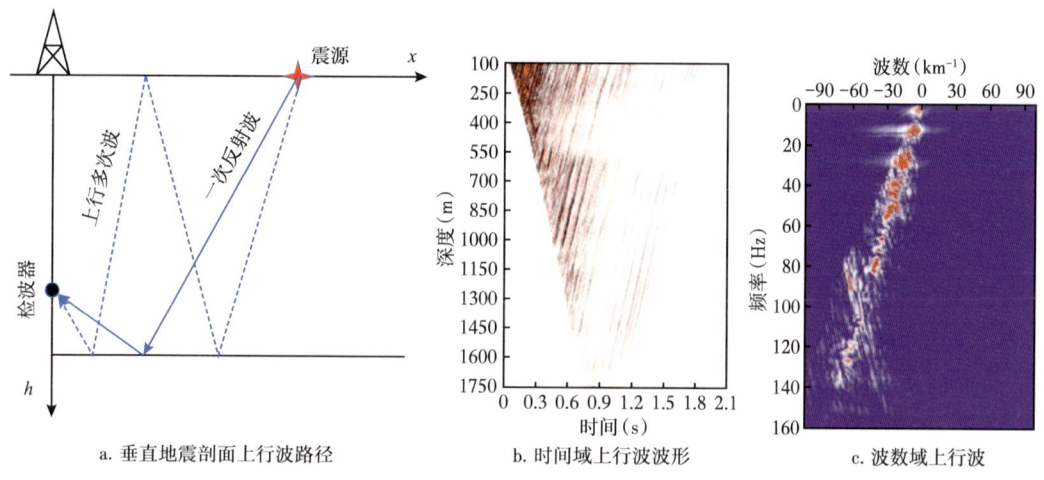

图 7-2-10　垂直地震剖面上行波路径、时间域上行波波形与波数域上行波

（3）井筒波：井筒波是垂直地震剖面观测中最常见的一种相干噪图。多次激发时，自身会重复出现，不能像压制随机干扰那样，通过叠加消除。井筒波是沿着井筒流固界面传播的波，可看成是井筒流体和其他周围地层的柱形分界面附近传播的界面波，即井筒波传播只限于井筒流体柱和围绕井的一个很薄的柱形壳层内。井筒波与声波测井中的斯通利波类型相似，其传播过程中能量几乎不衰减，能量很强，井筒波的波场特征如图7-2-11所示。

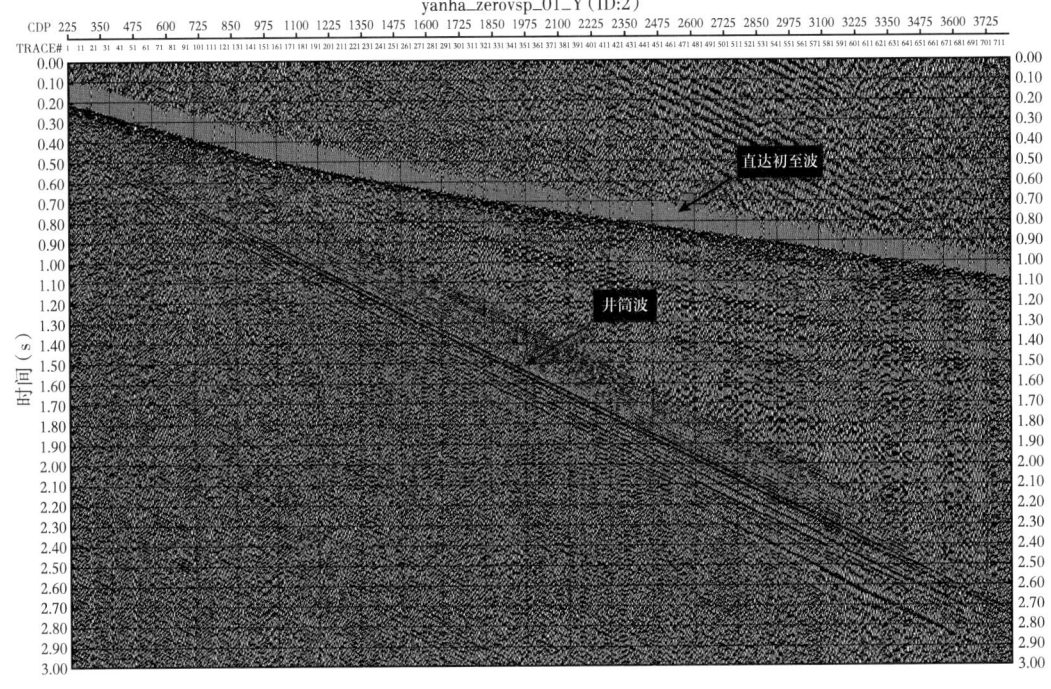

图 7-2-11　实际垂直地震剖面资料中的井筒波

井筒波有其物理特性和准确的数学描述。当井筒波在传播过程中遇到物性间断点时，在该点上速度与能量的突变会产生一个二次震源，沿井筒传播的一部分能量在此处向四周空间辐射出去，形成绕射波场。当物性间断点位于接收井的井筒或井筒附近时，地震波对井筒施加一个应力，造成井筒的形变，挤压井中的液体，产生沿井筒传播的井筒波。

井筒波频率范围分布较广，与有效信号频率相似，不能通过数字滤波进行压制。可通过增加震源井的源距、在井口和震源之间设置障碍物、在安全和实际许可的范围内降低钻井液柱顶面的高度以及震源组合等方式降低井筒波。

## 四、垂直地震剖面资料处理方法

针对数据属性，垂直地震剖面数据处理分为两大类：零偏移距垂直地震剖面数据处理和变偏移距垂直地震剖面数据处理，二者的处理流程有所不同，如图7-2-12所示。各环节具体处理方法比较复杂。

（1）三分量旋转：三分量垂直地震剖面的观测是在地面激发，在井中布置三分量检波器接收。垂直地震剖面采集中使用的三分量检波器在井下是不能定向的，检波器在井中不同深度随机地推靠于不同方位，无法从仪器上知道记录时检波器的方向。三分量检波器定向问题是利用三分量初至拾取资料识别不同偏振特性波的主要手段。目前，常采用极性平面法和相对角度法联合实现直井和斜井的三分量检波器自动定向。

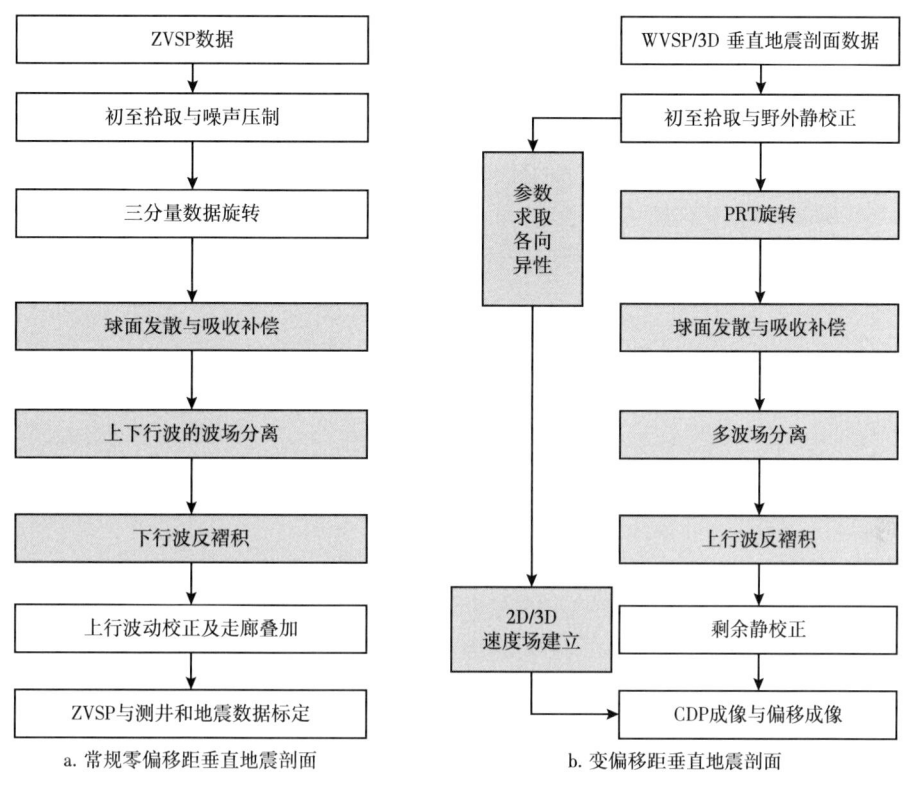

图 7-2-12 常规零偏移距垂直地震剖面处理流程和变偏移距垂直地震剖面处理流程

（2）波场分离：垂直地震剖面资料波场丰富，有上、下行的 P 波和 P-SV 转换波和其他干扰波，而且共炮点记录的道数有限（一般等于井中检波器的接收级数），共接收点记录上波场特征接近，难以分离。做好波场分离是三维垂直地震剖面数据处理关键的第一步，也是基础。

垂直地震剖面波场分离方法分为标量波场分离方法和矢量波场分离方法，标量波场分离方法大多是利用视速度差异或偏振信息的差异进行波场的分离。矢量波场分离方法分为三类：第一类是将前面两种或多种标量波场分离方法结合起来，最终达到分离三分量垂直地震剖面波场的目的，即称之为结合滤波法；第二类是基于局部参数反演的矢量波场分离方法，该方法在频率域同时考虑了波场的速度和偏振信息，并且能一次性分离出四种波，应用效果明显；第三类是各向异性矢量波场分离方法，该方法充分考虑了井下介质各向异性对波场传播方向、速度以及偏振方向的影响，是一种更为精确的波场分离方法。

（3）速度建模：速度建模处理直接关系到偏移成像的好坏。从已有的资料（如零偏移距垂直地震剖面和声波测井等）出发，建立初始速度模型，然后根据偏移成像结果，反复迭代修改速度模型，建立最终的速度模型，为得到好的高分辨率成像打下坚实的基础。其难点是如何判别速度模型是否合适，并对三维速度模型进行编辑和修改，使速度建模和偏移成像两个关键处理步骤互相迭代。

垂直地震剖面进行速度计算主要有旅行时反演法、速度谱分析法及波场延拓法。严格意义上说，基于直达波初至时间计算速度的方法，只是获得每两个检波点之间的平均速度。当地下接收点距较大，相应地层厚度较薄时，求得的速度并不能真正反映地层的速度；当接收点距较小时，所计算出来的速度受初至时间的影响又较大，初至时间的较小变化可能引起层速度计算上的较大误差。这些方法由于只利用了直达波的信息，只能解决最深检波点以上地层的相对准确的速度，最深检波点以下的地层速度一般采用插值外推的算法来求得，在计算井下伏地层速度时存在先天的缺陷。

（4）VSP-CDP 叠加：变偏移距垂直地震剖面的处理要比零偏移距垂直地震剖面复杂得多，这主要是因为其反射点分布的特殊性。随着深度的增加反射点逐渐远离井柱，以震源和井的中线为渐近线。垂直地震剖面观测系统得到的反射点的分布在纵向和横向上都是变化的，这与地面地震不同，因此，就不具有地面地震观测系统的"CDP"概念。VSP-CDP 转换的实质是把每个采样点从深度—时间域变换到反射点偏移距—反射点深度（或双程传播时间）域。

VSP-CDP 成像中广泛应用的是水平层状模型，这使得 VSP—CDP 转换变得简化，极大地减小了计算量，这些方法大多使用基于均方根速度导出的反射点坐标表达式或者用平层快速射线追踪。对于复杂介质的 VSP-CDP 成像，采用射线追踪进行 VSP-CDP 转换中反射点的计算，即基于射线追踪实现 VSP-CDP 成像，具体做法是建立初始模型，用射线追踪进行 VSP-CDP 转换和叠加成像，通过对比射线追踪所求的波至时间与原来地震记录上的时间之差，从浅到深，不断修改模型，反复迭代，直至两者足够接近，确定最终模型后，最后一次用射线追踪法进行 VSP-CDP 成像，得到最后的成像剖面。

（5）偏移成像：三维垂直地震剖面数据的偏移成像是其处理中的一个重要环节。它与常规地面三维地震数据一样，有基于射线的 Kirchhoff 积分方法和基于波场延拓的波动方程方法，可以进行三维垂直地震剖面数据的时间偏移成像和深度偏移成像。利用 Kirchhoff 积分的时间偏移成像方法，在偏移成像过程中，假定成像点上方的速度没有横向变化，因此不需要利用射线追踪进行旅行时计算，所需的速度模型为时间域的均方根速度；利用 Kirchhoff 积分的深度偏移成像方法可以考虑地下速度的横向变化，在偏移成像过程中，需要利用射线追踪进行旅行时计算，所需的速度模型为深度域的层速度。Kirchhoff 方法具有较高的计算效率，并且对各种观测系统和观测方式具有很强的适应性，但它固有的高频近似假设和射线理论在复杂介质中的缺陷（焦散和多路径等），使它在复杂构造区难以取得理想的结果。利用波场延拓的波动方程方法也有时间和深度偏移成像两种。波动方程深度偏移成像是当前获取复杂构造区地下构造图像最先进的方法技术，它不仅考虑了波场在地下传播过程中的绕射效应和折射效应，而且没有 Kirchhoff 方法中的高频近似假设和在复杂构造区存在的焦散和多路径现象。它所要求的速度模型为深度域的层速度，获取合适的深度域层速度模型是波动方程深度偏移成像成败的关键，在复杂构造区获取时间域的层速度模型比获取一个深度域的层速度模型更容易。因此，类似于波动方程深度偏移成像的波动方程时间偏移成像，是对常规波动方程时间偏移成像方法的技术改进。

## 第三节 随钻声波测井

随钻测井(LWD)，顾名思义，就是将仪器放置在钻头附近，在钻井的过程中测量地层岩石的物理参数，并用数据遥测系统将测量结果实时传送到地面进行处理。它集钻井技术、测井技术、油藏描述等多学科为一体，在钻井的同时完成测井作业，减少了井场钻机占用时间，节省成本。随钻声波测井是随钻测井的关键技术之一，主要目的是在钻井过程中确定地层纵波速度、横波速度，为油气的勘探和开发提供重要信息。

### 一、随钻声波测井基本原理

位于钻铤上部的声源发射器以最佳频率向井眼周围地层发射声波，声波在沿井壁及周围地层向下传播的过程中被阵列接收器接收到首波信号；接收信号后，系统首先利用嵌入式技术，将接收到的声波模拟信号转换成数字信号，并将数字信号转换成声波时差值；最后将原始声波波形数据和预处理的声波波形数据存储在高速存储器内或者以实时方式通过钻井液脉冲遥测技术传输到地面。

如图 7-3-1 所示的声源和接收器示意图中，声源向周围地层发射声波，这种声源具有全向性，接收器阵列只象征性地画出了 A、B 两列，实际该阵列以钻铤芯轴对称排列，主要目的是克服地层各向异性以及仪器安装偏心对测量造成的影响。接收器安装在钻头和发射器之间是为了用部分发射信号抵消钻头噪声，也可以采用相位矩阵等滤波技术将发射器安装在钻铤的其他适宜的部位。

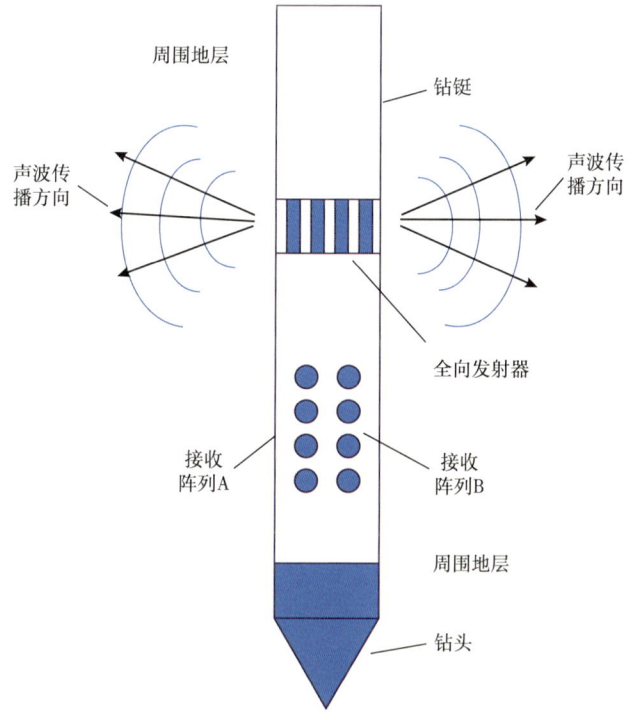

图 7-3-1 声源和接收示意图（据林楠等，2007）

## 二、随钻声波测井仪器

1994年,斯伦贝谢公司首次推出随钻声波时差测井仪 ISONIC。哈里伯顿公司于1995年推出了补偿长源距随钻声波测井仪(CLSS)。20 世纪 90 年代后期,哈里伯顿 Sun 公司与 Sensor Wise 公司联合研制成功一种新的双阵列单极/偶极双模式随钻声波测井仪器(BAT),在大井眼环境中采集声波速度,2007年又推出了含有四极子模式的随钻声波测井仪器(QBAT)。2002年,贝克休斯公司推出新型随钻声波测井仪 APX,斯伦贝谢公司推出新一代随钻声波测井仪 sonic VISION。此外 PathFinder 公司推出了在第一代 CISS 仪器的基础上进行了改进的双频随钻声波仪 e-sonic,用于解决慢地层横波测量的问题。

以 APX 随钻声波测井仪为例,介绍随钻声波测井仪器的工作原理。如图 7-3-2 所示,随钻声波测井仪由上部短节、声源电子线路部分(SEM)、全向声波源、声波隔离器、接收器阵列、接收器电子线路部分(REM)和下部短节等组成。

发射换能器的发射功率决定了声波覆盖地层的范围和在地层传播的信号幅度。声波隔离器也是钻铤的一部分,既要保证钻铤有足够强度以满足钻井的需要,又要有效地衰减钻铤直达波的干扰,其为随钻声波测井的核心技术。接收器阵列的带宽和灵敏度决定了地层信号是否能被完全真实地记录下来。井下电路朝着集成化、智能化的方向发展,既要适应高温高压小体积的恶劣环境,又要能够将多种算法集成于电路系统中。

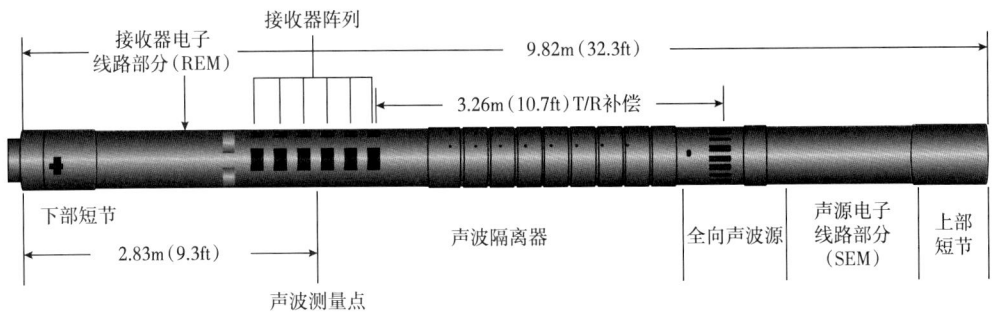

图 7-3-2 APX 结构示意图(据林楠等,2007)

1. 全向声波源

全向声波源安装在钻铤的外边缘上,其结构如图 7-3-3 所示。在钻铤的外壁,均匀镶嵌了 8 块压电陶瓷片,在单一电脉冲的激励下每块压电陶瓷薄片都可以向外伸张或向内压缩,用户可以根据需要定义这些薄片的工作时序,四极子声波的典型设置是对每相邻两块以及与之相对的两块分别通正电压,使之向外伸张,同时对另外的 4 块分别通负电压,使之向内压缩。相应地,偶极子声波的工作时序是相邻的 4 片压电陶瓷薄片通正电压脉冲激励,使之向外伸张,同时另外 4 片压电陶瓷薄片通负电压脉冲激励,使之向内压缩。单极子声波的工作情况是在前半个工作时序,全部压电陶瓷薄片同时通正电压脉冲激励,使之向外伸张,在后半个工作时序,全部 8 片压电陶瓷薄片同时通负电压脉冲激励,使之向内压缩。

如图 7-3-4 所示,APX 声波装置由 3 组压电陶瓷薄片组成(每组 8 片,共 24 片)。24 片压电陶瓷薄片依次贴在内承压筒外壁,3 组压电陶瓷环纵向叠压在一起,用来提高声波的输出功率。

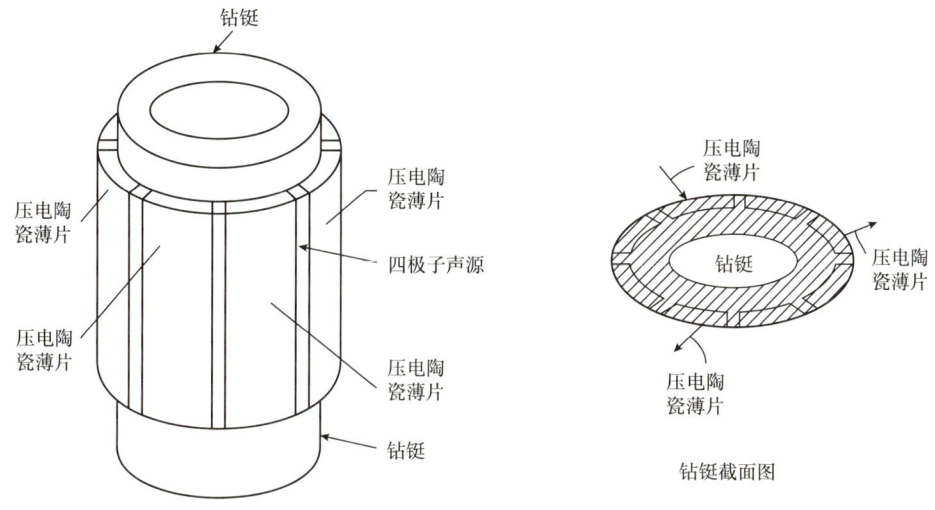

图 7-3-3　全向声波源结构示意图（据林楠等，2007）

### 2. 全向发射器

与典型的声波测量仪器及单向电缆声波测井仪不同，发射器使用一组圆柱形压电晶体，对井眼和周围地层的覆盖范围理论上达到了 360°，其发射频率为 2kHz，源信号的幅谱在大约 5kHz 处变为零。其截面图如图 7-3-5 所示。钻铤 90 的厚壁为 35~63mm，其上均匀开了 8 个浅槽，每个槽内镶嵌了 1 个天线发射体 811（单片）。天线发射体由发射天线线圈、弹性隔声材料 801、隔声器内腔 807 等构成。发射天线线圈为一圆弧状结构，其外附着一层弹性隔声材料，弹性隔声材料的作用是消除钻铤响应，发射天线线圈连同弹性隔声材料装在隔声器内腔，腔内注满油。也可以将发射天线线圈连同弹性隔声材料直接安装在钻铤表面的浅槽内，槽内注满油，外表面密封。钻铤外壁覆盖着一层外护套 815，避免粗糙井壁对发射天线的磨损，发射天线驱动电路 809 与天线发射体 811 相连，为其提供足够强的激励电流，809 装在内心轴 813 上。

图 7-3-4　APX 声源装置结构示意图
（据林楠等，2007）

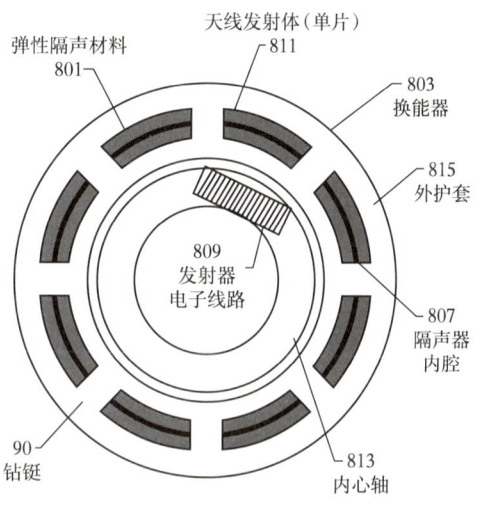

图 7-3-5　全向发射器内部结构示意图
（据林楠等，2007）

3. 全向接收器阵列

全向接收器阵列结构类似于电缆阵列声波测井系统的 XMAC II，采用四极子全向接收技术，共有 24 个接收器，按 4×6 阵列排列，即在钻铤外表面凹槽内，沿仪器圆周方向均匀排列 4 组。每组沿轴向均匀排列 6 个。每组内接收器之间的轴向空间即间距均为 0.2286m，合计轴向间距为 1.143m。声源到接收器的距离即源距为 2~3.26m，根据发射器至接收器的距离计算的压力声波阵列，每道波形之间的距离是 0.1524m。接收器分为 4 组（A、B、C、D），两两正交（图 7-3-6），每个接收器对应两个声源发射天线，接收器与声源同步收发信号，这种设计可以实现径向多极子声源激发，从而达到频率、信号幅度和相位匹配等多方面的响应，保证仪器在钻井噪声环境下进行高质量的声波时差测量。

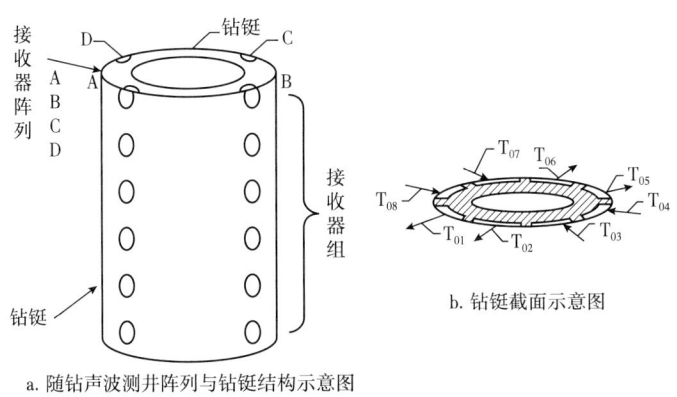

a. 随钻声波测井阵列与钻铤结构示意图

b. 钻铤截面示意图

图 7-3-6 全向接收器结构

图 7-3-7 是全向接收器的横向剖面，其机械设计与发射器类似，无磁钻铤的外表面上均匀开了 4 个浅槽，每个浅槽内镶嵌 1 个单片天线接收体，天线接收体和天线发射结构类似，只是由接收天线线圈取代了发射天线线圈，接收器电子线路安装在内心轴上，它与接收天线线圈相连，接收并处理接收天线感应到的地层信号。

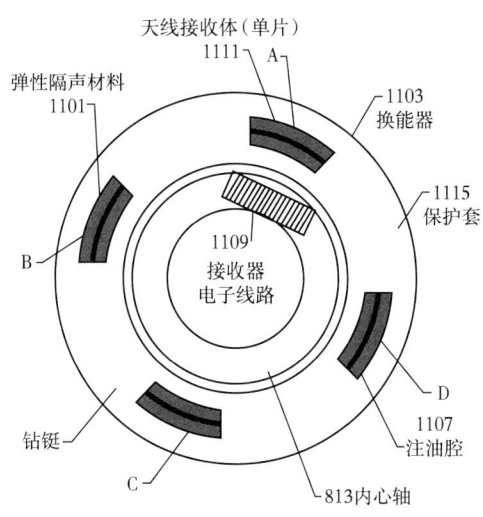

图 7-3-7 全向接收器横截面图

## 4. 声波隔离器

声波隔离器的目的是避免声音信号从仪器的发射器端直接向接收器端传播，也就是要消除钻铤波。APX 的隔离器长约 3m（10ft），具有多频调节的功能，其信号衰减能力可达 40dB，隔离效果极强。图 7-3-8 是声波隔离器信号衰减能力的实验结果，可以看出，由发射器直接耦合过来的声波信号经过信号隔离处理，在接收器端接近为零，表明主体部分被消除。

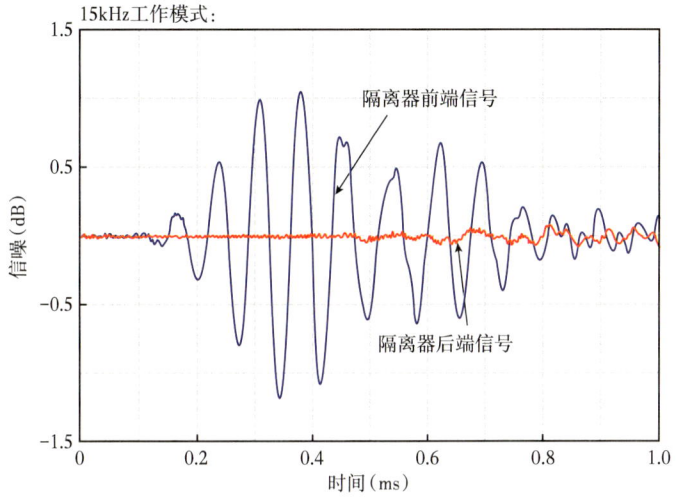

图 7-3-8 声波隔离器效果实验检测波形

声波隔离器中主要的装置为陷波器，其结构如图 7-3-9 所示。其中 131 为声波发生器，133 为声波接收器，113 为钻铤，在发生器和接收器之间有很多排列规则的圆柱形空穴 120（陷波器），其作用是衰减发射信号沿井壁的传播。在陷波器的截面图中 122 为活塞，124 为弹簧，端盖 126 紧贴活塞腔上钢套 132，由螺栓 128 固定。

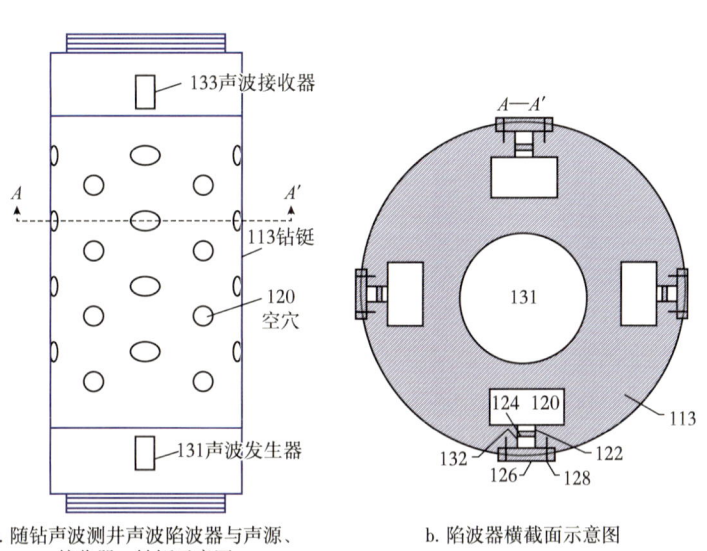

a. 随钻声波测井声波陷波器与声源、接收器、钻铤示意图

b. 陷波器横截面示意图

图 7-3-9 陷波器结构示意图

端盖的作用是避免活塞和弹簧异位。当钻井液流经该装置时，每个陷波器的空穴内都充满钻井液，发射信号以钻井液作为载体，其流动导致每个空穴内的流体膨胀或压缩，与每个空穴相连的活塞和弹簧都会作相应运动。在这个过程中，发射信号的能量消耗在活塞和弹簧的运动中，精确选择弹簧系数和空穴数量，就可以保证陷波器的效能。需要强调的是空穴的数量不能太多，空穴过多将削弱钻铤的承重、承压能力。

### 三、随钻声波测井噪声

随钻声波测井是在钻进过程中进行的，因此一个重要问题是分析钻进过程中的噪声并消除这些噪声。在钻进过程中，噪声主要包括稳态噪声和非稳态噪声，稳态噪声又可细分为下列三种。

（1）"钻杆波"噪声："钻杆波"噪声是钻柱受力变形（拉伸和压缩）而产生的沿钻柱轴向方向传播的纵波，有研究认为这种波的频率范围为10~20kHz，其幅度远大于沿井壁的各种模式波，但是这种波在沿钻柱传播时，会因为类似于共振的效应而存在一个幅度急剧衰减的频带，其带宽为2~3kHz。可以通过类似在电缆测井中的声波测井仪器外壳上刻槽的方法使这种波衰减。通过这种刻槽的办法可以将钻杆波衰减40dB，实现降噪。

（2）钻井液噪声：钻井液噪声是钻井液循环时所产生的噪声，其频率范围为1~2.3kHz。为了避开钻井液噪声，需要选择合适的声波信号的激励频率。

（3）钻进噪声：钻进噪声通常是钻头破碎岩石所产生的噪声，因此会随岩性变化而变化，其频率和幅度也都在改变。有研究认为这种噪声的频率范围为0~3.5kHz。避开钻进噪声的办法也是合理选择随钻声波测井的工作频率。

（4）非稳态噪声：非稳态的噪声则是由于钻具在井下的随机碰撞（例如，钻柱与井壁的碰撞、钻头与岩石的撞击）所引起，这类噪声出现的时间不具备统计学上的规律，而且其幅度很大，因此很难消除。所幸这种噪声的频率一般都在几十到几百赫兹，只要选择合适的随钻声波测井的工作频率，就可以避开这种噪声。

### 四、随钻声波测井主要测量方式

随钻声波测井仪器使用的声源有单极子、偶极子和四极子模式。以哈里伯顿公司的随钻仪器QBAT为例，介绍单极子、偶极子和四极子三种不同的测量模式。图7-3-10是安装在钻铤上随钻测井仪器声源的一个剖面示意图，图中分别给出单极子、偶极子声源和四极子声源辐射振幅随方位变化的特征。

（1）单极子声波测井仪器的声系一般由声波发射探头、隔声体和声波接收探头等部件组成。在井下采用单极子声源及单极子接收技术称为单极子声波测井技术。井下的单极子声源采用圆管状结构的压电振子，当辐射声波的波长比压电振子的尺度大许多时，可将压电振子视为一个脉冲球源，向各个方向的井壁均匀辐射声波能量，显然，由单极子接收器收到的声波信号携带了整个圆周上井壁介质性质的综合信息。

在快地层中随钻测井，单极子声源在井孔中激发起以滑行纵波为首波，包括滑行横波、伪瑞利波和斯通利波为先后顺序的全波列，其中滑行纵波、滑行横波、伪瑞利波和斯通利波的幅度依次增大，而主频则依次降低。纵、横波测量都可以实现，纵波测量中压制钻铤波非常关键。

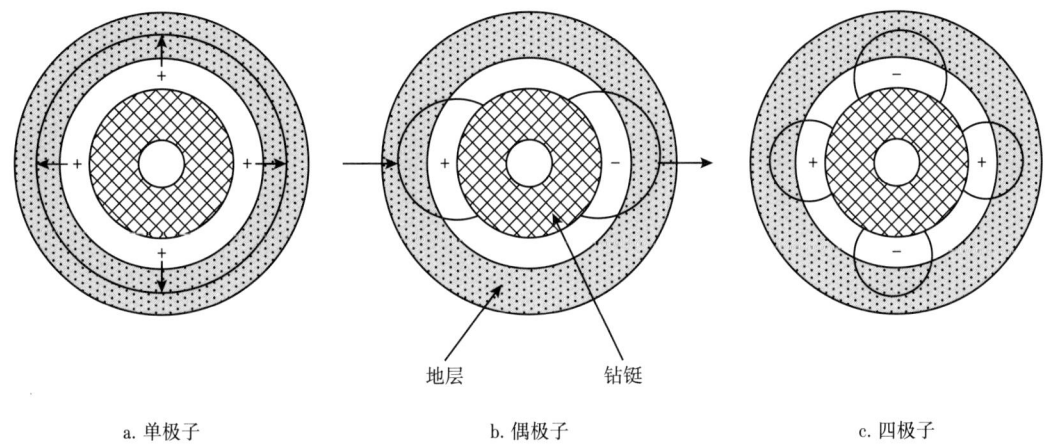

a. 单极子　　　　　　　b. 偶极子　　　　　　　c. 四极子

图 7-3-10　单极子、偶极子和四极子源示意图（据苏远大，2014）

在慢地层井孔中，由于纵波速度更小，幅度更低，测量难度要大于快地层的纵波测量，对隔声的要求更高，如果隔声效果好，求取纵波速度是没有问题的。但低频时受仪器偏心影响，存在强偶极模式波。慢地层中由于地层的横波波速小于井内液体的波速，对称声源产生的波列中没有滑行横波模式波包，因而无法在慢地层上测量地层的横波信息。事实上，对于快慢地层纵波测量以及快地层横波测量，无论单极子，偶极子还是四极子技术都是可行的。

（2）偶极子声源是两个相距很近、振动强度相同但相位相反的点源组合。当偶极子源在井内振动时，井壁附近产生一种具有频散特性的挠曲波。频率较低时（1~3kHz），挠曲波的速度与横波速度接近，频散效应很小；在高频时则低于横波速度。因此，采用偶极声波测井，可以通过测量挠曲波速度来获得地层的横波速度，从而克服慢地层情况下，单极子声波测井仪记录不到横波的问题。

由于偶极横波测井在电缆声波测井中的成功，人们将该技术应用到随钻测井上。钻杆的存在使该方法受到一定限制。Tang 等（2002）通过理论模拟发现，偶极子随钻测井由于钻杆的存在有两大缺点：有很严重的钻杆波干扰；地层挠曲波速度与横波速度有较大差异。此时地层挠曲波与地层横波速度成一定的比例，在已知钻井液性质（速度和密度）、井径及纵波速度的前提下，可以得到横波速度。哈里伯顿公司的 BAT 仪器，在 Catoosa 的 MAOCO 测试井现场试验结果表明，该仪器的偶极模式可以用于测量软地层横波，中心频率较高，在 6.5~11kHz 的范围，测量的软地层横波慢度上限为 400~450μs/ft，适用于井眼环境稳定的测量环境。

（3）四极子波有两个重要的特性：一是四极子钻杆波仅在截止频率以上才存在，低于截止频率只存在地层的四极子波；二是在低频情况下，该地层四极子波以地层的横波速度传播。这两个特性使得四极子声波仪器非常适合于随钻测井环境下地层横波速度的测量，比偶极子更具有优势。由于不存在沿钻杆传播的四极子声波，因而在仪器设计上对四极子波也不必采用消除钻杆波的隔声装置，这是四极子的一大优点。另外在快地层中若测量信号的信噪比较高，四极子波测量方式能够测量到横波速度。

但是采用四极子方式也存在一定问题。测量慢地层横波速度时，比如 APX 仪器的多极子模式,其测量的频率正好处于噪声的频率范围,不可避免地受到噪声的影响。另外受仪器偏心影响,低频时将存在强的偶极子模式,若仪器与井壁摩擦,此时四极子源也会产生其他模式波的干扰。

### 五、随钻声波测井应用实例

图7-3-11为随钻声波测井仪Drilling模式下单点的实测井地层纵波和横波的时差提取结果,包括滤波后的波列图、频谱图、时间慢度图和相关系数图(频谱图的横坐标做了归一化处理)。

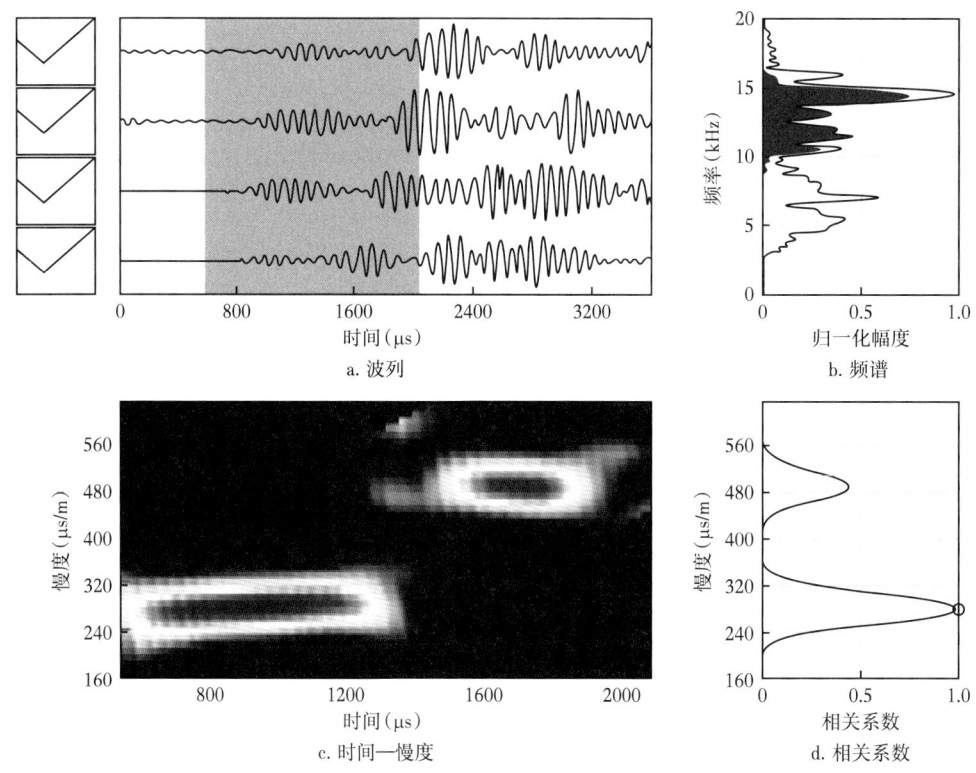

图7-3-11 Drilling模式下纵波、横波时差提取结果(据张伟等,2015)

图7-3-12为深度从1600~1850m井段Drilling模式的处理结果。其中,第1道为深度道;第2道为原始波形曲线;第3道为主频在10~15kHz滤波后全波列曲线;第4、第5道分别为纵波和横波相关系数投影灰度图;第6道为主频在2~6kHz滤波后全波列曲线;第7道为斯通利波相关系数投影灰度图;第8道为纵波、横波和斯通利波慢度曲线。

在每次下井测试前,首先根据当前油气井地层的大致情况设定时差提取范围,并且需要针对每一种成分波分别设定,科学设置波形参数和处理参数是精确提取时差信息的第一步。由于该井地层为软地层,时差值较硬地层更大,故纵波时差范围设定为50~153μs/ft,横波时差范围设定为80~183μs/ft,斯通利波时差范围设定为150~301μs/ft。与此同时,由于时差提取算法运行过程中,处理参数的选择对时差提取结果影响很大,因此根据不同测井地层的具体特性需要对处理时窗、慢度时窗、滤波参数等进行合理设定,这都依赖于现场测井操作工程师的经验和现场判断。

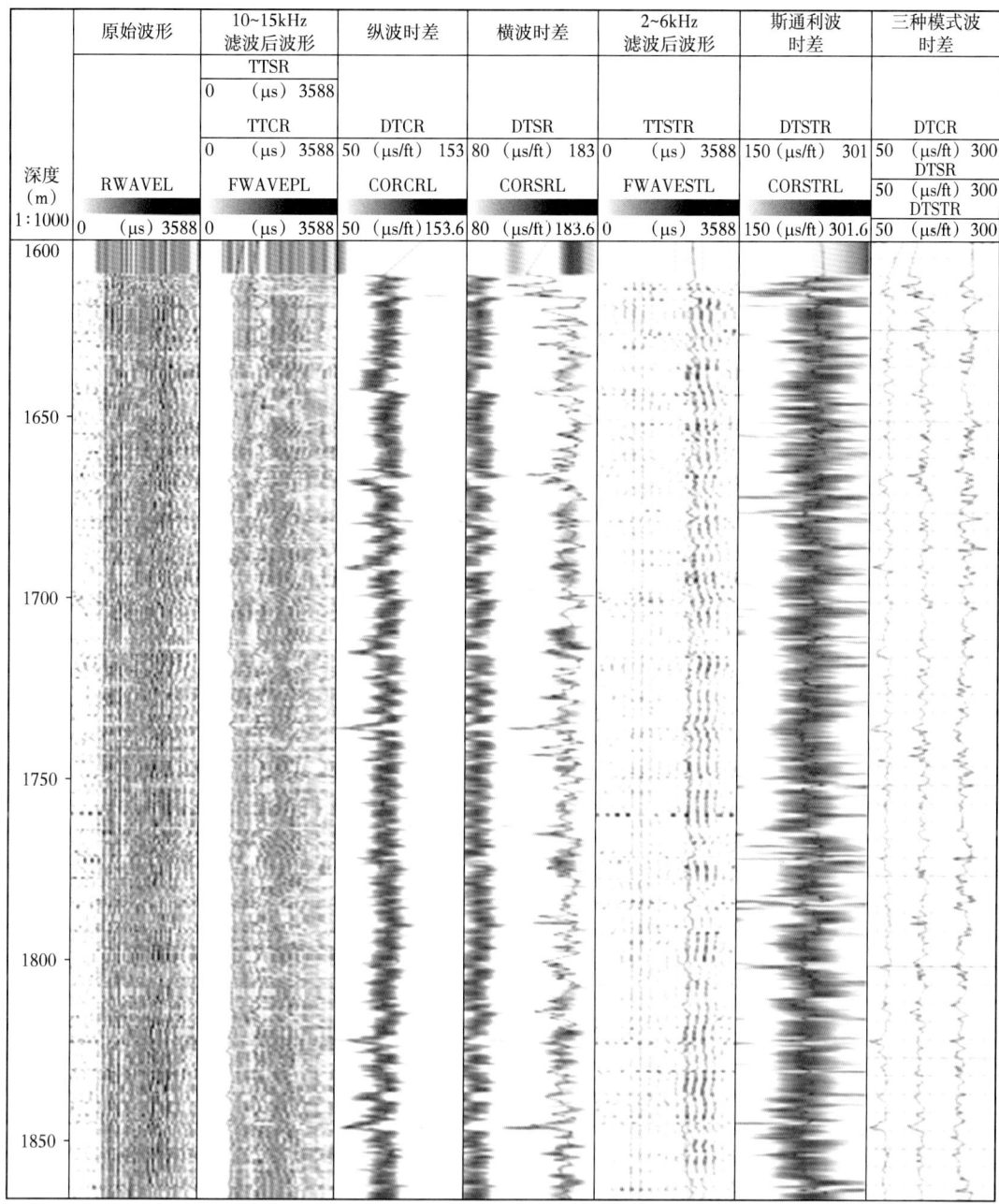

图 7-3-12 Drilling 模式测井数据处理结果（据张伟等，2015）

从实际处理结果看，3 种模式波的慢度值曲线较为清晰，慢度值变化不大，说明测量范围内的整个地层特性变化不大，也证明了时差提取算法在井下电路中运行良好，能很好地完成时差提取工作。通过进一步分析计算，可以得到纵波时差平均绝对误差为 2.16μs/ft，平均相对误差为 1.82%；横波时差平均绝对误差为 7.78μs/ft，平均相对误差为 3.68%；斯通利波时差平均绝对误差为 12.84μs/ft，平均相对误差为 5.98%。无论对于哪种模式波，该方法计算的声波时差与传统地面软件计算的声波时差平均相对误差都控制在5%以内，满足现场解释精度要求。更为重要的是，该算法能够在井下仪器中高效运行，实时提取的声波时差值可以实时上传到地面系统，地面系统随即绘制出随深度变化的慢度值曲线，供地面作业人员实时跟踪地层信息状况，指导井下钻井作业。实际作业情况表明，该算法时差提取精度高、计算速度快、实时性能优异，完全满足随钻声波测井仪实际工作的需求。

# 第四节 噪声测井

本节讨论的"噪声"是在石油天然气井中，井下流体通过孔洞、缝隙或流通过程变化（压力和渠道变化）时由于摩擦等原因，使流体的动能转化为声能，产生的噪声。早在20世纪50年代，就已经发现井下流体通过孔洞或缝隙时会产生噪声，提出了可以使用由一个声波接收探头和一级音频放大器组成的噪声测量系统接收随井深变化的噪声幅度，并认为有可能据此发现套管外面窜槽或有流体从地层进入井内的位置。70年代初，国外对噪声测井的原理、测量技术、解释方法的研究有了重要进展，1973年开始进行商业服务，并发展成为声波测井技术中一个独立的分支。现代的噪声测井除了可以识别套管外面窜槽、出水和出气的层位以外，还可以计算流体（尤其是天然气）的流量和预测产量。

## 一、噪声测井基本原理

在一定的压力梯度下，流体在狭窄的孔道里流动时会产生湍流噪声，研究噪声的频率特征和幅度特性，可以确定管外流体的流动位置、流量及其类型。在地层里有油、气、水三种流体，故孔道里的流体流动可分为单相、双相及多相三种类型，不同类型的流动具有不同的频率特征，流体按其流动方式又有层流和湍流之分。层流就是分成许多薄层的流体分别以不同的速度沿着与通道壁平行的方向流动。湍流则表现为流体随机无序地、不规则地、局部有回旋的流动。设孔道内径为 $D$（ft），平均流速为 $v$（ft/s），流体密度为 $\rho$（lb/ft³），运动黏度为 $\mu$，则

$$Re = \frac{Dv\rho}{\mu} \qquad (7\text{-}4\text{-}1)$$

式中：$Re$ 为雷诺数，当 $Re < 2000$ 时，流体呈层流，当 $Re > 3000$ 时，流体呈湍流。

如图 7-4-1 所示，流体（天然气）从砂层 B 经过套管外面水泥环没有胶结好的层段（窜槽）流入砂层 A，在流体进入和流出窜槽处以及窜槽的缩径部位存在局部压力异常，并产生噪声异常（在所测量记录的噪声测井曲线上这些位置出现噪声的峰值）。显然，噪声的幅度与流体的流量和流速有增函数关系。除了不同的流量和流速可以产生不同幅度的噪声以外，不同的噪声源以及不同相态的流动所产生的噪声频谱也有差异，对各种不同噪声源及不同相态流体流动时产生的噪声频谱实验研究表明：

（1）地面机械设备振动发出噪声的频率在 200Hz 以下；

（2）井下的单相流动，幅度最大的噪声的频率在 1000Hz 附近，随压力差增加，可

升高到 2000Hz 左右（图 7-4-2a）；

（3）井下的双相流动，最大幅度噪声的频率在 200~600Hz（图 7-4-2b）。

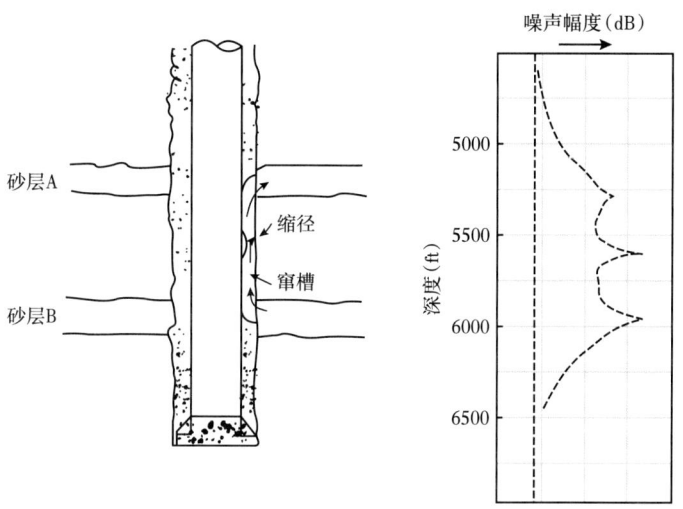

图 7-4-1　噪声测井原理图（据楚泽涵等，2007）

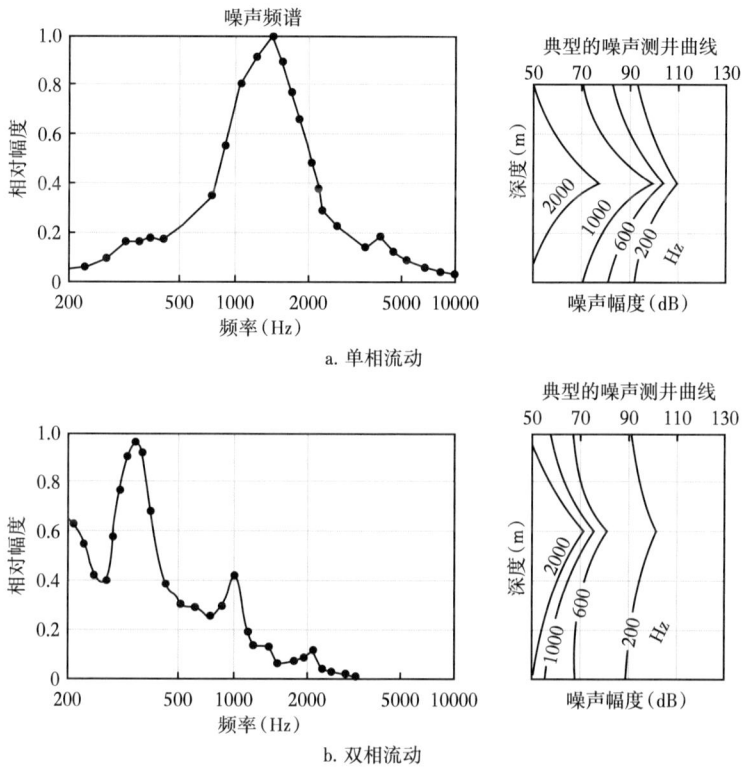

图 7-4-2　噪声的频谱和相应的噪声测井曲线（据楚泽涵等，2007）

根据这些实验结果，井下的噪声测量记录可以简化：只需要测量记录截止频率为 200Hz、600Hz、100Hz、2000Hz 的 4 条积分噪声幅度曲线，而不需要对每个噪声源测量记录全部频谱。噪声测井下井仪器的声系由 4 个截止频率分别是 200Hz、600Hz、1000Hz、2000Hz 的高灵敏度声波接收探头组成（个别仪器的声系还包括截止频率为 4000Hz 和 6000Hz 的接收探头）。为减小干扰（声系提升时的碰撞和摩擦产生的噪声），井下测量记录在静止时进行，两个测点的间距是 0.3048m（1ft），在每个测点上连续测量记录 3min，将在这段时间内接收到的噪声积分，取平均值，输出与该噪声平均值成正比的电压值，记录结果以输出电压的毫伏值或噪声的分贝（dB）值表示（1mV=70dB）。测量记录的结果是 4 条截止频率分别为 200Hz、600Hz、1000Hz、2000Hz 的积分噪声幅度曲线。

## 二、噪声测井仪器

1. 数字噪声仪（NTO）

数字噪声仪（NTO）是一种高灵敏检漏仪，对套管井内外的流动探测非常有效。能很好地监测液体或气体泄漏时在窜槽或穿孔中流动的声音，并将井下监测的噪声数据发送到仪器，提供井下噪声的定量测量。NTO 可以与其他电缆仪器（如自然伽马或水泥胶结测井仪）相结合，也可与多个 NTO 串在一起使用。因此该仪器能以较小的成本完成套管测井检测目标（如生产测井、水泥胶结质量评价或套管完整性评价）。仪器规格见表 7-4-1。

表 7-4-1　NTO 的仪器规格参数（据余世凸等，2020）

| 参数 | 数值 |
| --- | --- |
| 温度额定值 [℉（℃）] | 350（177） |
| 压力额定值 [psi（MPa）] | 20000（138） |
| 仪器直径 [in（mm）] | 1.6875（43） |
| 仪器长度 [in（mm）] | 24（609.6） |
| 仪器质量 [lb（kg）] | 10（4.53） |
| 频率范围（Hz） | 100~12700 |
| 放大器增益（dB） | 22.4~67.8 |
| 分辨率（bit） | 16 |
| 动态范围（dB） | 72 |
| 数据读取率（s） | 0.5 |
| 样本长度（ms） | 10 |
| 抽样长度（kHz） | 25.6 |
| 频谱信道数 | 128 |

2. 声漏流量分析仪（ALFA）

声漏流量分析仪（ALFA）用于完井评价和生产动态监测研究，主要测量 235~30000Hz 频率范围内的声学数据，具有很高的频率分辨率。该仪器使用了高灵敏度的声学传感器，测量频率范围广,能非常有效地进行各种气体、水或原油泄漏的检测。该仪器能够检测多个套管的流量、区分套管外流量和套管内流量,与其他测井工具组合,可在一次运行中提供完整的固井质量评价。较小的仪器口径使得该仪器可应用于小井眼环境。仪器结构如图7-4-3所示,仪器规格见表7-4-2。

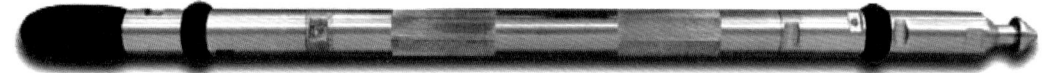

图7-4-3 声漏流量分析仪ALFA结构示意图(据余世凸等,2020)

表7-4-2 ALFA规格(据余世凸等,2020)

| 参数 | 数值 |
| --- | --- |
| 最大工作压力[psi(MPa)] | 14500(100) |
| 最高工作温度[°F(℃)] | 302(150) |
| 动态范围(dB) | 80 |
| 工作频率范围(Hz) | 235~30000 |
| 光谱信道数 | 128 |
| 直径[in(mm)] | 1338(34) |
| 长度[ft(m)] | 2.32(0.71) |
| 质量[lb(kg)] | 7.7(3.5) |
| 内存容量(MB) | 128 |
| 数据记录率(s) | 1~255 |

3. 阵列噪声仪(ANT)

阵列噪声仪(ANT)采用差动测量方法,能够很好地抑制仪器在井筒中移动时产生的"过路噪声"等不必要的噪声。阵列噪声仪的传感器还可以进一步往监测方向探测,从多重套管后面提取微弱的流体运动产生的噪声。它将两个差分传感器与阵列处理技术相结合,可以在测井时获得精准的测量值,节省测量时间,提高泄漏检测应用程序的效率。它的工作原理是通过使用配置在$X$和$Y$平面上的正交传感器来启用差分测量。这可以去除过路噪声和其他不必要的共模信号,增强泄漏源信号。通过与精确的传感器匹配能有效抑制30dB的共模信号。在泄漏检测(油管/套管/封隔器泄漏)、持续套管压力诊断、开孔位置、套管后流区识别、套管后窜槽识别等都取得了很好的效果。仪器结构如图7-4-4所示,仪器规格见表7-4-3。

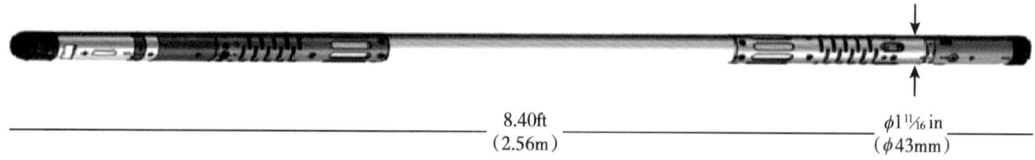

图7-4-4 阵列噪声仪ANT结构示意图(据余世凸等,2020)

表 7-4-3　ANT 阵列噪声仪规格（据余世凸等，2020）

| 参数 | 数值 |
| --- | --- |
| 最大工作压力 [psi（MPa）] | 15000（103） |
| 最大工作温度 [℉（℃）] | 350（175） |
| 直径（in） | $1^{11}/_{16}$ |
| 长度（ft） | 8.40 |
| 仪器称重 [lb（kg）] | 30.39（14.0） |
| 测井速度（ft/min） | 20 |
| 测井范围（ft） | 40000 |
| 测井采样率（个/ft） | 4 |
| 信号范围 | 500~60000Hz（10CH），130~170dB（AGC） |

## 三、噪声测井应用

噪声测井的主要用途是判断套管井中出现的各种问题，例如检查套管外面是否有窜槽、检查水泥封堵窜槽段的效果、确定套管外出水和出气层的位置等。通常是根据测量记录的噪声异常定性地确定套管外窜槽的位置。除此之外，还可以根据地面模拟实验结果，提出一些定量解释的方法。噪声测井的适用范围广（油、水井），主要用于弥补其他测井方法的缺点且与其他方法配合使用。目前通过噪声测井进行定量解释的主要方法有以下几种。

（1）确定套管外流体的流量。套管外面单相流动发出的噪声是因为流体流动时在空间受到摩擦、阻滞所致。在此过程中，流体的动能转化为声能和热能，可以认为：流体动能损失的速率越大，噪声的幅度也越大。流体动能损失的速率用流体流动的压差 $\Delta p$ 与流量 $Q$ 的乘积表示，某种截止频率 $n$ 下的噪声幅度则用 $N_n$ 表示，它们满足函数关系：

$$N_n = f(\Delta p \cdot Q) \qquad (7\text{-}4\text{-}2)$$

（2）确定注水量。注水时噪声测井仪器放在井下的吸水层位附近，注入水通过仪器形成湍流并产生噪声。噪声测井仪器所测量记录到的单相的、沿井轴方向流动的流体所产生的截止频率为600Hz 的噪声（记为 $N_{600}$），可以用经验公式计算注入水的流量 $Q$：

$$Q = k\left(\frac{A^2 \cdot N_{600}}{\rho}\right)^{\frac{1}{3}} \qquad (7\text{-}4\text{-}3)$$

式中：$Q$ 为注入水的流量，m³/d；$\rho$ 为注入水的密度，kg/m³；$A$ 为垂直于水流的截面积，m²；$k$ 为换算系数，采用公制单位时 $k$=0.181，采用英制单位时 $k$=63。

（3）计算通过每个射孔孔眼的天然气流量。天然气流过射孔孔眼时，每个孔眼都可以看成是独立的声源，所测量记录到的截止频率为600Hz 的噪声幅度为 $N_{600}$，则通过射孔孔眼的天然气流量 $Q$ 可以由下式计算：

$$Q = kN_{600}^{0.35}\frac{\mu D}{\rho} \qquad (7\text{-}4\text{-}4)$$

式中：$\rho$ 为天然气密度，$kg/m^3$；$\mu$ 为天然气黏度，$mPa \cdot s$；$D$ 为射孔孔眼直径，m；$k$ 为换算系数，采用公制单位时 $k=0.00196$，采用英制单位时 $k=35$。

噪声测井是一种比较经济的测井方法，根据测量记录结果所求得的流量数值可以作为标准流量测量值的补充。根据噪声测井测量记录结果进行的各种定量计算的准确程度取决于噪声测井仪器刻度或标定的方法和精度。如图 7-4-5 所示，CH2X 油田一口生产井的井温与连续流量测井解释结果。该井在生产过程中突然出砂，地质人员分析认为套管出现漏失，因此使用井径成像测井进行全井段测井。井径成像资料显示该井不存在套管变形，由于井径成像测井测量的是套管的内壁，无法检测到漏失，因此重新监测该井的注水井温和连续流量，并对该井实施噪声测井。从噪声测井结果来看（图 7-4-6），2906~2907m 有异常，怀疑有漏失；通过井内音频资料分析，发现在 2906m 处的声音有异常。此外，从温度和流量曲线来看，在 2907m 左右温度明显升高，流量明显变化，可以判断此处有漏失。对该井进行堵漏措施前 100% 含水，堵漏措施后日产液 $21.74m^3$，日产油 $10.65m^3$，含水 51%，堵漏措施效果明显。

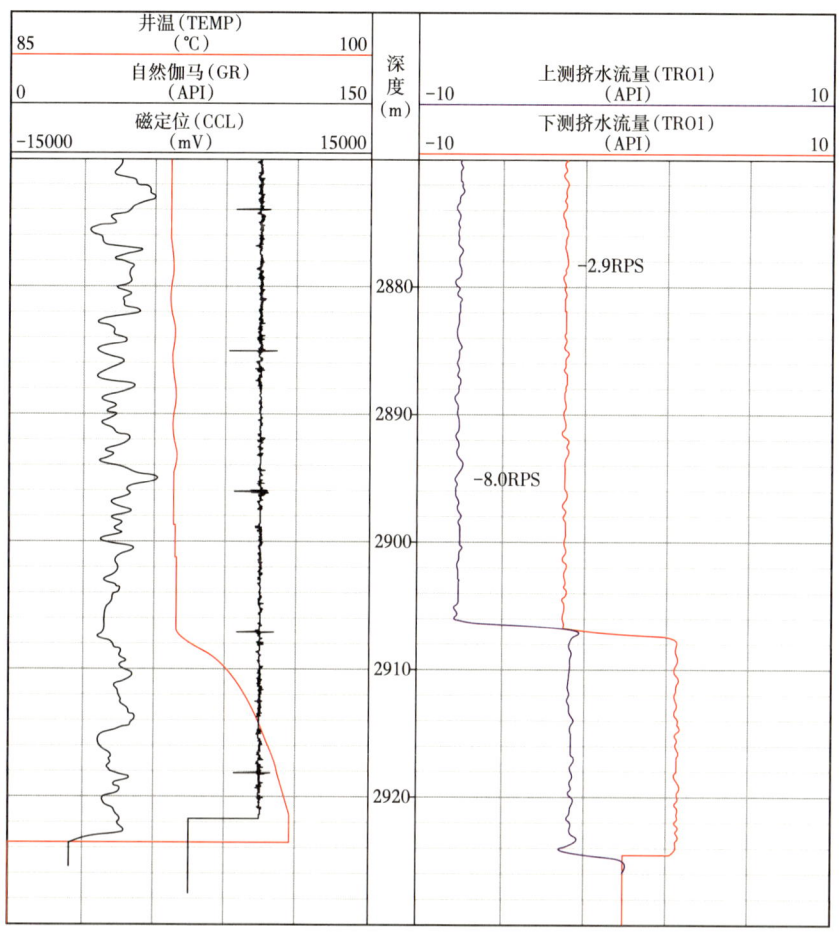

图 7-4-5 CH2X 井井温 + 连续流量找漏测井解释成果图（据胡文才等，2021）

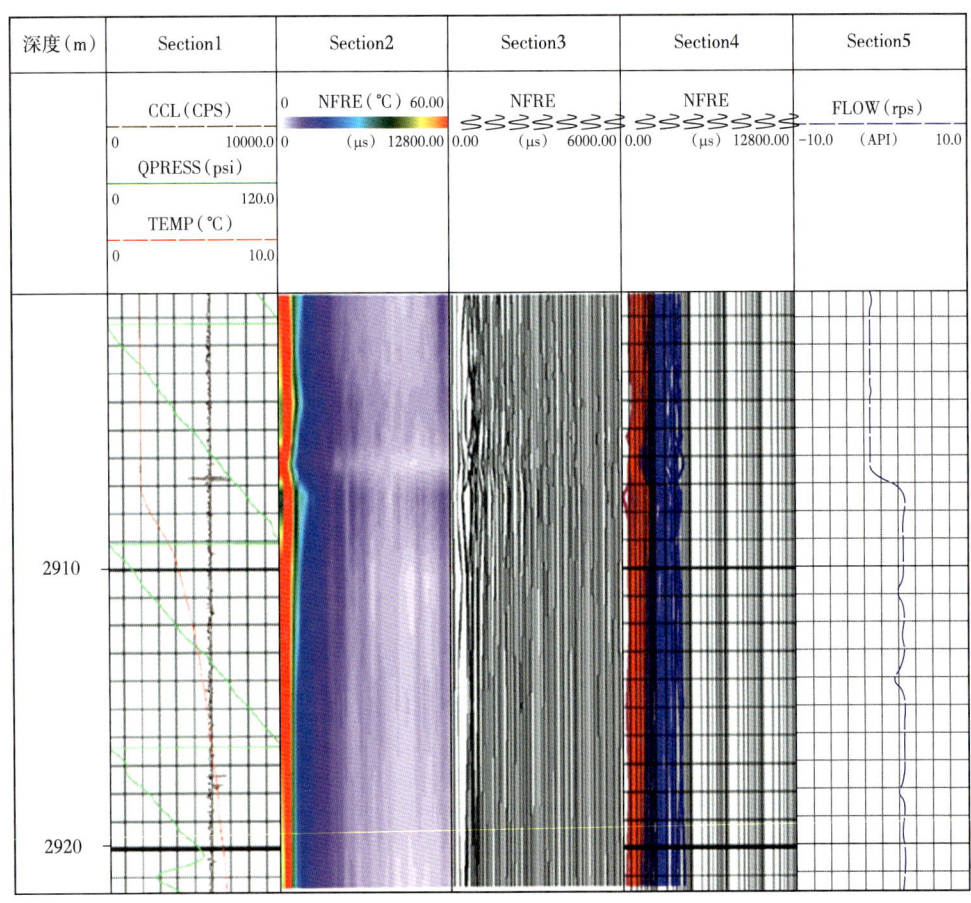

图 7-4-6　CH2X 井噪声测井解释成果图（据胡文才等，2021）

## 第五节　动电测井

在油气勘探开发中，流体饱和孔隙介质中弹性波激发产生的电磁波以及波场间相互耦合转换的效应被称为动电效应，最早是由 Thompson 等（1936）发现的。Biot（1956）建立了流体饱和多孔介质条件下的弹性波动方程，在奠定多孔介质声学理论基础的同时也促进了动电理论的发展。目前，只有少数测井方法如核磁共振测井和声波全波斯通利波测井能够用于渗透率的间接评价。动电测井近年来逐步成为测井评价地层渗透率的一种辅助方法。

### 一、动电测井基本原理

在自然界中，土壤、岩石都可视作孔隙介质，由于其固相骨架能选择性地吸附孔隙内电解质溶液中的某些离子，并且使得原本呈电中性的孔隙流体出现剩余电荷，这样在骨架—流体界面附近就形成了电荷的不均匀分布。当弹性波在流体饱和孔隙介质中传播时，会引起孔隙内流体相对骨架的流动，这种携带电荷的流体波动就产生了电场和磁场。相反，当电磁波在孔隙介质中传播时，双电层中的电荷在电场力和磁场力的作用下带动孔隙流体相对骨架的振动,形成弹性波。这种弹性波场和电磁场相互转换的现象称为震电效应。震电效应是自然界中客观存在的一种物理现象,其实质就是机械能与电磁能间的相互转换,在许多工业部门都有着广泛的用途。目前,在地球物理领域,可利用的震电效应主要有3类:压电效应、震源电磁辐射效应、动电效应。动电效应和常见的压电效应都属于机械运动和电磁场之间的耦合效应,但两者存在着本质区别。压电效应是某些晶体在受到单向外力作用并产生形变时,其内部会引起极化并产生电势差的现象,而动电效应产生的一个基本前提是介质内部必须存在能相对固相骨架运动的电解质流体。

动电效应是流体饱和孔隙介质所具有的物理特性之一,也是近年来震电研究的热点。研究表明(波达波夫,1994),在流体饱和孔隙介质内部,可产生局部震电场,它仅存在于扰动区范围,震电信号的主频与激发声波的主频一致,又称第一类震电信号(图7-5-1);另外,在流体饱和孔隙介质分界面上,地震波动激发可产生称第二类的震电信号(图7-5-2)。它具有远探测性,可在各接收点同时接收到,且与接收点的位置无关。震电信号强度与分界面处振动激发强度、界面离接收点距离及分界面本身的物理特性有关(弹性和电性),特别是储层油—水界面的震电场响应显著。

动电效应是物理化学中一个与界面双电层相关联的基本概念。双电层常见于固体—流体界面(图7-5-3)。在含泥质的砂岩中,地层孔隙水一般是含氯化钠等物质的电解质溶液,黏土颗粒表面带负电吸附溶液中的阳离子,形成一个富集阳离子的吸附层。吸附层外阳离子的浓度随离黏土表面的距离增大而减小,呈扩散分布称为扩散层。吸附层与扩散层一起,构成双电层。吸附层很薄,只有纳米量级的厚度,吸附层的离子只随颗粒运动。扩散层的厚度与孔隙流体的离子浓度有关,一般远大于吸附层。扩散层离子容易在电场力作用下移动,也可伴随流体运动而移动。而双电层的形成又与介质的孔隙度、渗透率、流体性质等储层参数密切相关。因此,动电效应产生的电磁波场对地下油气藏分布具有直接探测性。

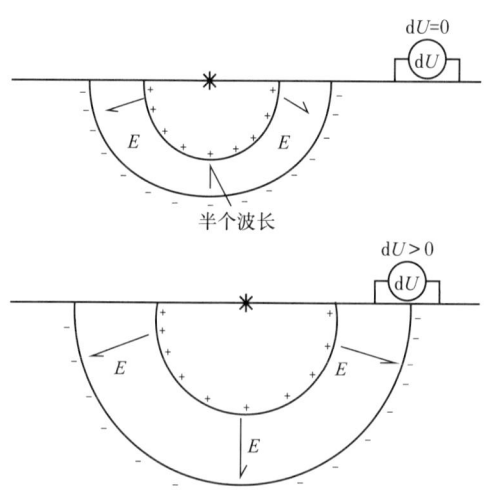

图7-5-1 第一类震电信号产生机理示意图
(据波达波夫,1994)

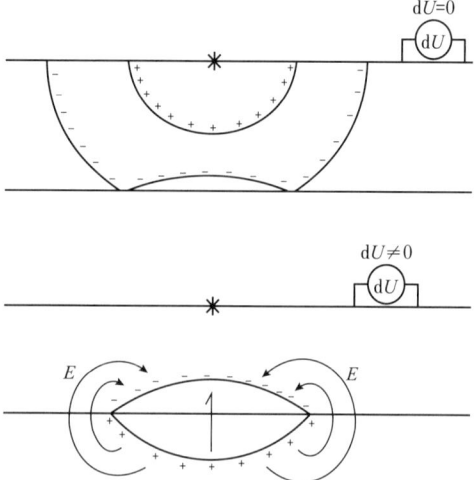

图7-5-2 第二类震电信号产生机理示意图
(据波达波夫,1994)

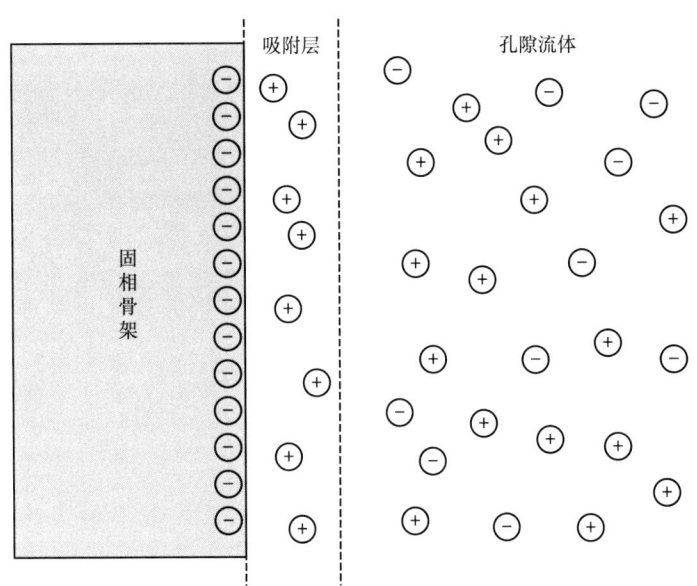

图 7-5-3 双电层模型示意图

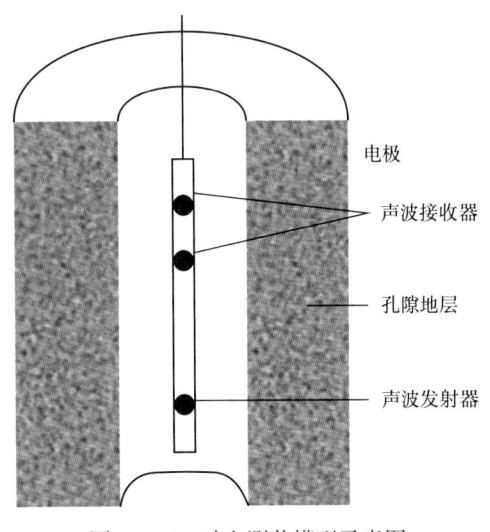

图 7-5-4 动电测井模型示意图

基于动电效应可以发展一种新的动电测井方法，也称为震电测井或声电效应测井。其模型如图 7-5-4 所示。相比于在地面激发和接收波场的震电勘探方法，动电测井的特点是从激发源到勘探目的层位的距离短，从目的层位到接收器的距离也短，而且采用千赫兹级频率可使分辨率提高。1990 年，苏联在 1 口 113m 深的井中进行了电声转换测井的试验。井下仪器的核心部分是电偶极子和位于电偶极子中间的 2 个声波接收器，其中一个接收纵波，另一个接收横波。测量时大功率信号发生器从地面（通过电缆）向井下发送电脉冲，电偶极子发出振幅为 800V、频率为 1.25Hz 的正弦波。由于动电耦合电磁场在地层中激发声波被井中声波换能器接收并传送到地面，瞬变电磁场可诱发声信号，反过来声波也可以诱发电磁场。当声波换能器在井中发射声波时，在地层中将动电效应产生的电磁信号传播至井内，用线圈或电极接收到，实现声电转换测井。麻省理工学院地球资源实验室的朱正亚进行了一系列室内实验，他们将其称为震电测井。

与声波测井不同，动电测井不仅接收井内声源激发的经地层返回井内的声波信号，还接收声波在地层中诱导的震电信号。这两类信号的幅度比和相位差与渗透率密切相关。与传统的电法探测相比，震电信号既对岩石电学性质敏感，又兼具弹性波的空间分辨率。因此能够直接或间接探测与地层孔隙和流体有关的多种性质，如渗透率、电导率、孔隙度、井液离子浓度等，以期能获得反映地层渗流特性等地质参数的测井信号，为复杂油气勘探和储层评价服务。

## 二、动电测井仪器

为推进动电效应在测井领域的实际应用,中国石油大学(北京)联合麻省理工学院、哈尔滨工业大学和中国石油集团测井有限公司开展了动电效应测井探测方法的研究工作,卢俊强等研制了动电效应测井探测器(acoustoelectric well logging tool,AELT)原型机及相应的电子系统(图7-5-5),其特点是能分别在声或电激励的情况下同时进行声、电信号的本征波(与激励源同类型的波)和转换波的探测。所采集的阵列化本征波和转换波具有相同的深度记录点。同时,仪器具有很高的探测灵敏度,适应井下高温高压作业环境,并能够与当今主流成像测井系统地面平台相挂接。

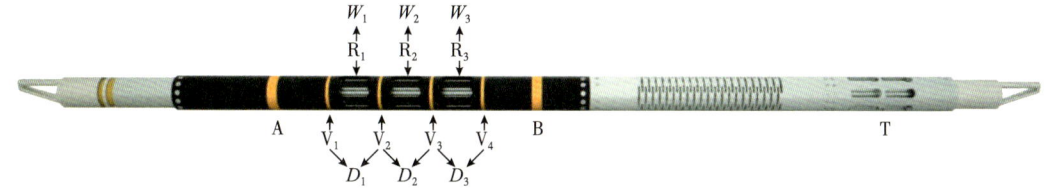

图 7-5-5 AELT 探测器结构示意图

### 1. AELT 声电复合探测器

传统声波测井和电阻率测井的探测器在实现上有各自的特点,声波换能器必须置放于直接感受井筒压力的绝缘油中,并形成良好的声耦合条件;电测井探测器通常采用电极系和线圈系2种形式,并形成探测元件之间以及与外界的绝缘;声、电之间具有明显的区别和不相容性。因此,实现动电测井的关键是设计一种能够在声、电不同激励时实现对声场和电磁场的同时测量,这种类型测井仪的探头可称之为声电复合探测器。为实现动电测井的功能,设计了 AELT 的电子系统方案(图7-5-6)。

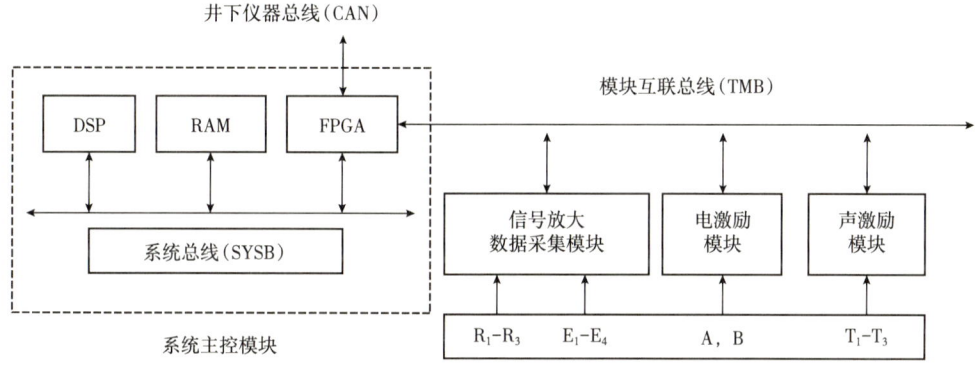

图 7-5-6 AELT 电子系统组成示意图

仪器电子系统采用模块化结构,由主控模块、信号放大数据采集模块、电激励模块和声波激励模块等组成,前三者集成在仪器上方的电子短节内,后者位于仪器探测器下方的发射短节。各个功能模块间采用专用的串行总线(TMB)完成互联,其中系统主控模块为主节点,其余为从节点,数据通信只在主节点和某一从节点之间进行。TMB 贯通整个仪器的所有短节,传输速率为 10Mbit/s,数据包由帧同步、地址场、命令/状态场、数据场和校验场等组成,节点间的应答机制能够保证互联的可靠性和正确性。系统主控模块的核心是数字信号处理器DSP，具有32位定点和浮点处理能力，1MB随机存储器RAM作为系统缓存，百万门级的FPGA在DSP控制下完成TMP主节点、井下仪器系统互联（基于CAN2.0）等逻辑功能。

常规声波测井的工作主频在20kHz以下，而线圈式电磁波感应测井的优势频率在几万赫兹或更高，且线圈式探测器内部对导电和导磁物质敏感使得与声波探测器相容设计更加困难。研究中采用了电极式电磁波探测方式，这也为进一步扩展时间域电测功能提供了可能。AELT采用一种独创的混合式声电探测器结构，可用于实现石油测井环境下的声电测量方法。

动电效应测井探测器主要由1个声激励源（T）、3个声接收站（$R_1$、$R_2$和$R_3$）、2个电激励电极（A和B）和4个电接收电极（$E_1$、$E_2$、$E_3$和$E_4$）组成。因此，AELT探测器包括声、电2个功能部分。

（1）声波部分。采用单发三收结构，T和$R_1$-$R_3$等形成一个最小的长源距阵列声系，基本源距为2.5m，接收器间距为0.3m，在普通地层能够接收到单极全波信号（纵波、横波和斯通利波）；为提高发射功率和效率，采用6个高性能拼镶式单极发射换能器并分成2组（TU和TD），实现相控线阵方式激励；3个高灵敏度单极接收探头（每个由4个径向极化的换能器串联）组成能够实现STC算法的声波接收阵列。

（2）电测部分。设计为六电极结构，可称之为阵列式电位电极系。A、B为供电电极，$E_1$—$E_4$为测量电极，4个测量电极可以进行电位测量和差分测量，所形成的3个差分对$E_{12}$、$E_{23}$、$E_{34}$与$R_1$、$R_2$、$R_3$有相同的深度记录点，这对于分析伴随转换波信号的到时和相关特性有利。

探测器机械结构分为2段，其中声波发射段采用常用的金属外壳（图7-5-5中右半部分），而声波接收和电测部分采用玻璃钢外壳为电极系提供绝缘条件，同时具有声波接收的透声结构（图7-5-5中左半部分），两部分在内部相通并充油密封。电极系的引线通过隐埋连线和承压密封接头进入探测器内部。

AELT具有2种工作模式。

（1）声激励模式。发射器T向井外地层发射大功率声波，声波信号传播过程中在含流体多孔介质地层的分界面和地质体中引发声电效应，产生诱导电磁场（转换波）。声波信号在被接收换能器阵列接收的同时，转换波信号也被测量电极阵列检测。这是仪器的主要工作模式。

（2）电激励模式。主供电电极A向地层发射交变电流并通过B电极形成回路，其频率与单极声波接收换能器阵列的主频相同，测量电极阵列还可得到地层视电阻率；对于含流体多孔介质地层这一人工电场可引起电渗现象和固相骨架运动从而形成弹性波（声电效应的逆效应），并通过声波接收器阵列进行检测。电激励为仪器的辅助工作模式，这是由于电声耦合系数低，转换波信号极其微弱。而且，不能采用大的电脉冲功率，否则可能直接激发出机械波（极端的例子是电火花震源）。

AELT的声电复合探测器具有完善的激励和信号的探测能力，通过对本征波和转换波信号的分析处理，不但能够得到声波和电测方法各自的基本数据（声波时差、视电阻率、差分自然电位等），还能用于求取动电耦合系数，进而评价地层渗透率。因此，这是一种基于声电方法的全功能、多参数测井探测器。

## 2. AELT 电极系

动电测井探测器电极系是一种特殊设计的能进行阵列式测量的复合式电极系,是动电测井仪的重要组成部分,其结构如图 7-5-7 所示。

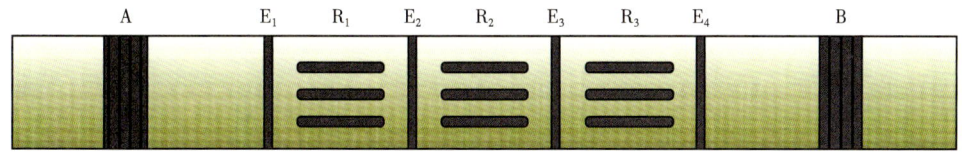

图 7-5-7 动电测井仪电极系结构示意图

电极系分布于仪器外壳表面,声波换能器位于仪器内部并在外壳表面开有透声窗。电极系短节的设计首先要考虑电极的绝缘问题,因此传统的声波测井仪器的钢制外壳不再适用。所选材料必须具有良好的电绝缘性,其次还要具有较高机械强度和易加工性,同时还要适应井下恶劣的高温、高压、腐蚀性的工作环境。玻璃钢是一种纤维增强复合塑料,一般指用玻璃纤维增强不饱和聚酯、环氧树脂与酚醛树脂基体,机械强度高,质轻而硬,且不导电,非常符合动电复合电极系的技术要求,故电极系分布在一个玻璃钢材质的仪器外壳上,仪器其他部分如电子仓短节、声波发射短节仍采用通常的钛钢合金。根据声波探测器接收阵列的间距要求,动电探测器电极系尺寸结构设计如下:供电电极 A、B 的长度为 0.1m,测量电极的长度均为 0.02m,各电极的中心间距均为 0.3m,半径 $r_0$ 为 0.052m。

在含流体多孔介质地层中,孔隙中的流体通常含有带电离子,在固体与液体交界面上容易形成双电层。当在井下进行动电测井时,通过动电测井探测器的声波发射换能器在井中发射声波信号的方式产生弹性波震源,弹性波在传播过程中造成的局部扰动会引起固相波动(包括固体骨架的运动和变形),从而引起渗流现象,激发产生动电效应。伴随着流体的运移,孔隙流体中的净剩电荷也会随之运移,净剩电荷的积聚和运移就会形成电场和磁场。声电转换后产生诱导电磁波场,从而获得井旁多孔介质地层中的动电测井信号。测量电极阵列 $E_1$、$E_2$、$E_3$、$E_4$ 的首要功能是测量传播到井筒内极微弱的动电信号,同时将 $E_1$、$E_2$、$E_3$、$E_4$ 四个电极间的相邻两路信号通过差分放大器接收,采集 3 道电差分信号,即 $E_1E_2$、$E_2E_3$、$E_3E_4$ 三对测量电极的差分信号,可以消除共模信号的干扰,提高信噪比。

同时,也可以进行基于动电效应的逆效应——电震效应的测量。在井中通过主供电电极 A 向地层发射一定频率的电流形成人工电(磁)场。在含流体多孔介质地层中,由于人工施加电场的干预,会影响孔隙中带电离子的运动,可引起电渗现象和固相骨架运动,从而诱导产生弹性波,激发电震效应。当电声转换后产生的弹性波传播到充液井筒中时,可以通过布置在测量电极中间位置的声波接收器阵列 $R_1$、$R_2$、$R_3$ 来测量电震效应产生的声波信号。当供电电极向地层发射电激励信号时,还可以通过测量电极测量此时井中的电位实现类似普通电阻率测井的功能。

由于无法使声、电信号的接收器布置在探测器的同一位置,声电信号记录点必然存在一个深度差。将声波接收换能器布置于电极中间,一个重要目的是使 $E_1E_2$、$E_2E_3$、$E_3E_4$ 三对相邻测量电极的差分信号深度记录点与声波接收器阵列 $R_1$、$R_2$、$R_3$ 的记录点在深度上对齐,获得相同深度记录点的声信号和电信号,为动电效应与电震效应理论的进一步研究以及数据处理和分析服务。

### 三、动电测井应用

声信号和电信号在孔隙地层中相互耦合相互转换的特性与地层孔隙流体的性质紧密相关。因此，基于动电效应可以发展一种新的动电测井方法，以期能获得反映地层渗流特性等地质参数的测井信号，为复杂油气勘探和储层评价服务。理论和实验研究表明，动电测井可以应用于探测与孔隙流体有关的地层性质，如渗透率、电导率、孔隙度、黏度、离子浓度等，尤其是对渗透率的测量成为可能。同时，在油水界面和裂缝中更容易产生动电效应，利用动电测井可以识别裂缝储层，还可以有效区分油水界面，这对寻找剩余油分布区具有重要实用价值。

（1）识别油水界面，寻找"剩余油"。寻找"剩余油"是我国油气田开发中突出的实际问题，由于含水地层和含油地层弹性性质差异较小，再加之地震波在含流体介质中严重的衰减，地震方法在探测寻找"剩余油"方面存在一定缺陷。但是，含油地层和含水地层间存在显著的电性及电化学差异，在地震波激发下，可产生明显的震电信号，这为利用震电信号区分油水界面提供了坚实的物理基础。实验研究显示（陈本池等，2003），在含油和含水砂层分界面，可观测到较明显的震电（或电震）信号。如果激发和接收装置离探测目标较近（如实施井中震电观测），还可观测到较强的震电（或电震）信号。并且，震电（或电震）信号的频谱特征与激发波频谱特征相似，具有与地震方法相近的高分辨率。因此，研究推广利用震电（或电震）方法探测识别油水界面，从而圈定"剩余油"分布区具有重要实用价值，前景广阔。

中国科学院与地球物理研究所为了模拟石油天然气上的震电效应，选择了大庆采集的两块岩心标本进行震电效应信号的实验，一块是含水砂岩，另一块是含油砂岩。结果发现，在相同的振动方式和振动强度下，含油砂岩岩心标本上的震电信号比含水砂岩上的信号大（图7-5-8）。这个实验表明，震电效应信号的强弱与孔隙中流体的性质有关，因此可以在石油测井中通过震电效应强弱来区分油水分界面。

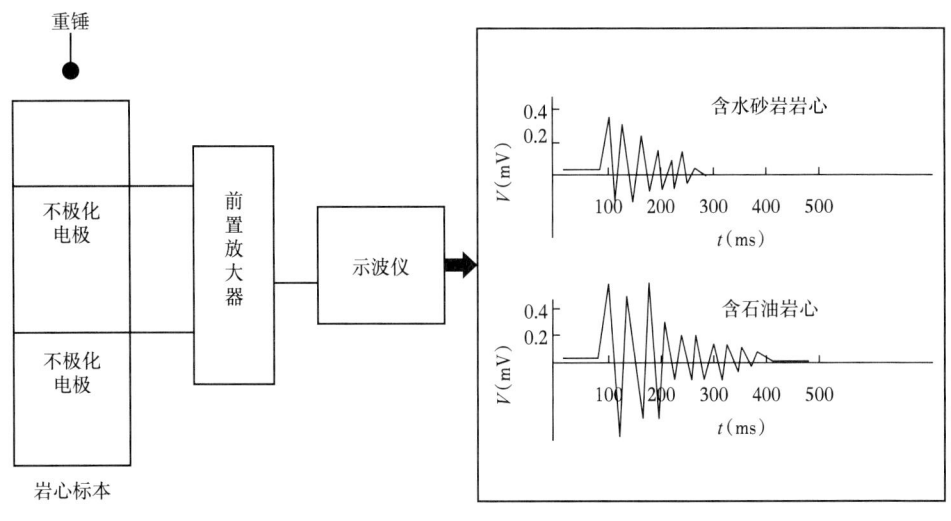

图7-5-8 岩心标本实验装置及结果图

当然，动电测井作为一种正在孕育的新方法，还有许多工作要做。特别是在寻找"剩余油"方面，急需针对油气开发中突出的"剩余油"问题，利用人工材料或天然储集岩样设计制作震电物理模型，模拟野外"剩余油"的分布情况，研究其震电场特征，诸如研究储集性能不同的砂岩（或砂体）储层以及油水界面的震电场特征等。为利用动电测井寻找"剩余油"提供物理基础，评价震电效应在寻找"剩余油"中的可行性，提出适宜于探测"剩余油"分布的野外最佳实际工作方案。

（2）储藏流体识别与描述，确定储层参数。由于震电效应将地震波场和电磁场紧密地联系在一起，作为动电测井，它能同时反映地球介质弹性参数和电性参数的变化。而地层的电阻率又与储层流体的饱和度及流体性质、介质孔隙度、渗透率、温度等密切相关。因此，动电测井对储层条件的变化敏感。另外，动电测井的选择性较强，一般的地球介质很难满足震电效应产生的物理化学条件，不会产生震电信号。而对含流体孔隙介质，确能产生可观的震电异常信号。

特别是对于井中震电勘探或动电测井探测方式，众多的实验结果均证明：井中斯通利波可在流体饱和孔隙介质中产生相对较强的震电信号。震电信号的电场分量可被位于井孔中的电极接收到。震电波的振幅和频率不仅与激发的地震波本身有关，而且还与介质的储存特征，如孔隙度、渗透率、流体性质和导电性等密切相关。理论研究表明：在某个特定临界频率，斯通利波激发的震电信号的幅度与井周围地层的有效孔隙度成正比。如果井中震电测量在一宽频范围内进行，则有可能确定地层的Biot临界频率，这样，还可得到关于地层渗透率的信息（图7-5-9）。

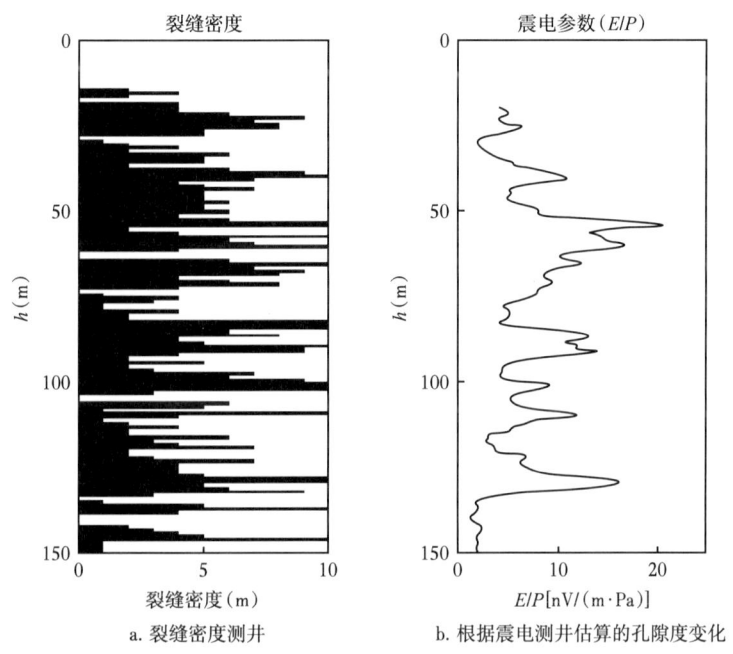

a. 裂缝密度测井　　　b. 根据震电测井估算的孔隙度变化

图7-5-9　震电测井参数用于裂缝及孔隙度估算（据 Mikhailov et al., 2000）

地震波在井中传播时可以产生两种电磁波，在井壁上激发出电磁驻波，在不连续界面处产生的辐射电磁波。在裂缝处，斯通利波产生了辐射电磁波，并且，裂缝的孔径越大，电信号的振幅越小。因此，辐射电磁波应成为裂缝或裂缝带的标志。在环绕着相同地层的井下，斯通利波可以产生以相同速度传播的震电信号。如果斯通利波在一些井段产生了以电磁速度传播的电信号，那么就意味着有裂缝和裂缝带。

## 思考题

1. 简述微地震监测的应用范围。
2. 简述井中微地震监测的数据处理流程。
3. 简述垂直地震剖面的概念。
4. 垂直地震剖面资料有哪些应用？
5. 简述随钻声波测井原理。
6. 简述随钻测井仪组成及其组件的作用。
7. 随钻声波测井过程中有哪几种稳定的"噪声"？
8. 简述随钻声波测井应用。
9. 简述噪声测井的基本原理。
10. 噪声测井的应用有哪些？
11. 影响噪声测井的因素？
12. 动电效应的原理是什么？
13. AELT探测器由几部分组成？各部分特点是什么？
14. 动电测井能解决哪些问题？
15. 动电测井有什么应用前景？

## 参 考 文 献

波达波夫，1994. 震电勘探原理 [M]. 裘慰庭，译. 北京：石油工业出版社.

陈本池，牟永光，狄帮让，等，2003. 流体饱和孔隙介质中震电效应的实验研究 [J]. 地质与勘探（z1）：5.

楚泽涵，高杰，黄隆基，等，2007. 地球物理测井方法与原理：上册 [M]. 北京：石油工业出版社.

邓继新，韩德华，王尚旭，2011. 应力松弛对颗粒物质弹性性质的影响及等效介质模型校正研究 [J]. 地球物理学报，54（4）：1079-1089.

胡文才，陈金刚，龚敬伦，等，2021. 噪声测井在油气井找窜找漏中的应用 [J]. 石油和化工设备，24（7）：128-130.

林楠，王敬萌，亢武臣，等，2006. 最新随钻声波测井仪的技术性能与应用实例 [J]. 石油钻探技术（4）：73-76.

陆基孟，1993. 地震勘探原理：下册 [M]. 东营：石油大学出版社.

苏远大，2014. 随钻声波测井仪器最优化设计与数据处理方法 [D]. 青岛：中国石油大学（华东）.

余世凸，何宗斌，曹文倩，等，2020. 主流噪声测井仪的分析与应用 [J]. 科技风（14）：25-26.

张伟，师奕兵，刘西恩，等，2015. 随钻声波井下时差实时提取算法研究与应用 [J]. 电子科技大学学报，44（4）：550-556.

Biot M A, 1956. Theory of propagation of elastic waves in a fluid-saturated porous solid: Ⅱ. Higher frequency range[J]. The Journal of the Acoustical Society of America, 28（2）：179-191.

Birch F, 1960.The velocity of compressional waves in rocks to 10 kilobars: 1[J]. Journal of Geophysical Research, 65（4）：1083-1102.

Birgé L, Massart P, 1991. From model selection to adaptive estimation[M]. New York: Springer.

Castagna J P, Batzle M L, Eastwood R L, 1985. Relationships between compressional-wave and shear-wave velocities in clastic silicate rocks[J]. Geophysics, 50（4）：571-581.

Chang S K, Liu H L, Johnson D L, 1988. Low-frequency tube waves in permeable rocks[J]. Geophysics, 53（4）：519-527.

Coates G R, Denoo S, 1981. Mechanical properties program using borehole analysis and mohr's circle[M]. 北京：中国人民大学出版社.

Deere D U, Miller R P, 1966. Engineering classification and index properties for intact rock[J]. Deformation Curve, afwl-tr-65-116.

Domenico S N, 1974. Effect of water saturation on seismic reflectivity of sand reservoirs encased in shale[J]. Geophysics, 39（6）：759-769.

Gassmann F, 1951. Elastic waves through a packing of spheres[J]. Geophysics, 16（4）：673-685.

Gebrande H, 1982. Numerical data and functional relationships in science and technology[M].New York: Springer-Verlag.

Johnston D H, Toksöz M N, Timur A, 1979. Attenuation of seismic waves in dry and saturated rocks: II. Mechanisms[J]. Geophysics, 44（4）：691-711.

Klimentos T, 1991. The effects of porosity-permeability-clay content on the velocity of compressional waves[J]. Geophysics, 56（12）：1930-1939.

Knight R, Richard Nolen-Hoeksema, 1990. A laboratory study of the dependence of elastic wave velocities on pore scale fluid distribution[J]. Geophysical Research Letters, 17 (10): 1529-1532.

Lamb H, 1917. On waves in an elastic plate[J]. Proceedings of the Royal Society of London. Series A, Containing Papers of a Mathematical and Physical Character, 93 (648): 114-128.

Marion D, Nur A, Yin H, et al., 1992. Compressional velocity and porosity in sand-clay mixtures[J]. Geophysics, 57 (4): 554-563.

Maxwell S C, Rutledge J, Jones R, et al., 2010.Petroleum reservoir characterization using downhole microseismic monitoring[J].Geophysics, 75 (5): A129-A137.

Mikhailov A S, Mikhailov V S, 2000. Phase transitions in multi-phase media[J]. Journal of Mathematical Sciences, 102: 4436-4472.

Raymer L L, Hunt E R, Gardner J S, 1980. An improved sonic transit time-to-porosity transform[C]// Trans Soc Prof Well Log Analysts, Ann Logging Symposium.

Tang X M, 2004. Imaging near-borehole structure using directional acoustic-wave measurement[J]. Geophysics, 69 (6): 1378-1386.

Tang X M, Patterson D, 2009. Single-well S-wave imaging using multicomponent dipole acoustic-log data[J]. Geophysics, 74 (6): A211-A223.

Tang X M, Wang T, Patterson D, 2002. Multipole acoustic logging-while-drilling[C]//SEG International Exposition and Annual Meeting.

Thompson R R, 1936. The seismic electric effect[J]. Geophysics, 1 (3): 327-335.

Wyllie M R J, Gregory A R, Gardner L W, 1956. Elastic wave velocities in heterogeneous and porous media[J]. Geophysics, 21 (1): 41-70.

Yamamoto H, Watanabe S, Koelman J M V, et al., 2000. Borehole acoustic reflection survey experiments in horizontal well for accurate well positioning[C]// SPE/PS-CIM International Conference on Horizontal Well Technology.

# 《地球物理测井学》

# 编辑出版组

总 策 划：雷　平　庞奇伟

组　　长：庞奇伟

副 组 长：李　中　金平阳　潘玉全

责任编辑：葛智军　林庆咸　沈瞳瞳　刘俊妍　钟思源
　　　　　张　贺　王长会　王鹤楠　王　瑞　陈子丹
　　　　　孙　宇　邹杨格　王金凤　何丽萍　冉毅凤
　　　　　常泽军　张旭东　吴英敏　马晓萱　张　瑞
　　　　　崔　悦　白云雪　饶　远　陈　荟